智能供应链

运筹优化理论与实战

庄晓天 等著

电子工业出版社·
Publishing House of Electronics Industry
北京·BEIJING

内 容 简 介

本书主要涉及智能供应链优化领域的算法理论知识与行业实践案例，涵盖了供应链管理的基础内容，通过实际案例具象化介绍如何运用运筹优化算法解决企业遇到的供应链管理问题，并详细阐述了各个案例的问题产生背景、建模过程、算法设计、求解代码。其中，案例按照供应链规划、计划和执行三个维度组织，规划篇从点到线再到面，逐步讲述了供应链网络的设计过程；计划篇以商品为对象，按照其从入库、在库到出库的不同存在形式，分别描述了入库前的品类规划、在库时的库存管理、出库后的包裹计划；执行篇则聚焦于供应链组成要素的日常运营过程，讲述了人、货、车、场四个要素在实操过程中遇到的调度问题。每个案例都包含了线性规划、混合整数规划、基本统计学方法等建模方法的实操过程，让读者更好地了解使用高深算法解决实际问题的过程。

本书适合以下三类读者阅读：

- 第一类为供应链数字化领域的算法工程师，想要深入了解运筹优化理论与模型的读者。
- 第二类为供应链运营管理人员，本书适合有志从事该职业或在岗且希望提升相关能力的读者。
- 第三类为高校物流管理、管理科学等相关专业的学生。

图书在版编目（CIP）数据

智能供应链 ： 运筹优化理论与实战 ／ 庄晓天等著.
北京 ： 电子工业出版社, 2024. 10. -- ISBN 978-7-121-48773-6

Ⅰ. TP301. 6

中国国家版本馆 CIP 数据核字第 2024TK2747 号

责任编辑：陈晓猛
印　　刷：北京缤索印刷有限公司
装　　订：北京缤索印刷有限公司
出版发行：电子工业出版社
　　　　　北京市海淀区万寿路 173 信箱　　　　　邮编：100036
开　　本：720×1000　1/16　　印张：17　　　　字数：326.4 千字
版　　次：2024 年 10 月第 1 版
印　　次：2025 年 1 月第 3 次印刷
定　　价：118.00 元

凡所购买电子工业出版社图书有缺损问题，请向购买书店调换。若书店售缺，请与本社发行部联系，联系及邮购电话：(010) 88254888，88258888。

质量投诉请发邮件至 zlts@phei.com.cn，盗版侵权举报请发邮件至 dbqq@phei.com.cn。

本书咨询联系方式：faq@phei.com.cn。

序一

2011年夏天,我到美国亚利桑那州立大学做访问学者,就住在好友庄晓天博士的公寓里。那时的我们,每天除了讨论统计方法,讨论可靠性实验,还讨论时下热门的电子商务,讨论亚马逊等科技企业。那时的我们,有太多的疑问:电商行业是如何高速增长的?复杂的供应链体系是如何运作的?这里面蕴含着多少黑科技?智能算法又是如何落地的?一晃十几年过去了,我们早已回国,都在各自的工作岗位上忙碌着,电商和供应链早已成为大众生活的一部分。最近庄晓天博士邀请我为他的新书《智能供应链:运筹优化理论与实战》作序,当打开目录的那一刻,我仿佛瞬间回到了十几年前,回到了 Tempe 的公寓,看到了面前那两个讨论问题的年轻人,真想将这本书递给并告诉他们:"你们想要的答案,都在这里。"

庄晓天博士深耕供应链领域多年,既有经历海外深造后的广阔视野与理论积累,又具备行业内顶级的技术实践与管理经验,并且乐于和行业内外的朋友以书会友,分享他的宝贵知识。本书主要包含理论篇、规划篇、计划篇和执行篇。在理论篇中对运筹算法相关概念、供应链场景下的经典运筹优化问题、常见优化求解器等内容进行了介绍;在规划篇的第 5 章中,我们能够了解到供应商、仓库、配送中心等节点和相关连接线路所构成的复杂设施网络及其仓库数量、规模和位置关系是如何决定企业服务能力的,是怎样对覆盖全国的电商物流网络由简到繁进行循序调整,实现整体选仓与覆盖的优化的;在计划篇的第 9 章中,介绍了如何将合适的商品摆放在合适的仓库中,优化库存结构,减少拆单,实现库存和流程成本的降低,最终为企业带来更多的经济效益;在执行篇的第 15 章中,则聚焦于分拣场景,介绍常见的分拣设备及相关的自动化技术,探讨影响分拣效率的关键问题,并提出针对性的智能决策方案。

本书也是继《智能供应链：预测算法理论与实战》之后，庄晓天博士的又一力作，从运筹优化的角度为供应链、仓储、物流、人工智能、管理科学等相关技术领域的从业者，打开了一扇全面了解行业工作内容、技术方法、运用场景、实践案例的大门，是一本难得的可以从多个视角了解智能供应链运筹优化的好书。相信无论是相关领域学者、科研人员、工程师，还是有意在该领域深耕发展的新人，都将通过阅读本书有所收获。

王立志

北京航空航天大学 副研究员

序二

在当今快速演变的全球经济格局中，随着人工智能和大数据技术应用进入深水区，供应链智能化转型成为企业构建核心竞争力的关键，也是物流业高质量发展的必由之路。在此背景下，庄晓天博士将十多年来积累的大量供应链项目实战经验，以及对智能供应链技术的研究所得，凝练成智能供应链系列图书分享于众，为行业提供了宝贵的知识资源，实属行业所需、行业之幸。《智能供应链：运筹优化理论与实战》是该系列图书的第二本。在本书中，庄晓天博士从理论到规划、计划、执行四个维度全面展开，深入探讨了智能供应链构建中的仓储网络布局、智能分拣定位、全局线路规划等关键环节，以及集包作业、电商商品智能分仓、备件行业库存管理优化等常见应用场景。每章通过背景介绍、问题描述、抽象建模、算法方案、计算分析等步骤，逐步引导读者理解并掌握智能供应链的构建与优化过程。授之以鱼不如授之以渔，《智能供应链：运筹优化理论与实战》不仅是一本理论与实战相结合的专业图书，更是一套构建智能供应链的运筹优化方法论和行动实操指南，是难得的业内佳著。

我和庄晓天博士因工作相识，作为一名投身物流科技领域近二十年的工作者，庄晓天博士的专业造诣和丰富经验让我印象颇深。在对他的深入了解中，我发现他不仅是资深行业实践者，还是一位极富情怀的理想家。他说自己其实很适合当老师。师者，传道授业解惑。也许正是这份情怀，让他乐于分享经验，启迪来者。《智能供应链：运筹优化理论与实战》适合不同程度的读者，尤其适合准备进入供应链领域的新人，包括在校生和刚毕业的年轻人。本书能为他们构建知识体系、培养实践技能，甚至对职业规划提供很大的帮助，以便顺应行业未来发展，成为专业人才。而对于有经验的业内人士，本书同样有启发创新思维、提供学术研究参考的可贵价值。

　　"我几乎每周都去运营现场，仓储、分拣、配送的一线工作十分辛苦……我想为他们真正做些事，让大家感受到技术带来的便捷和善意。"最近与庄晓天博士聊天，他谈到了技术应用的人文关怀和实际价值，这是一份以科技推动行业进步、赋予社会温度的真挚理念。希望行业多一些像庄晓天博士这样有情怀、愿担当、肯作为的坚实力量。通过他们的努力，我们可期待行业更加智慧、美好。也相信庄晓天博士的智慧经验结晶能吸引和引导更多年轻力量加入供应链领域，为行业未来发展注入新活力、带来新动能！

康译文

中国物流与采购联合会科学技术奖励工作办公室 副主任

中国物流信息中心科技处 处长

我为什么要写这本书

在出版了《智能供应链：预测算法理论与实战》之后的一年里，我收到了很多读者真诚的建议和鼓励，也结识了许多有共同理想的朋友，带给我前所未有的幸福和温暖。这让我更加坚定，要把这条路走下去，用自己平凡的力量，帮助那些需要我的人。《智能供应链：运筹优化理论与实战》是"智能供应链系列"的第二本书，很多人会问：为什么是运筹？我在想：如果把供应链比作一个连接商流、物流、信息流的链条，那么运筹就是链条上的一颗颗铆钉，确保链条以全局最优的方式，精确运行，提效降本。如果说数学是虚拟世界里最美的理想国，那么运筹就是连接现实与理想、当下与未来、内心与真实的桥梁。运筹将复杂的供应链业务，抽象成为一个个决策变量、一个个优化目标，以及众多客观约束，让我们能抽丝剥茧地看清问题、权衡利弊、化繁为简。

说到我与运筹的渊源，还要把时钟拨回 20 年前的那个盛夏，当我第一次去上管理选修课时，就被那"运筹帷幄之中，决胜千里之外"的优化问题深深吸引，并坚定了转学运筹的想法。但成年人的世界，没有丑小鸭的励志故事，更没有玛丽苏的主角光环。对于一个想要跨专业读研的人来说，命运又怎么会轻易眷顾呢？为了补专业课，我跑遍了学院路所有大学的课堂，认真做完了每一道课后习题；为了复习考研，我驻扎过简陋透风的通宵自习室，也拥挤过凌晨五点的图书馆；为了海外求学，我三次托福两次 GRE 屡败屡战，申请了 26 所学校被拒绝了 20 次。直到 2008 年的春天，菲尼克斯用炽热的阳光温暖了我，ASU 用全奖的 offer 接纳了我，让我飞越重洋，飞赴梦想。

最近这些年，我一直在思考一个问题，在人生的旅程中，每当站在十字路口时，是什么左右着我们的选择？是儿时梦想的奔现，是时代浪潮的跟随，还是自立谋生的手段？这些都是答案，但我要说，除了这些，更多是内心的写照，是自我的疗愈，是人生的折射。回顾过去 40 年的人生旅程，作为一个典型的"80后"，在时代变迁中出生，在改革大潮中成长，早已习惯了按照家人的期待、学校的规定、社会的规则，宿命似的走在设定好的人生路线上。这一路上，我学会了在繁华里自律，在失落里自励，在尘埃里自尊，在伤痛里自愈。回首看来，无论向左向右，望远处都是风景，看近处才是人生，抬头风光无限，低头冷暖自知。

本书能带给你什么

本书是"智能供应链系列"的第二本，我坚持实用主义的原则，把工作中最真实的算法，用简洁的公式呈现，用朴素的文字还原，希望能够切实解决读者的问题。因此本书从供应链的概念和场景出发，将业务问题按照规划、计划、执行分层展开，以运筹优化的理论思路，对常见的场景进行抽象，总结出了 16 个章节。实际上，每一个章节涉及问题的复杂程度，都足以单独成为一个研究课题，或是写成一本书，极具理论研究和商业实战的价值。

对于在校或即将工作的同学，本书将为你透过供应链的窗户，站在运筹的视角娓娓道来，生动真实地讲述那些场景背后的原理和故事。相信我，若干年后的某个瞬间，正在埋头解决工作问题的你，一定会猛然想起当年本书中的那些桥段。

对于业内有工作经验的朋友，本书将为你增添理论的翅膀，使你在面对复杂业务问题时，能够抽丝剥茧、激发灵感，在众多不确定的纷繁中，找到那些确定的真相，探寻到业务背后的底层逻辑，开启突破瓶颈的思考维度。

对于科研从业者或高校老师，本书将为你打开企业实战的大门，深度还原运筹与业务结合的日常，帮你探索研究的应用方向，找到学术理论的落地支点。或许其中某个章节中的问题，会在你的学术研究中生根发芽，结出硕果，回馈给行业和社会。

致谢

在上一本书出版后，一位编辑跟我说，她对这本书最深的印象就是作者的自序，写得字真句切、感人至深。我想说，那些话语其实都是我内心最真实的涌现，每个字都饱含着我对过去几十年的纪念和感恩。自年少打开了离家的门，背起了小小行囊，就一路撑着前行。十三岁，我踏上小兴安岭的绿皮车，从此离开故乡，我睡过医院的候诊椅，也承受过异乡鄙夷的目光；二十四岁，我登上横跨大洋的飞机，从此远渡重洋，我在烈日下送过外卖，也看过实验室黎明的天际。我走了很远的路，吃了很多的苦，才能在此与你相见。这一路走来，一路领悟，除了感谢那些让我坚强的磨难，更要感谢那些让我坚持的你们。

感谢我的导师。人生道路虽漫长，但回头来看，要紧之处也只有那么几步，耀眼之时也只有那么几瞬。感谢您当年从千百个申请人中，选中了平凡而渺小的我，让我能有机会感受更大的世界，见证勇敢的自己；感谢您在我博士 4 年时间里的传道授业和悉心培养，教会我安身立命的本领，给了我披荆斩棘的底气；感谢您在我毕业后这十多年里的陪伴，为我拨开职场迷雾，教我看清人性真相，领着我一步步走到天亮，给予我穿行世界的光。走过二十载学业生涯，方知人生之幸事，莫过于得彼良师，春风化雨，得此益友，温柔岁月。

感谢我的队友。生活对谁都不可能永远慈眉善目，总会遇到你无法预知的挫折。谢谢你们一路上风雨兼程，陪我熬过至暗，陪我跨越周期。在遇到困难的时候，你们在；在面临挑战的时候，你们在；在面对动荡的时候，你们仍然在。我是何其有幸，能得到你们的信任与支持。人生如四季，风雨总无常，风四起，才知道谁在为你遮挡，雨滂沱，才知道谁在为你撑伞。历经十载职业沉浮，是你们让我感受到人性的温暖与善意，让我坚信这个世界的喧嚣背后，还有更美好、更长久的事情值得去全力奔赴。但行好事，莫问前程，心之所向，无问西东。

感谢我的家人。大城市的节奏让人一边变得坚强自立，一边学着隐藏情绪，看似坚不可摧的中年人，内心却藏着最长情的柔软。感谢远在边陲的亲人，金色的童年，不仅仅是记忆中的一片片红砖瓦、一朵朵扫帚梅，还有亲人的一件件新衣服、一块块牛奶饼，让我出走半生，历经冷暖，仍然心中有爱，眼里有光。感谢默默守候的父母，从放学后校门口的眺望挥手，到盼着窗外晚归的公交车；从火车站外伫立不舍的背影，到午夜台灯旁仍在等待的电话。孩子用一生在跟父母告别，父母却用一生在说路上小心，我接受了离别，却低估了思念。感谢相濡以沫的太太，十年相伴，从未缺席，让我在遇到困难的时候，仍然有盏温暖的灯为我而留；让我在面对压力的时候，仍然有选择退却的权利；让我人到中年，仍然可以做个快乐就笑、难过就哭的孩子。我这一生最美的故事，就是在对的时间遇见了对的你，我的岁月因你而温暖，你是我穷极一生的呵护。感谢温暖善良的儿子，我是如此珍惜跟你在一起的日子，趁你，还会跟我分享有趣的故事，趁你，还会钻到我被子做成的山洞，趁你，此刻还酣然地睡在我怀里。未来的未来，你终会长大，爸爸永远都是你风筝的风，海豚的海，都是你最后的底气。愿你昂首阔步，一路繁花，我陪伴你长大，你治愈我余生。

庄晓天

2024 年 6 月 8 日午夜

目录

开　篇

运筹优化理论篇

智能供应链规划篇

智能供应链执行篇

开篇

第1章　智能供应链概述

智能供应链概述

1.1 什么是供应链

供应链（Supply Chain）自人类开始生产活动以来就已存在，但直到 20 世纪 80 年代，供应链的概念才被学者正式提出。随着生产全球化和信息技术的飞速发展，企业之间的合作与竞争关系变得日益复杂，供应链的概念也随之经历了几次重大变化。早期的供应链主要关注企业内部的物流过程，涉及物流、采购、库存、生产和分销等部门的职能协调，核心目标是优化内部流程，降低成本，提升运营效率。因此，这个阶段的供应链主要指将采购的原材料和零部件通过生产转换和销售等活动传递到用户的一个过程。到了 20 世纪 90 年代，需求环境的变化及商业竞争程度的加剧促使企业将供应链的思想从企业内部拓展到企业之间，将供应商、制造商、分销商与最终用户纳入考虑范畴，这使得供应链从单纯的生产链演变为涵盖整个商品流通过程的增值链。在 21 世纪之初，借助飞速发展的信息技术，如 EDI（电子数据交换）、PDI（产品数据交换）等，信息的收集和在不同企业之间的传递变得更加高效，同时为了适应日益增加的产业不确定性，企业之间的关系呈现出网络化的合作格局。供应链从线性的"单链"向非线性的"网链"转变。《中华人民共和国国家标准：物流术语（GB/T 18354-2006）》中将供应链定义为"生产及流通过程中，围绕核心企业的核心产品或服务，由所涉及的原材料供应商、制造商、分销商、零售商直到最终用户等形成的网链结构。"人们逐渐认识到每个企业都可能同时在不同的供应链中扮演关键角色，供应链的结构形态是交错复杂的网状结构。本书将基于这一定义，探讨从商家到消费者的整个供应链过程，包括其核心概念、关键环节和管理策略。

尽管供应链的定义多样，但其核心理念一直保持一致：它是一个整合系统，将商流、物流、信息流、资金流等多个关键流程有机结合。通过有效管理这些流程，供应链将各个环节的参与者，如原料供应商、生产制造商、物流配送商和终端零售商等，紧密联系在一起，形成一个高效运作的整体。具体来说，**商流**是指在供应链中，商品或服务在供应商链各个环节的流通交易过程。**物流**是指商品从生产地点到消费地点的运输和仓储过程，包括运输、仓储、包装等活动。例如，制造商将商品通过运输公司送达分销中心，这一过程即物流。**信息流**是指在供应链中各个环节之间传递和共享信息的过程，包括订单、库存、需求预测等信息的传递。例如，零售商通过销售数据更新库存信息，这一过程就涉及信息流。**资金流**是指货款在供应链中的流动。从下游到上游，货款通过销售、支付供应商等环节循环。例如，零售商向供应商支付货款，实现了资金流向供应链的流动。这四个流程共同构成了供应链的运作体系，确保商品从生产到消费的高效流通。

当消费者决定在线购买一部新手机时，整个供应链涉及多个参与者，包括消费者、电商平台、手机品牌商，以及上游的各级零部件供应商等。在这个过程中，电商平台扮演着信息枢纽的角色，为消费者提供各种手机型号的价格、规格、库存等关键信息。消费者根据这些信息，选择手机型号，填写订单并完成支付。订单生成后，消费者可以随时登录平台查询订单状态，了解从付款到收货的每个环节。这个看似简单的购物过程，实际涉及从原材料供应商、零部件供应商、手机品牌商、物流企业、电商平台，直到最终消费者的各个环节。每个环节之间都存在着复杂的信息、物料和资金往来，共同构成了一个高效运作的供应网络。这个案例的供应链的组成如图 1-1 所示。

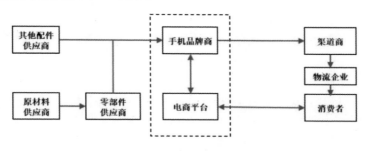

图 1-1　供应链的组成

供应链的核心理念是在各个成员企业分工的基础上，通过商流、物流、信息流和资金流的有效协同，实现企业间和企业内的密切合作。这种协同主要体现在以下几个方面。

（1）组织协同：在供应链的运作中，各参与企业通过建立契约关系来确立彼此的分工和联系，并受到这些关系的规范和约束。这种模式的精髓在于整合各方的优势，实现资源共享和配置的最优化，以确保供应链网络的高效协同运作。供应链管理的焦点在于寻求整个供应链系统的利益最大化，而非仅仅着眼于个别企业的利益。这种全局性思维确保了供应链中的每个环节都能为整体目标贡献力量，避免了企业为了自身效益而导致整体效益损失。通过这种协同机制，供应链能够在激烈的市场竞争中保持持续的竞争优势，同时促进了供应链各方的互信和长期合作，为共同面对市场挑战打下坚实基础。

（2）信息协同：在供应链体系中，信息是协调各方行动的关键因素，为了提升自身运营的效率和响应速度，企业不仅要掌握下游客户的需求动态，还需要充分了解上游供应商的产能状况。信息网络的全面应用使得数据能够在供应链各个环节之间自由流动，这种高效的信息共享机制为企业提供了快速调整生产计划、及时回应市场变化的基础。信息的透明度和流通性是整个供应链体系灵活应对市场需求的先决条件。

（3）计划协同：供应链中的各企业通过信息共享机制将动态变化的市场需求和其生产、库存和销售计划及时传递给其他成员企业。利用这些信息，各企业能够及时调整生产、库存和销售计划，减少从生产到消费的时间延迟，同时避免因生产不足而错失销售机会或因生产过剩造成人力、资金和物质的浪费。这样的做法有助于供应链中的所有成员企业共同捕捉市场机遇，并提升企业对市场变化的敏捷反应能力。

（4）价值协同：企业的核心追求在于价值最大化。要促进供应链成员之间的有效协作，关键在于建立一种协调各方利益的机制，确保各方目标相互协同。通过构建这样的合作关系，可以有效避免个体利益与整体目标的冲突，从而确保供应链的整体效益最大化。这种协同机制的建立，对于供应链的长期稳定发展至关重要。

（5）生态协同：尽管供应链中的企业作为独立的法人实体，各自有着不同的发展阶段和目标，但它们可以通过共同制定供应链协同管理的制度、规则和准则，实现更广泛的协同合作。生态协同的实施不仅意味着各企业在保持自身独立性的同时贡献优势，还意味着它们能够从共同框架中获得支持和资源，以实现自我成长和强化，弥补供应链的不足。这种协同有助于构建一个强大、均衡且可持续发展的供应链生态系统，使所有参与者能够在共同的平台上实现共赢，共同提升整个供应链的价值和绩效。通过生态协同，供应链不仅提升了适应性和创新能力，还为企业带来了长期的发展机遇、提升了市场竞争力，确保了供应链在不断变化的市场环境中稳健发展。

1.2　供应链目标

企业在现代的市场竞争中要脱颖而出，关键在于优化日益复杂的供应链，精细规划、调度、控制其中的各个环节。在进行供应链优化之前，需要供应链中的各个单元对目标达成共识，这样才能对供应链系统进行有效的优化。供应链的优化通常强调追求更低的运营成本、更好的客户体验、更高的运营效率、更好的商品质量。

（1）更低的运营成本。供应链优化的首要目标是降低成本，包括原料采购、物流运输、库存管理、履约送达等环节的支出。这个复杂的成本体系涵盖了从源头采购到终端销售的所有环节，在供应链优化时应将这些环节视为统一的系统，从全局的视角实现整体成本的降低。降低运营成本不仅能够增加企业的利润，同时还能在价格上取得竞争优势，让客户感受到更好的消费体验。因此，降低运营成本是供应链的首要目标。为了实现这一目标，企业既可以在物流运输方面通过优化运输路线和选择合适的运输方式来减少运输成本，也可以在库存管理上进行优化以减少库存积压和浪费等。

（2）更好的客户体验。现代商业社会企业经营的根本利益在于最终客户的体验，良好的客户体验可以提高客户的满意度，为企业带来更多的商机，可以让企业供应链的规模更大，通过规模效应获得竞争优势。在传统观点中，供应链的成本和客户的体验之间存在矛盾关系。在现代供应链管理中，可以通过供应链优化，实现成本降低的同时在时效、服务等方面提升客户的体验。为了实现更好的客户体验，企业可以更准确地预测市场需求，从而提高供应链的响应速度和灵活性。

（3）更高的运营效率。现代市场竞争中商品的交货期要求越来越短，运营效率已经成为提高竞争优势的核心目标。只有建设完善的供应链信息流共享机制，将需求信息及时反馈给各个成员机构，才能对不断变化的市场做出快速反应并赢得客户的青睐。因此，追求更高的供应链运营效率，对客户的需求实现快速有效反应，缩短从订单到收到商品的整个供应链的作业周期，已成为供应链是否满足市场要求的关键因素。要提高运营效率，企业需要在供应链中引入自动化和智能化技术，使用人工智能算法来优化生产计划和调度流程，通过建立灵活的供应链网络，企业可以快速调整生产和配送计划，以应对市场变化和突发事件。

（4）更好的商品质量。在现代市场中，商品和服务的质量决定了企业经营的上限和下限。只有商品和服务质量好，企业才能在市场竞争中取得更佳的成果；如果商品和服务存在质量问题，那么其他环节的所有优势都将不复存在。供应链优化的核心目标之一是追求最佳的商品和服务质量，这需要确保从最上游的供应端到最下游的交付端都在优化范畴内，把质量管理嵌入整个供应链优化流程。为了保证商品有更好的质量，企业需要在供应链的每个环节中实施严格的质量控制措施。

传统管理理念在上述目标中一般是做单点优化，这样的理念导致不同的目标往往顾此失彼，在提高客户服务质量时，很可能就增加了交付周期，在提高商品品质时可能就增加了整体成本。现代供应链管理和优化则是一种新的思路，通过系统化思维和全局优化的思想，从整体系统的角度出发，把这些看似有冲突的目标放在一个循环运行的供应链优化"飞轮"体系之中，如图 1-2 所示。它展示了这种多目标协同优化的原理，揭示了不同目标之间的内在联系和运行机制。通过这种方法，企业可以在不牺牲任何一个目标的情况下实现整体优化，从而在激烈的市场竞争中获得持续的竞争优势。

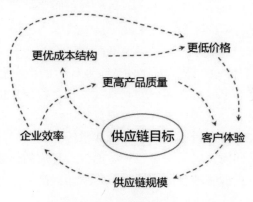

图 1-2   供应链优化"飞轮"

1.3 优化的重要性

面对供应链发展的日益复杂性，为了兼顾成本、效率、服务，需要借用先进的算法和技术来优化供应链的各个环节，帮助企业在竞争中保持优势。优化的方式多种多样，最早是基于人工经验的优化，根据以往事件发生的情况，通过经验主义做出决策。后来，随着云计算、人工智能等新一代信息技术的广泛深入应用，供应链与互联网、物联网深度融合，供应链管理开始进入智能供应链的新阶段。智能供应链可以通过机器学习和数据挖掘技术来解决供应链的各种实际问题，如预测模型、分类问题、聚类分析等。

本书主要聚焦于运筹优化，通过建模、仿真及数据分析技术，结合作者在供应链领域多年的实战经验，旨在提升模型泛化能力、提高模型求解效率，实现供应链整个链条的优化。

1.4 供应链的不同阶段

为了提高供应链的决策水平，需要对供应链的各个环节进行管理，通过供应链决策影响企业的收入和成本。成功的供应链决策能够有效地管理商流、物流、信息流和资金流，实现降本增效。

供应链管理的三个阶段如图 1-3 所示，根据每项决策的发生频率和决策影响的时间范围，可将供应链决策分为规划、计划、执行三个阶段。

图1-3　供应链管理的三个阶段

（1）如果将供应链的各个阶段比作上路开车，那么规划阶段其实就是修路的过程，该阶段整合各种资源，决定了路在哪里修，修成什么样、多长多宽等。它对决策的影响往往是长期的（3 至 5 年），在短时间内改变需要付出昂贵的代价。因此，当企业制定这些决策时，必须考虑未来数年预期市场的不确定性的影响。

（2）计划阶段相当于指挥交通的过程，包括生产计划、库存计划、采购计划等。在这个阶段制定的决策的时间范围通常是一个季度到一年。这个阶段更侧重于考虑实时的市场和环境因素。销售趋势、季节性需求和供应链可用性成为考虑的因素。在这个阶段，企业需要调整产能和库存，通过灵活的计划来应对市场的瞬息变化。

（3）供应链执行是指供应链计划的日常实施，相当于实际上路开车。实际生产、物流和交付的过程中需要实时监控和协调。这个阶段的决策时间范围可以是小时、分钟甚至秒级。考虑因素包括生产效率、库存水平、供应商绩效等。重点工作在于确保生产线平稳运作，实时监控库存水平，以协调物流流程，确保商品按计划交付到客户手中。

通过这种分阶段的供应链优化方式，企业能够更全面、有序地应对不同时间尺度下的挑战，实现长期发展和短期应变的有效结合。

1.4.1　供应链规划

供应链规划包括创建战略供应链部署计划、库存规划和资产协调，以优化商品、服务和信息从供应商到客户的交付过程。本书的供应链规划阶段，主要集中在供应链网络规划方面，包括仓储网络选址、分拣功能定位、物流网络规划和配送路区划分。

仓储网络选址主要为了解决仓库选址及覆盖关系的问题。也就是说，这个仓库应该建在哪里，建好之后这个仓库覆盖周围哪些城市，才能满足一定的时效要求。在仓储网络选址过程中，由于全国网络节点众多、结构复杂，必须把控调整节奏，实现平滑过渡。为此，在优化之前，首先要对现有网络进行还原，进一步剖析网络现状，发现问题点，为下一步优化打好基础。常的层网络现状还原不是一件简单的事情，真实的物流网络结构复杂，除了正级配送，还存在仓间调拨、逆向物流等。在后续优化过程中，可以适当对网络进行简化，剔除无关影响因素，突出核心影响因素的效果。之后，仓储网络的具体优化过程，不仅需要考虑仓库的新增或者关停，还要定义仓储的覆盖关系。考虑到建仓成本，仓储不是建的越多越好；当然也不能过少，否则不能满足用户的到货时效要求。所以，平衡好成本和时效的关系是仓储网络选址的核心任务。

除了仓储网络的选址规划，还存在分拣中心的规划，一个包裹从仓库发出后，要经过多轮分拣才能到达站点，再由快递员配送到客户手中。由于分拣中心的建设周期较长（如一至两年），且建设成本较高，不易改建，物流公司在投资建设分拣中心前往往需要考虑其未来三至五年的货量变化，并做好全方位成本时效的精细测算。在此背景下，如何充分利用好既有场地资源也变得愈发重要。因此，各物流公司需要对既有分拣中心资源进行定期盘点，并结合近几年公司业务发展情况及未来业务量的预测走势进行调整，包括场地扩建、场地缩减、分拣功能定位。所谓分拣功能定位是指确定分拣中心的上下游网点类型，也就是说，确定上游是仓库、站点还是分拣中心，以及下游是区内分拣中心、区外分拣中心还是营业部。不同的场地功能对分拣设备的选型、车辆停泊类型与数量等具有不同的要求。因此，分拣功能定位旨在为每个分拣中心确定需要承担的场地功能，以及决策上下游网点类型，使得总运营成本（车辆运输成本和分拣操作成本）最小。

在全国范围内确定仓库位置、分拣中心的功能之后，还需要确定包裹的流转路线，规划好包裹线路对提升交付时效有至关重要的作用。分拣中心之间的线路构成了物流网络。包裹的每次中转都需要进行卸车、分拣和装车三个操作。中转的每项操作本身需要一定时间，并且分拣完成后可能还需要等待下一段线路的发车时间，因此中转对时效达成具有不利影响。而且每次中转也会产生人员操作费用，同时中转量越大所需分拣中心的面积也越大，因此降低中转次数在一定程度上也有助于节省成本。如果把全国的包裹流转看作一张大网，那么仓储和分拣是在对网上的节点进行规划，包括这个节点的位置，以及节点的功能。线路规划是对点与点之间的连线进行规划，确定不同节点之间上下游关系是物流网络规划要解决的关键问题。

除了全国范围内的选址和线路规划，物流的"最后一公里"问题也需要提前规划。在供应链领域，"最后一公里"配送是快递员和客户直接接触的环节，客户对于包裹的准时送达和完好无损非常关注，这直接影响他们对快递服务商的评价和忠诚度。"最后一公里"配送直接关系到企业的运营效率和客户的满意度，高效、可靠的"最后一公里"配送可以提升客户体验，增加快递公司的竞争力。而实现这些的基础是一套高效的路区划分方案，合理地划分每一个快递员负责配送的路区，让快递员尽可能快地将包裹送到客户手里，这是路区划分要解决的关键问题。在路区划分的过程中，在保证每个区域都能被服务到的前提下，要考虑快递员的收入均衡问题，尽可能使得快递员之间的收入差别不大，并且工作难度相当。而且，不同区域之间存在差异，如何针对不同区域平衡快递员的收入和工作难度是路区划分要解决的关键问题。

1.4.2　供应链计划

供应链计划涵盖把商品从供应商送到货架或客户家门口的整个流程，甚至还涉及退货、回收和逆向物流流程。从本质上讲，供应链计划旨在根据需求平衡短缺和过剩。按照 Sunil Chopra 在 *Supply Chain Management* 一书中的说法，供应链计划主要包含供需的计划和协调、库存的计划和管理两大部分。供需的计划和协调主要涉及需求预测、综合计划、销售和运作计划等。库存的计划和管理主要包括库存均衡、安全库存等。本书在供应链计划阶段，主要介绍商品分仓备货、库存管理优化、分拣集包优化三个典型案例。

目前，大多数电商企业选择分仓备货的模式，通过商品的分散化存储来避免集中发货造成的资源紧张和配送时效的降低。虽然分仓备货的仓配模式改善了商品存储压力，提高了出库效率，但同时带来了存储、拆单等成本上的考验。如果一个用户下单了多件商品，而多件商品从不同仓库发货，就会造成包裹数量增加，拆单率上升，进一步增加了电商企业的成本。此外，不同商品在不同季节的销量存在差异，在一个仓库中应该存放哪些商品才能使仓库在全年的库存水平差异不大也是需要考虑的问题。避免仓库在夏季时库存水平很高，而在冬季时库存水平很低，使得仓库在冬季的时候库存利用率很低，造成成本浪费。因此，可以通过智能品类分仓将合适的商品存放在合适的仓库中，优化库存结构，减少拆单，实现库存和成本的降低，最终为企业带来更多的经济效益。

除了通过智能分仓对供应链库存进行优化，库存的运营管理也是必不可少的步骤。库存管理流程如图 1-4 所示。一方面，充足的库存能够灵活应对市场需求的各种变化，迅速响应客户的订单，提高客户满意度；但另一方面，库存的积压不仅有着巨大的仓储成本和管理成本，库存商品本身的价值也给资金流带来了巨大的压力。在一些行业中，商品从生产到销售的周期很长，这种库存压力变得尤为巨大。传统的定量订货和定期订货已经很难满足市场的需求变化，尤其是供应链上游存在着巨大的牛鞭效应和曲棍球效应。因此，对该行业的库存管理进行数智化改造是势在必行的。

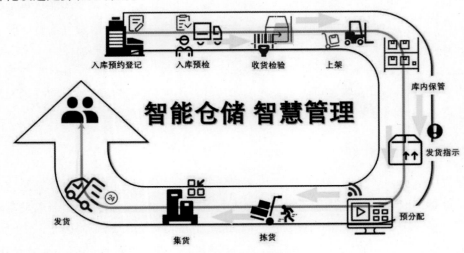

图 1-4　库存管理流程

一个包裹从始发地到目的地之间要经过多次分拣，目前国内中小件包裹的中转次数在 10 次以内。由于包裹的目的地不同，在途商品可能面临多次的建包、拆包和再建包，这种反复分拣的过程对于配送或仓储中心的自动化程度有着极高的要求，不合理的建包和拆包会造成资源的极大浪费。因此，可以将尺寸适中、路径一致的商品进行有效的聚合（集包），从而有效消除多余的重复扫描、分拣和传输，降低丢失率和破损率，提高物流过程的可追溯性和效率。因此，集包的关键在于建包规则的确立。建包规则不仅需要考虑包裹和路径本身的性质，还要考虑人员、设备和场地的影响。在既有的场地资源下，哪些包裹应该被聚合、依靠什么原则聚合，这是小件集包面临的关键问题。

1.4.3 供应链执行

在供应链的执行阶段，一旦完成了供应链的布局配置和计划策略的制定，接下来的重点便是高效地将订单从仓库送到客户手中。此时，企业需根据收到的订单来分配库存资源、安排生产活动，并决定订单的履约完成时间。此外，还需创建仓库拣选清单，选择最合适的运输方式来确保订单的及时发货。本书在供应链的执行阶段，从人员、货物、运输工具和场地四个关键维度进行深入探讨，主要介绍仓内拣货调度、库存分配均衡、城配车辆调度、分拣设备调度四个典型案例。

从消费者网上下单到实际收到商品，中间往往经历了多个物流环节，包括下传、拣货、复核、打包等，其中拣货作业（Order picking）是仓库内最耗时费力的活动，约占仓储工作总量的 55%。在实际拣货过程中，大型仓库往往分为多个拣货区，每个拣货区相互独立、互不打扰。为了尽可能缩短拣货路径，需要将订单分批（集合单），尽可能将同一拣货区内的订单分到同一批次中，从而减少拣货员走路时间，提高拣货效率。因此，生成智能集合单策略，实现订单分批处理，缩小拣货区域，缩短拣货员行走距离是仓内拣货调度要解决的关键问题。

在实际生产过程中，在客户下单之后，商品一般会从客户所在区域的仓库发货。但是，不同区域的客户对同一商品的需求不同。这就需要考虑几个问题，例如，每个地区的仓库中应该保留多少库存才能满足该地区的需求？当某几个特定地点的库存太多或太少时，如何在保证公司盈利的情况下在不同的仓库之间进行库存的重新分配。如果分配不均衡又会带来各种问题。一方面，高库存会占用大量资源，增加经营成本，导致商品过期、过剩。另一方面，库存不足会降低订单满足率，无法及时满足客户需求，导致订单延迟和客户满意度降低。因此，如何制定库存均衡规则，确保每个地区的仓库都有足够的库存来满足客户的需求，对经营者来说是一个重要挑战。

除了 C 端客户的优化，B 端客户的服务同样需要保障。随着城市化进程的加快，城市配送（城配）作为供应链中至关重要的一环，越来越受到供应链企业的重视。城配指的是在一个城市内部，货物从仓库或者分拣中心出发，通过车辆将货物派送给门店的过程。但是不同商家的货量多种多样，对于大货量商家，可以安排一辆整车直接运输，但是对于小货量商家，如果安排一辆整车，则会有空间浪费的情况。这时就需要将多个商家的货物合并到一辆车上，一起运输，减少用车成本。在派送过程中，也要规划派送路线，在不超过客户期望送达时间的情况下，尽量缩短运输路径。

前面说过分拣在供应链中的重要性。对于不同目的地的包裹，需要根据流向对这些包裹进行分拣，将同一流向的包裹集中在一起，运输到下一个目的地。所以，面对每天数以万计的包裹，分拣效率的高低直接决定了包裹到达客户手中的时效。如果某一流向的包裹数很多，那么需要根据包裹数来设置格口数量。由于格口数量有限，因此需要将一些流向进行合并，哪些流向需要合并、如何合并是分拣机调度要解决的问题之一。此外，还需要解决格口排布的问题，每个格口放在什么位置，能让包裹尽快找到对应的格口是分拣机调度要解决的另一个问题。

1.5　供应链智能决策六阶段理论

本书作者依托多年供应链管理及实践经验，总结了企业发展过程中数字化、智能化的不同阶段，认为企业智能决策优化发展分为六个阶段，如图 1-5 所示。**第一阶段**为经验决策阶段，决策主要基于业务经验和简单数据，通过"拍脑袋"进行决策。这类决策方案强依赖于决策者的经验，具有强烈的个人主观意识。**第二阶段**为规则决策阶段，依靠业务逻辑、数据分析、启发式方法，通过一定的规则进行决策。**第三阶段**为模型决策阶段，当前的技术生态为第三阶段提供了成熟的基础技术和广阔的挖掘空间。对第三阶段的深入探索和积累沉淀，也将为后续阶段建立更加扎实的基础。**第四阶段**为随机决策阶段，通过随机模型进行决策以应对外部环境和系统内生的不确定性，增强决策方案的健壮性。**第五阶段**为系统决策阶段，依靠系统内部多主体之间的关系和系统整体运作流程，通过复杂模型输出决策方案。**第六阶段**为多智能体决策阶段，基于强化学习、联邦学习、元学习等先进技术，实现自适应、自驱动、自修正的决策方案。

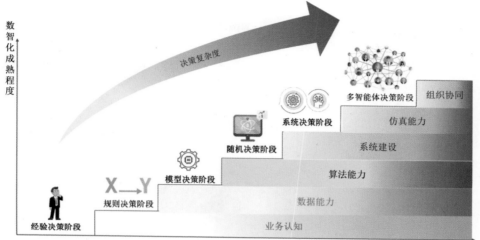

图 1-5　企业供应链智能决策六阶段理论

这些阶段相互关联，每个阶段都对整个供应链智能决策的成功发展至关重要。供应链数智化升级势在必行，而决策智能化又是供应链数智化的关键。企业只有具备面向整条供应链的智能决策能力，才能穿越惊涛骇浪，行稳致远。我国实体企业的供应链智能决策解决方案需要高度融合大数据、人工智能和运筹优化等技术，在标准化商品的基础上进行快速定制开发，才能有效提升供应链的决策智能化水平，推进供应链数智化升级，助力供应链企业长远发展。

1.6　本书学习路线

智能供应链运筹优化理论与实践涵盖了许多方面，包含了从规划、计划到执行多阶段的经典案例。本节总结了供应链运筹优化算法学习全景图（见图 1-6），帮助读者了解各个章节之间的联系，更快、更好地掌握多种供应链业务场景和运筹优化算法知识。

在规划阶段，从点、线、面展开。仓储网络选址和分拣功能定位都是对单"点"进行规划和调整。在已经确定好供应链网络中点的位置和功能之后，物流网络规划确定了点与点应该如何"连线"，才能保证成本和时效的平衡。在"最后一公里"的问题上，配送路区划分强调了如何对配送"面积"进行分割，从而均衡各个快递员的工作难度。

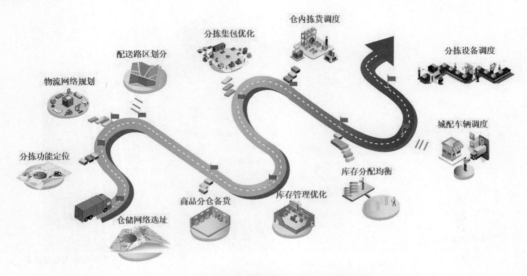

图 1-6　智能供应链算法学习路线全景图

在计划阶段，围绕品类、库存、包裹展开。商品分仓备货描述了哪些"品类"应该放在哪个仓，才能降低拆单率、提高库存水平。面对长尾品的仓库，库存管理优化规定了什么时候该"补货"、补几次。当商品出库时，分拣集包优化明确了哪些"包裹"应该被集包，减少拆包合包的次数，从而提高分拣效率。

在执行阶段，按照人、货、车、场展开。仓内拣货调度解决了"人"如何高效拣货的问题。库存分配均衡明确了"货"如何在仓间调拨。城配车辆调度明确了"车"如何使用，以及车辆的路径优化问题。分拣设备调度明确了如何设计分拣"场地"的格口数量和排布的问题。

运筹优化理论篇

第 2 章

运筹算法相关概念

本章主要介绍常见的数学规划模型及运筹学算法。常见的数学规划模型包括线性规划、混合整数规划、二次约束规划及多目标规划等。运筹学的常用算法包括单纯形法、Dijkstra 算法、分支定界算法、拉格朗日松弛、列生成算法、动态规划、Benders 分解算法等。本章探讨约束最优化问题，其通式为

$$\min (\text{or } \max) f(x) \tag{2.1}$$

$$\text{s.t.} \quad g(x) \leqslant 0 \tag{2.2}$$

$$h(x)=0 \tag{2.3}$$

$$x \in X \tag{2.4}$$

其中，式（2.1）为目标函数，可以为线性或者非线性表达式。式（2.2）~式（2.4）定义了该优化问题的约束条件。式（2.2）和式（2.3）分别为不等式约束和等式约束。式（2.4）为决策变量的取值范围，X定义了决策变量x的可行域，即x可取的所有值的集合，可以为连续变量或整数变量（离散变量）。

根据$f(x)$、$g(x)$、$h(x)$、X的不同类型，可以将上述优化问题分成不同种类的优化问题模型，下面展开介绍常见的类型。

2.1　线性规划

线性规划（Linear Programming，LP）是指目标函数和约束条件均为线性的最优化问题。作为最优化问题的一个关键分支，线性规划在运筹学领域扮演着至关重要的角色。实际上，许多实际问题，包括网络流和多商品分配等特定情况，都可以通过线性规划的方法来有效解决。线性规划的标准形式如下：

$$\min \quad c^T x$$
$$\text{s.t.} \quad Ax \leqslant b, \ x \in \mathbb{R}^{n \times 1}$$

其中，c、A、b 为常数，$c \in \mathbb{R}^{n \times 1}$，$A \in \mathbb{R}^{m \times n}$，$b \in \mathbb{R}^{m \times 1}$，$x$ 为 $n \times 1$ 维的决策变量。

2.2　混合整数规划

当所有决策变量限定为整数时，线性规划问题即转变为整数规划（Integer Programming，IP）。若仅部分决策变量为整数，则问题成为混合整数规划（Mixed Integer Programming，MIP）。与连续变量优化相比，MIP 的求解更为复杂。MIP 一直是学术界研究的热点领域，也是本书案例篇主要采用的模型，其标准形式通常为

$$\min \quad m^T x + n^T y$$
$$\text{s.t.} \quad Ax + Cy \leqslant b$$
$$x \in \mathbb{R}^n, y \in \mathbb{Z}^n$$

在解决混合整数规划模型问题时，主要有两种算法类型：精确算法和启发式算法。精确算法包括分支定界算法和列生成算法，能够找到全局最优解，但求解时间较长。而启发式算法包括遗传算法、蚁群算法、粒子群算法和模拟退火算法，可以在较短时间内获得近似最优解。

2.3　二次规划

二次规划（Quadratic Programming，QP）是一种特殊的非线性规划问题，其中目标函数为二次表达式，约束为线性表达式。这种类型的问题在生产制造、金融投资、工程管理、交通运输、物流管理等多个领域中有着广泛的应用，其一般形式为

$$\min \quad \frac{1}{2}x^{\mathrm{T}}Px + q^{\mathrm{T}}x + r$$

$$\mathrm{s.t.} \quad \begin{cases} Gx \leqslant h \\ Ax = b \end{cases}$$

根据矩阵P的不同，可以把二次规划问题划分为凸二次规划、严格凸二次规划、一般二次规划三类。

2.4 多目标规划

多目标规划（Multi-Objective Programming，MOP）是数学规划的一个分支，它涉及在相同的约束条件下，同时优化多个目标函数，而不是单一目标。在实际问题中，经常存在多个相同冲突的目标，需要在这些目标中进行平衡。多目标规划的目标是找到一组解决方案，这些解决方案在多个目标之间取得最佳平衡，其一般形式为

$$\min \quad [f_1(x), f_2(x), \cdots, f_n(x)]$$

$$\mathrm{s.t.} \quad Ax \leqslant b, \, x \in \mathbb{R}^{n \times 1}$$

2.5 常用求解算法简介

本书假定读者已具备本科阶段运筹学课程的基础知识，特别是对线性规划中的核心算法——单纯形法有所了解。本节内容将进一步介绍基于单纯形法原理衍生的一系列算法。

2.5.1 分支定界算法

分支定界算法（Branch and Bound，BB）是一种系统性的、逐步细化搜索空间以解决优化问题的方法。其主要特点是通过对搜索空间的划分和剪枝，以减小问题规模，从而降低求解难度。通过不断地将可行解空间划分为更小的子集来探索所有可能的解决方案，这个过程被称为分支。并且对每个子集内的解集计算一个目标上界（对于最大值问题），这被称为定界。在每次分支后，忽略那些界限超出已知可行解集目标值的子集，不再对其进行进一步分支，这被称为剪枝。这就是分支定界算法的主要思路。这种方法可用于求解纯整数规划问题和混合整数规划问题。下面以求解 max 的整数规划题为例，介绍分支定界算法的流程：

（1）求得原问题线性松弛模型的最优解，作为第一个节点。

（2）在第一个节点处，将线性松弛模型的最优解作为上界，将 0 或者通过启发式规则找到的一个可行解作为下界。

（3）选择分数部分最大的小数变量进行分支，构建将可行域按照变量的整数限制分割成两个子区域的分支约束，也就是构造一个≤约束和一个≥约束。

（4）在分支定界树里创建两个新的节点，一个是对应≥约束的节点，另一个是对应≤约束的节点。也就是在父节点对应的模型中分别添加≥约束和≤约束，形成两个新模型，对应两个子节点。

（5）求解这两个新节点处的线性松弛模型。

（6）这个线性松弛模型的解是每个节点的上界，并且已经得到的整数解（在任意节点上）是下界；根据查明的条件，判断该节点是否已被查明。

（7）当在一个节点处得到了一个整数解，并且该节点的下界大于或者等于其他任何子节点的上界时（也就是大于或等于全局上界），我们就求得了全局最优整数解，此时就可以结束运算了；如果该节点的解不是整数解，那么就从所有节点中上界最大的节点处开始分支，回到步骤（3）。

对于最小化模型，可以将线性松弛模型的最优解作为下界，将+∞或者通过启发式规则找到的一个可行解作为上界。在搜索过程中将上下界颠倒即可。对于分支定界算法，如果能根据问题特点，找到一个较高质量的可行解，则有利于在搜索过程中删除一些不够优的搜索分支，减少迭代次数，加速求解过程。

分支定界算法作为一种精确的求解手段，在整数规划和组合优化等领域显示出其独特的优势。它通过有序地遍历解空间，确保了全局最优解的发现，同时避免了无效搜索和重复工作。该算法通过界定界限来实施剪枝策略，这大大减少了搜索范围，提升了求解的效率和精确度。此外，分支定界算法的灵活性和可扩展性表现在它能够适应各种问题的需求，并通过并行化处理进一步提升效率，同时允许通过调整搜索策略和界限来优化求解过程。

然而，分支定界算法在处理大规模问题时可能面临挑战，因为它的时间复杂度可能随着问题规模的增大而呈指数级上升，这使得求解过程变得复杂和耗时。与启发式算法相比，它可能在搜索过程中不够高效，有时难以充分利用问题的结构特性。此外，该算法的效果高度依赖于问题的具体特性，对于某些特定问题可能不是最佳选择。随着搜索树的扩展，该算法对内存的需求也会增加，这可能在实际应用中带来额外的负担。

综合来看，分支定界算法是一种求解包含整数变量的优化问题的有效工具，但在使用时需要权衡问题的特性和规模。目前，该算法在多个领域都有应用，包括但不限于组合优化、整数规划、调度问题和图论等。在旅行商问题、背包问题等组合优化问题中，它通过构建搜索树和界限设定，有效地寻找最优或近似最优解。在整数规划领域，它能够为资源分配和生产调度等具有离散变量和约束条件的问题提供精确解。在调度问题中，分支定界算法通过剪枝和界限计算，快速定位最优调度方案。在图论问题如最短路径、最大流和最小生成树的求解中，它通过减少搜索空间来提升效率。

2.5.2　拉格朗日松弛

拉格朗日松弛是一种求解带有约束条件的优化问题的数学方法。这种方法利用拉格朗日乘子，通过在原问题中引入辅助变量来放松约束条件，从而将问题转化为一个无约束问题。拉格朗日松弛起源于数学规划，并在解决线性规划、整数规划等类型的问题中发挥着关键作用。

在运筹学和优化领域，拉格朗日松弛是一种基础且极具价值的方法。它常与其他算法如分支定界和分支定价相结合，目的是生成更好的上界或下界，以此加速算法的求解过程。拉格朗日松弛的关键在于将那些使得问题复杂化的约束移至目标函数中，同时保持目标函数的线性特性，这样转换后的问题便能够在相对较短的时间内得到解决，即便是在无法保证多项式时间复杂度的情况下。首先我们假设有下面的整数规划

$$
\begin{aligned}
\max \quad & c^T x \\
\text{s.t.} \quad & Ax \leqslant b \\
& Dx \leqslant d \\
& x \in \mathbb{Z}_+^n
\end{aligned}
$$

我们将约束条件划分为相对容易满足的约束 $Ax \leqslant b$ 和难以达成的约束 $Dx \leqslant d$。当忽略那些难以满足的约束 $Dx \leqslant d$ 时，模型的求解将变得简单，可以迅速找到最优解。但是，一旦将这些约束纳入考量范畴，模型的求解难度就会因为约束间的潜在冲突而急剧上升。如果能将这些难以满足的约束 $Dx \leqslant d$ 转化为更易于处理的形式，同时确保转化后的模型最优解也是原模型的最优解，那么模型的求解难度便有望降低。拉格朗日松弛法正是实现这一目标的有效手段。

下面考虑问题 IP：

$$
\begin{aligned}
\max \quad & c^T x \\
\text{s.t.} \quad & Dx \leqslant d \\
& x \in X
\end{aligned}
$$

其中，$Dx \leqslant d$ 是 m 个难以满足的约束。这里的 $x \in X$ 指的是 x 落在 $Ax \leqslant b$ 和

$x \in \mathbb{Z}_+^n$ 共同约束的可行域里。

对于任意的 $\boldsymbol{u} = (u_1, u_2, \cdots, u_m)$，$u_i \geqslant 0$，$\forall i = 1, 2, \cdots, m$，我们定义下面的问题：

$$\text{IP}(\boldsymbol{u})\ z(\boldsymbol{u}) = \max\ \boldsymbol{c}^\mathrm{T}\boldsymbol{x} + \boldsymbol{u}^\mathrm{T}(\boldsymbol{d} - \boldsymbol{D}\boldsymbol{x})$$
$$\text{s.t.}\qquad \boldsymbol{x} \in X$$

定理 1：对于任意的 $\boldsymbol{u} \geqslant \boldsymbol{0}$，问题IP($\boldsymbol{u}$)是问题IP的一个松弛问题。

我们称 $\boldsymbol{u}$ 为拉格朗日乘子，将IP($\boldsymbol{u}$)称为原问题IP的参数为 $\boldsymbol{u}$ 的拉格朗日松弛子问题。由于IP($\boldsymbol{u}$)是 IP 的一个松弛问题，因此 $z(\boldsymbol{u}) \geqslant z$，于是获得了IP的一个上界。我们的目标是找到最好的上界，即最佳的 $\boldsymbol{u}$ 值，使得拉格朗日松弛问题的目标函数尽可能小，这样才能更好地逼近IP的目标函数。具体步骤为：

（1）建立拉格朗日函数：将原问题的目标函数和约束条件合并成拉格朗日函数，引入拉格朗日乘子。

（2）引入松弛变量：对原问题的约束条件引入松弛变量，使得原问题的约束条件变为等式。

（3）构建拉格朗日松弛函数：将步骤（1）和步骤（2）得到的拉格朗日函数进一步处理，得到拉格朗日松弛函数。

（4）迭代求解：利用迭代方法，不断更新拉格朗日乘子和松弛变量，以逼近原问题的最优解。

拉格朗日松弛以其解决约束优化问题的能力而受到认可，主要优势包括简便性、适应性、收敛性及应用广泛性。它通过将约束转换为惩罚项，简化了问题求解，允许使用现有的无约束优化技术。此方法的适应性体现在能够应对各种类型的约束，无论是线性还是非线性，从而在多种实际应用中发挥作用。拉格朗日松弛的收敛性确保了随着迭代的进行，解的稳定性和可靠性，同时它还能与其他优化技术结合，如启发式算法，以提升解决问题的效率和质量。

然而，拉格朗日松弛在实际应用中也面临一些挑战。在处理某些复杂或不可微的非线性约束时，可能需要特别处理或难以直接应用，这可能限制了其适用性。此外，收敛速度可能较慢，导致在计算资源有限的情况下难以及时获得解。对于数值稳定性问题，也可能因为初始点的选择和计算精度而影响结果的准确性。

拉格朗日松弛在多个领域的应用证明了其作为解决复杂优化问题工具的有效性。它在线性规划中简化了约束处理，在整数规划中通过将问题转化为连续形式而降低了求解难度，在网络流问题中提高了求解效率，并且在组合优化问题中通过迭代求解提供了便利。

综合来看，拉格朗日松弛在数学规划、运筹学和工程优化等多个领域中是一种多用途的工具，为解决约束优化问题提供了强大的支持。尽管存在局限性，但在适当条件下的强大性能使其成为解决实际问题的重要选择。

2.5.3　列生成算法

列生成算法（Column Generation Algorithm，CG）是一种专门针对大规模线性优化问题的高效求解方法，该算法由 Gilmore 和 Gomory 于 1961 年提出。该算法最初主要用于解决大规模线性规划问题，后来也扩展到解决其他组合优化问题，如车辆路径问题、船舶舱位分配等。列生成算法的核心特点是动态生成问题的决策变量，以逐步优化问题的解。相比于单纯形法，列生成算法更加适用于大规模问题，它的特点是将原问题拆分成主问题和子问题，通过延迟引入变量来避免在初始阶段构建整个决策变量集合，从而避免从一开始就操作过大的单纯形矩阵来提高算法执行效率。对于具有隐含结构的问题，列生成算法能有效处理隐含结构，只需生成一小部分变量就能够表示整体问题。

列生成算法的具体步骤：

（1）生成初始集合：初始阶段生成一个部分决策变量集合，通常包含一些基本变量，可构成原问题的一个可行解。

（2）求解原始问题：使用生成的决策变量求解原始问题，得到对偶问题的解。

（3）检验可行性：检验生成的变量是否能够带来改进，若不满足某些条件，则生成新的变量。

（4）更新生成集合：将新生成的变量加入决策变量集合。

（5）迭代求解：重复进行上述步骤，逐步优化问题的解，直至满足停止条件。

列生成算法的伪代码如表 2-1 所示。

表2-1　列生成算法

列生成算法
1.　生成一系列的初始列集合 Ω_1，确保主问题有可行解，Ω_1 一般根据问题特点生成
2.　令 ϵ 为一个非常小的负数容差（例如-0.001），ϵ 是判断迭代终止条件的指标
3.　求解主问题MP(Ω_1)，得到对偶变量 w
4.　构建子问题SP(w)
5.　求解SP(w)，得到子问题的目标函数 σ 的初始值
6.　while $\sigma \leq \epsilon$ do
7.　　根据子问题的解生成新列（一列或多列）a

续表

列生成算法	
8.	将新列a添加到Ω_1中
9.	求解MP(Ω_1)并得到对偶变量w的值
10.	根据对偶变量w的值，更新子问题SP(w)目标函数的系数
11.	计算子问题SP(w)的最优目标函数值σ
12.	end while
13.	求解最终的带整数约束的MP

列生成算法以其在大规模优化问题上的应用而备受关注，它通过逐步创建决策变量，有效降低了初始求解阶段的复杂性，降低了整体求解难度。此算法展现出极高的适应性，允许针对问题的独特性质和需求定制解决方案，通过个性化的生成策略，增强了对多样化问题求解的适应力。在应对含有内在结构的复杂问题时，列生成算法通过精心挑选关键变量，有效揭示并利用了问题的结构，从而提升了求解的速度和效率。在面对整数规划等包含离散变量的问题时，其动态生成变量的机制有助于缓解离散性带来的挑战，提高了问题的可解性。

列生成算法的迭代性质使其能够在连续的迭代中不断改进解的质量，逐步而稳定地向最优解靠拢。然而，这种方法的收敛速度可能会受到多种因素的影响，包括问题本身的特性和所采用的生成策略。在某些情况下，可能需要较多的迭代次数才能实现最优解。该算法的效果在很大程度上依赖于能否设计出合适的生成规则。对于不同的问题，可能需要定制不同的规则，而这一过程需要特定的经验和深入的领域知识。在处理一些结构简单或规则性强的问题时，列生成算法可能不如直接求解方法高效。此外，验证新生成变量的可行性可能涉及复杂的检查过程，这也可能会增加计算的复杂性和资源消耗。

列生成算法在组合优化问题中的应用极为广泛，它在物流、制造、通信和网络设计等多个领域均有显著的实际应用成果。该算法的灵活性、高效性及对大规模问题的适用性，使其成为解决实际业务挑战的重要工具。通过持续优化决策变量的引入，列生成算法为处理现实世界中的复杂组合优化问题提供了高效可行的解决方案，为资源利用和规划提供了有力的决策支持。

2.5.4　动态规划

动态规划（Dynamic Programming，DP）是运筹学的一个分支，它是解决多阶段决策过程最优化的一种数学方法。把多阶段问题变换为一系列相互联系的单阶段问题，然后逐个加以解决。

在每一个阶段都需要做出决策，从而使整个过程达到最优。各个阶段决策的选取仅依赖当前状态，从而确定输出状态。多阶段决策过程是将一个问题视为一系列前后相连的决策阶段，通过确定每个阶段的决策来构建一个决策序列，最终解决问题。这种方法体现了问题的链状结构特征。"仅依赖当前状态"也被称为无后效性，指的是问题的历史状态不影响未来的发展，只能通过当前的状态去影响未来，当前的状态是历史状态的一个总结。

动态规划将问题分解为一组互相联系、同类型的子问题，并通过解决这些子问题来逐步构建原问题的最优解。在这一过程中，子问题的解被存储并重用，避免了重复计算，特别是在子问题频繁出现的情况下，这种方法显著提高了计算效率。

其中包括两个关键点：

（1）状态转移方程：描述了不同阶段状态之间的依赖关系，允许使用前一阶段的结果来解决当前阶段的问题。

（2）指标函数：**用于评估解的优劣，动态规划通过优化这一函数来找到全局最优解**。指标函数需要具有分离性，当求解出全局最优解以后，就可以知道各个子问题的最优解。

动态规划要求问题能够分解为具有最优子结构的子问题，并且子问题的解能够组合成原问题的解。这要求状态的选择能够恰当地表示子问题的最优解，并通过递推方式求解。

动态规划是一种针对具有最优子结构和重叠子问题特性的有效解题策略。它通过逐个解决子问题的最优解，逐步构建出整个问题的最优解决方案，从而简化了复杂问题的求解。动态规划的高效得益于其记忆化搜索技术，该技术通过记录子问题的解来避免冗余计算，特别是在子问题频繁重复出现时。此外，动态规划的适用性广泛，涵盖了最短路径、背包问题、字符串匹配等多种问题类型，使其成为一个多功能的优化工具。它特别适用于涉及多阶段决策过程的规划与优化。

然而，动态规划也存在一些局限性。对于一些特定问题，状态空间的急剧膨胀可能导致空间复杂度过高，有时甚至达到不可接受的程度。此外，并非所有问题都能满足最优子结构和重叠子问题的条件，这限制了动态规划的适用范围。在某些情况下，动态规划可能仅能找到局部最优解而非全局最优解。对于某些问题，构建合适的递归模型可能具有挑战性，这限制了动态规划的应用。

可以看出，尽管动态规划在多种问题领域内是一个功能强大的工具，但在实际应用时需要考虑问题的特性和动态规划的适用性，以确保其有效性和效率。

2.5.5　Benders 分解算法

Benders 分解算法由 Jacques F. Benders 于 1962 年提出，最初设计用于解决混合整数规划问题，即涉及连续和整数变量的优化问题。然而，它的应用范围已经得到扩展，A.M.Geoffrion 建立了广义的 Benders 分解算法，使其能够应用于更广泛的非线性问题，并且子问题的求解不局限于线性方法。Benders 分解算法已成为解决复杂问题如整数非线性规划和随机规划问题的有效工具。

该算法的核心思想是将一个复杂的原问题拆分为两个更容易求解的问题：主问题和子问题。主问题通过整合子问题的解决方案来逐步逼近原问题的最优解。关键步骤在于子问题的求解过程中生成的割，这些割随后被添加到主问题中，以改进当前的解决方案。

Benders 分解算法特别适合处理具有特定结构的混合整数规划模型，其中问题可以被分解为两个互补的部分，一个处理连续变量，另一个处理整数变量。通过这种方法，该算法能够有效地处理那些直接求解难度较大的问题。其求解的混合整数规划模型可按如下形式表示。

$$\text{(MIP)} \min \boldsymbol{c}^{\mathrm{T}}\boldsymbol{x} + \boldsymbol{f}^{\mathrm{T}}\boldsymbol{y}$$
$$\text{s.t.} \quad \boldsymbol{A}\boldsymbol{x} + \boldsymbol{B}\boldsymbol{y} = \boldsymbol{b}$$
$$\boldsymbol{x} \geqslant 0, \; \boldsymbol{y} \in Y \subset \mathbb{Z}^n$$

其中$\boldsymbol{x}$为连续变量，$\boldsymbol{y}$为整数变量。由于原问题中决策变量同时包含连续变量和整数变量，并且不同类型的变量通过约束$\boldsymbol{A}\boldsymbol{x} + \boldsymbol{B}\boldsymbol{y} = \boldsymbol{b}$联系在一起，因此这增加了问题的求解难度。我们构建只包含变量$\boldsymbol{y}$的主问题：

$$\text{(MIP')} \min \boldsymbol{f}^{\mathrm{T}}\boldsymbol{y} + q(\boldsymbol{y})$$
$$\text{s.t.} \quad \boldsymbol{y} \in Y$$

其中$q(\boldsymbol{y})$被定义为如下问题目标函数的最优值：

$$\text{(PS)} \min \boldsymbol{c}^{\mathrm{T}}\boldsymbol{x}$$
$$\text{s.t.} \quad \boldsymbol{A}\boldsymbol{x} = \boldsymbol{b} - \boldsymbol{B}\boldsymbol{y}$$
$$\boldsymbol{x} \geqslant 0$$

引入对偶变量$\boldsymbol{\alpha}$，则问题(PS)的对偶问题如下：

$$\text{(DS)} \max \boldsymbol{\alpha}^{\mathrm{T}}(\boldsymbol{b} - \boldsymbol{B}\boldsymbol{y})$$
$$\text{s.t.} \quad \boldsymbol{A}^{\mathrm{T}}\boldsymbol{\alpha} \leqslant \boldsymbol{c}$$

对偶问题的求解情况有三种可能：无解、无界解、有界解。

（1）若对偶问题无解，根据弱对偶定理，则意味着原子问题（PS）没有可行解或其解是无界的，相应地，主问题也无可行解或解是无界的解，原问题 MIP 同样无可行解或解是无界的解。

（2）若对偶问题的解是有界的，则弱对偶定理指出原子问题有有界解。

（3）若对偶子问题存在无界解，则同样根据弱对偶定理，原子问题没有可行解。

Benders 分解算法利用对偶子问题的解来生成割，并将其加入主问题。每次添加割都会进一步限定主问题的可行解空间。这一过程逐步精细化主问题的可行域，直至找到最优解或确定问题的解状态。Benders 分解算法的步骤如表 2-2 所示。

表2-2　Benders 分解算法的步骤

Benders 分解算法
初始化：初始化问题的初始可行整数解y
设置ϵ的值，ϵ为一个小的正数容差（如 0.001），ϵ是判断迭代终止条件的指标
初始化LB为负无穷大
初始化UB为正无穷大
while UB − LB ≥ ϵ do
（**** 求解子问题****）
求解子问题$\min_\alpha\{f^T\overline{y}+(b-B\overline{y})^T\alpha \mid A^T\alpha\leqslant c, \alpha \text{ free}\}$
if 子问题有无界解
得到极射线$\overline{\alpha}$
将割平面$(b-By)^T\overline{\alpha}\leqslant 0$添加到主问题的约束中
else
得到极点$\overline{\alpha}$
将割平面$z\geqslant f^Ty+(b-By)^T\overline{\alpha}$添加到主问题的约束中
令UB ← $\min\{\text{UB}, f^T\overline{y}+(b-B\overline{y})^T\overline{\alpha}\}$
end if
（****求解主问题****）
求解主问题$\min_y\{z \mid \text{cuts}, y \in Y\}$
令LB $= \overline{z}$
end while

综上，Benders 分解算法的优点可以总结为以下三点。首先，该算法适用于处理大规模线性规划问题，通过问题分解来降低问题规模，提高求解速度；其次，该算法的灵活性体现在能够针对结构复杂的问题定制设计主问题和子问题，从而

满足不同问题的需求。此外，Benders 分解算法支持并行处理，这进一步提高了算法的效率。

然而，在特定情况下，Benders 分解算法也可能遇到一些挑战。例如，该算法在处理非凸问题时收敛过程可能较慢。此外，该算法的表现在很大程度上取决于问题的结构特性，可能在某些情况下不如其他算法高效。Benders 分解算法主要针对线性规划问题设计，因此在处理非线性问题时可能会受到限制。通过调整分解策略和整合其他技术，可以克服这些挑战，提升算法的健壮性和适用性。

Benders 分解算法在理论和实践层面均有广泛应用。理论上，它通过将原问题拆分为交替迭代的主问题和子问题，展现了坚实的理论支撑。其巧妙的分解策略和延迟可行性的引入，为解决大规模优化问题提供了有效的手段。

在实际应用中，Benders 分解算法在处理大规模和结构复杂的问题方面尤为有效。例如，在交通规划中，它可用于解决众多路径规划和流量优化问题，通过问题分解降低计算负担。在生产计划领域，该算法能够处理复杂的资源分配和调度问题，优化生产过程。电力系统优化也是 Benders 分解算法的应用场景之一，它能够适应电力系统运行调度的大规模和不确定性，展现出其在实际应用中的强大能力。

第3章
CHAPTER 3

供应链场景下常见的
运筹优化经典问题

在供应链管理领域，存在许多经典的运筹优化问题，这些问题涉及供应链中的各个环节和决策点。通过应用数学建模和优化算法，可以优化供应链的运作效率、降低成本并提高客户满意度。本章将从供应链的几个经典领域入手，包括选址、路径规划、网络设计、库存优化等，介绍这些问题常见的建模方式和解决方法。

3.1 设施选址问题

选址决策是供应链物流系统规划的关键决策，它涉及多个方面的考量。首先需要明确选址的具体对象和目标区域，同时要制定合理的成本函数并考虑各种约束因素。在此基础上，选址过程的核心目标是实现物流成本的最小化、服务质量的最优化或社会效益的最大化。通过科学的分析和决策，确定物流网络中各个节点的最佳数量和位置，从而构建出高效、合理的物流网络结构。这一过程不仅影响物流系统的运营效率，还直接关系到企业的长期竞争力。

在供应链管理中，选址决策的重要性不容忽视。它是企业战略规划的核心要素之一，对企业的整体运营效果产生深远影响。恰当的选址可以优化客户服务体验、缩短响应时间、提升服务品质。同时，它还能显著影响企业的成本结构，包括生产和物流配送等方面的开支。精心考虑的选址策略能为企业创造长期的竞争优势，而不当的选址则可能导致运营效率低下，影响企业的可持续发展。常见的选址问题有以下 4 类。

（1）**p-中值（p-median）问题**：该问题有一个需求点的位置集合 K，选址区域为有限点的集合 J。需要决策如何从备选设施集合 J 中选取 p 个点，使所有需求点 $k \in K$ 得到服务，目标是总运输成本最低。可以用以下模型表示：

$$\min \sum_{k \in K} \sum_{j \in J} (w_k d_{kj}) x_{kj}$$

$$\text{s.t.} \quad \sum_{j \in J} x_{kj} = 1, \forall k \in K \tag{3.1}$$

$$x_{kj} \leqslant y_j, \forall k \in K, j \in J \tag{3.2}$$

$$\sum_{j \in J} y_j = p \tag{3.3}$$

$$x_{kj}, y_j \in \{0,1\}, \forall k \in K, j \in J \tag{3.4}$$

y_j 表示设施 j 是否被选中，x_{kj} 表示节点 k 是否由 j 来服务，w_k 表示第 k 个用户的需求量，d_{kj} 表示从设施 k 到 j 的单位运输费用。式（3.1）保证了需求点 j 仅由一个设施服务，式（3.2）表示只有被选中的设施 j 才能与需求点建立连接，式（3.3）保证选取的设施有 p 个。

（2）**p-中心（p-center）问题**：p-中心问题与 p-中值问题的不同点在于目标函数的形式，p-中心问题的目标是令每个需求点到其最近设施的最大距离最小。常用于一些应急设施的选址，目标是可以在某个时间阈值满足区域内所有需求。该问题可以用以下模型表示：

$$\min_x r$$

$$\text{s.t.} \quad \sum_{j \in J} d_{kj} x_{kj} \leqslant r, \forall k \in K \tag{3.5}$$

$$\sum_{j \in J} x_{kj} = 1, \forall k \in K \tag{3.6}$$

$$x_{kj} \leqslant y_j, \forall k \in K, j \in J \tag{3.7}$$

$$\sum_{j \in J} y_j = p \tag{3.8}$$

$$x_{kj}, y_j \in \{0,1\}, \forall k \in K, j \in J \tag{3.9}$$

其中，r表示每个需求点k到其最近设施j的最大距离，d_{kj}表示需求点k到j的距离，该关系由式（3.5）刻画。目标为使r最小，即每个需求点到其最近设施的最大距离最小。其余约束与p-中值问题一致。

（3）**集覆盖问题**：集覆盖是指在覆盖所有需求点的前提下，建设总成本最低或建立设施数最少。

集覆盖问题可以建模如下：

$$\min_x \sum_{j \in J} x_j$$

$$\text{s.t.} \quad \sum_{j \in J} a_{kj} x_j \geqslant 1, \forall k \in K \tag{3.10}$$

$$x_j \in \{0,1\}, \forall j \in J \tag{3.11}$$

模型以最小化选择的设施数为目标，x_j表示设施j是否被选择，式（3.10）表示每个需求点必须处在一个设施的覆盖范围内，其中，a_{kj}的取值为 0 或 1，取值为 1 表示设施j可覆盖需求点k，否则不可覆盖。

（4）**最大覆盖问题**：最大覆盖问题研究在已知需求点集合、设施服务范围的情况下，决策设施选取位置和服务站点，以最大化被服务到的需求。

最大覆盖问题可以建模如下：

已知a_{kj}，即在$j \in J$的情况下建造设施能否覆盖需求点$k \in K$，进而决策在哪些备选点上建造设施可以最大化被满足的需求点。

$$\max \sum_{k \in K} z_k$$

$$\text{s.t.} \quad \sum_{j \in J} x_j = p \tag{3.12}$$

$$\sum_{j \in J} a_{kj} x_j \geqslant z_k, \forall k \in K \tag{3.13}$$

$$x_j, z_k \in \{0,1\} \tag{3.14}$$

模型在只能选择p个设施的约束下，以最大化被覆盖的需求点为目标。其中，z_k表示需求点k能否被满足，x_j表示设施j是否被使用。式（3.13）表示只有

当设施 j 能覆盖需求点 k 且设施 j 被使用的情况下，需求点 k 才可以被满足。

除此之外，设施选址问题常常需要考虑不确定性因素，如需求变化或资源波动。同时选址问题常常面对多个优化目标，如成本、距离、服务范围等。在现实问题中，选址的优化往往是多个层次的，如城市层次或区域层次等。

在解决设施选址问题的过程中，优化算法是必不可少的工具。这些算法帮助设施选址问题寻找最优解或接近最优解的解决方案。常用的算法包括：

（1）遗传算法：遗传算法是一种启发式搜索算法，通过模拟自然选择的过程，将优秀的解传递给下一代。在设施选址问题中，遗传算法能够在解空间中搜索潜在的最佳位置，以适应复杂的约束和多目标情境。

（2）粒子群算法：粒子群算法模拟鸟群或鱼群中个体之间的协同行为，通过多个"粒子"在解空间中搜索最优解。这种算法常用于解决多目标设施选址问题，能够有效平衡多个目标。

（3）模拟退火算法：模拟退火算法是一种随机搜索算法，通过模拟金属退火的过程，在解空间中逐渐降低温度，以接近全局最优解。在设施选址问题中，模拟退火算法对于处理不确定性和动态变化具有一定优势。

地理信息系统（GIS）是空间数据分析的重要工具，对于设施选址问题尤为有用。GIS 结合了地理空间数据和信息，提供空间分析、可视化和网络分析等功能，为决策提供了直观的空间视角。

除了上述方法，还有一些其他技术和方法可以用于解决设施选址问题。

（1）鲁棒优化：考虑不确定性的设施选址问题可以采用鲁棒优化方法，使得解对于输入数据的扰动具有较好的稳定性。

（2）模糊逻辑：在处理模糊信息时，模糊逻辑可用于建模。这对于一些难以精确测量的因素或需求模糊的情况有帮助。

综上所述，设施选址问题的解决过程涉及数学建模、优化算法、地理信息系统等多个领域知识的综合运用。通过合理地选择和组合这些方法，可以更有效地解决设施选址问题，为决策者提供科学的支持。

3.2 多商品网络流问题

多商品网络流问题是指多件商品（或货物）在网络中从不同源点流向不同汇点的网络流问题，如图3-1 所示。其中边表示该网络中商品可以流通的路径，边上的数字表示容量，该网络中有 2 单位的商品需要分别从不同的源点流向各自的汇点。多商品流问题是以最小化成本或最大化网络流量等为目标，在不超过每条边承载能力的前提下，实现网络中流量的分配。

给定网络拓扑图$G(V, E)$，其中V表示图中的顶点集合，E为边集合，$(u, v) \in E$的容量为$c(u, v)$，m件物品$K_i = (s_i, t_i, d_i)$，$i \in M$，s_i及t_i分别表示物品i的源点和汇点，d_i表示需求量。常见的多商品网络流的建模方法有 Arc-based form（模型 P1-1）和 Path-based form（模型 P1-2）两种。

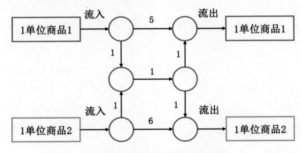

图 3-1　多商品网络流示例

模型 P1-1：

$$\min_{f_i(u,v)} \sum_{i \in M} \sum_{(u,v) \in E} a_i(u, v) f_i(u, v)$$

$$\text{s.t.} \quad \sum_{i \in M} f_i(u, v) \leqslant c(u, v), \forall (u, v) \in E \tag{3.15}$$

$$\sum_{v \in \{v:(u,v) \in E\}} f_i(u, v) - \sum_{v \in \{v:(v,u) \in E\}} f_i(v, u) = \begin{cases} d_i, \text{if } u = s_i \\ 0, \text{if } u \in V \backslash \{s_i, t_i\}, \forall i \in M, u \in V \\ -d_i, \text{if } u = t_j \end{cases} \tag{3.16}$$

$$f_i(u, v) \geqslant 0, \forall i \in M, (u, v) \in E \tag{3.17}$$

其中，$a_i(u, v)$表示商品i在线路$(u, v) \in E$上的单位运输成本，$f_i(u, v)$表示i在线路(u, v)上的运输需求量。式（3.15）为能力约束，表示每条线路的流量不超过该线路的最大流量，式（3.16）为流平衡约束，约束商品i从源点s_i点到汇点t_i的需求量为d_i。在 Arc-based 的建模方式下，变量规模为$|E||M|$，约束规模为$|V||M| + |E|$。

模型 P1-2：

$$\min_{f_i(r)} \sum_{i \in M} \sum_{(u,v) \in E} a_i(u, v) f_i(u, v)$$

$$\text{s.t.} \quad \sum_{i \in M} \sum_{r \in R_i} f_i(r) \eta_r(u, v) \leqslant c(u, v), \forall (u, v) \in E \tag{3.18}$$

$$\sum_{r \in R_i} f_i(r) = d_i, \forall i \in M \tag{3.19}$$

$$f_i(r) \geqslant 0, \forall i \in M, r \in R_i \tag{3.20}$$

其中，R_i 指商品 i 从源点 s_i 到汇点 t_i 的可行运输路径，$f_i(r)$ 表示商品 i 在路径 $i \in R_i$ 上的运输需求量，$\eta_r(u, v) \in \{0,1\}$ 表示路径 r 是否经过线路 (u, v)。式（3.18）为能力约束，式（3.19）为流平衡约束。在 Path-based 的建模方式下，变量规模为 $\sum_{i \in M} |R_i|$，约束规模为 $|M| + |E|$。该问题主要适用于以下场景：

（1）供应链管理：优化生产、仓储和分销，以最小化总成本，通过网络流问题规划生产流程，提高生产效率。

（2）电信网络优化：多种服务在通信网络中的传输和分配，优化数据流在通信网络中的传输，提高网络传输效率。

（3）交通规划：多种交通工具在城市交通网络中的流动和调度，通过网络流问题优化货物运输路线，降低运输成本。

方法的选择取决于具体问题的特点和规模。线性规划适用于较小规模的问题，整数规划和混合整数规划适用于处理问题中存在整数约束的情况。根据问题的复杂性和要求，可以选择合适的方法来求解多商品网络流问题。

3.3　轴辐射网络设计问题

轴辐射（Hub-and-Spoke）物流网络模型于 1986 年由奥凯利首次提出，其是由轴（Hub）和辐（Spoke）组成的一种类似车轮的空间形态。在这个系统中，枢纽节点扮演着物流中转站的角色，负责汇集和分配各处的物资。而辐射状的运输线路则连接枢纽与非枢纽节点，确保物资能够顺畅地流通到各个终端。这种网络结构的运作方式独特：货物从起点出发，首先必须运送至某个枢纽，在那里进行必要的处理，如换装或转载等。随后，货物会以直达方式完成最后一段运输，抵达目的地。这种模式提升了物流效率，简化了复杂的运输路线，为现代物流管理提供了新的思路和解决方案。一个典型的轴辐射网络如图3-2所示。

轴辐射型物流网络已被实践证实具有显著的优势，主要体现在以下几个方面：

（1）实现规模效应：轴辐射型物流网络允许物资在轴点城市集中，从而在运输过程中实现规模经济。在传统的点对点网络中，由于物流需求较小，运输车辆往往难以实现满载，特别是当物流流向为单向时，可能导致空车返回，增加物流成本。相比之下，轴辐射型物流网络通过汇集各个辐点城市的流量，形成较大的运输批量，这不仅提升了运输工具的利用率，还减少了空驶现象，有效降低了成本。

（2）节约交通工具：在点对点的物流网络中，每条线路通常需要专用的运输工具，这导致交通工具的使用量较大。而轴辐射型物流网络通过在轴点进行货物的集中和转运，减少了运输线路数量。这样就可以减少交通工具的总体需求，从而节约成本，提高物流效率。

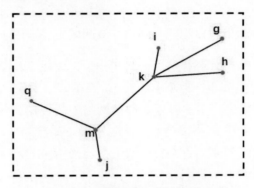

图 3-2   典型的轴辐射网络

常见的轴辐射网络建模如下：

引入决策变量x_{ik}表示节点i是否与轴点k连接，决策变量x_{ii}表示节点i是不是轴点。W_{ij}表示从节点i流到节点j的流量，C_{ij}表示从节点i流到节点j的单位运输成本，p是需要选择的轴点数，n是需要连接的节点总量。以运输成本最低为目标的轴辐射网络设计模型可以写成如下二次规划的形式：

$$\min \sum_{i \in I} \sum_{j \in I} W_{ij} \left(\sum_{k \in K} x_{ik} C_{ik} + \sum_{m \in K} x_{jm} C_{jm} + a \sum_{k \in K} \sum_{m \in K} x_{ik} x_{jm} C_{km} \right)$$

$$\text{s.t.} \quad (n - p + 1)x_{jj} - \sum_{i \in I} x_{ij} \geqslant 0, \forall j \in K \tag{3.21}$$

$$\sum_{j \in K} x_{ij} = 1, \forall i \in I \tag{3.22}$$

$$\sum_{j \in K} x_{jj} = p \tag{3.23}$$

$$x_{ij} \in \{0,1\} \, \forall i \in I, \forall j \in J \tag{3.24}$$

其中，目标中的前两项表示把节点和轴点连接后，进入轴点和离开轴点的成本；第三项表示轴点间的运输成本。由于轴点间的运输存在规模效应，所以对轴点间单均运输成本乘了一个折扣a，$a \leqslant 1$。式（3.21）保证只有当x_{jj}被指定为轴点时，才能有城市节点的流量流向该轴点，并且限制了轴点的分配上限，即任何轴点只能被分配给$(n - p + 1)$个城市节点。式（3.22）保证每个城市节点只能被分配给一个轴点。式（3.23）保证了轴点的数量为p个。

轴辐射网络问题是网络设计中的一个经典问题，它涉及在网络中选择一些节点作为"轴"，以最小化或最大化某个指标。该问题常用的求解方法包括：

（1）贪心算法：贪心算法是一种常见的求解轴辐射网络问题的方法。可以根据问题的特点，每次选择一个最优的节点加入轴。

（2）Steiner Tree 算法：轴辐射网络问题可以转化为 Steiner Tree 问题，其中轴上的节点形成 Steiner Tree 的端点。经典的 Steiner Tree 算法包括 Kou-Markowsky-Berman 算法和近似算法。

（3）近似算法：由于轴辐射网络问题通常是 NP-hard 问题，因此可以设计近似算法，用来在多项式时间内找到接近最优解的解决方案。这包括 Christofides 算法等。

（4）启发式算法：在大规模问题中，可以使用启发式算法（如遗传算法）寻找较优轴点。

轴辐射网络问题的具体求解方法取决于问题的特性和规模，选择合适的算法通常需要权衡求解的精确度和计算效率。

3.4 旅行商问题

旅行商问题（Traveling Salesman Problem，TSP）是著名的 NP-hard 问题。TSP 的描述如下：给定有向图$G = (V, E)$，其中V是图中节点集合，E是图中边的集合。TSP 的核心任务是确定一条最短路径，该最短路径从任意选定的起始节点出发，遍历图中所有其他节点恰好一次，并最终返回到起点，如图 3-3 所示。

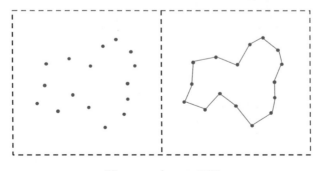

图3-3　一个 TSP 示例

为了求解该问题，可以引入变量x_{ij}，用于表示边(i,j)是否在最优解中被选中。问题建模如下：

$$\min \sum_i \sum_j c_{ij} x_{ij}$$

$$\text{s.t.} \quad \sum_{i \in V} x_{ij} = 1, \forall j \in V, i \neq j \tag{3.25}$$

$$\sum_{j \in V} x_{ij} = 1, \forall i \in V, i \neq j \tag{3.26}$$

$$x_{ij} \in \{0,1\}, \forall i,j \in V, i \neq j \tag{3.27}$$

其中，c_{ij}表示边(i,j)的运输成本，式（3.25）和式（3.26）保证每个节点都只被经过一次。但这种建模方法会导致子环路的问题，即存在多个闭合的环路，这些环路包含的节点只是节点集合V的一个真子集。消除子环路问题通常有两种方法，第一种是subtour-elimination约束；第二种是Miller-Tucker-Zemlin（MTZ）约束。

（1）加入subtour-elimination约束。

subtour-elimination约束的思路比较直观，它通过加入约束的方法消除子环路，如下所示。

$$\sum_{i,j \in S} x_{ij} \leqslant |S| - 1, 2 \leqslant |S| \leqslant n - 1, S \subset V$$

其中，S表示一组节点构成的节点集合，S中节点的数量在2到$n-1$之间，S的数量随n的增加呈指数级增长，导致subtour-elimination约束的数量达到2^n个。**这种方法的核心在于对节点集合S的边数进行约束，确保边数不超过节点数，从而有效避免形成不包含所有节点的闭合环路。**

（2）加入Miller-Tucker-Zemlin（MTZ）约束。

MTZ约束引入了决策变量u_i，可以将其理解为节点i的遍历次序。增加的MTZ约束如下所示。

$$u_i - u_j + M x_{ij} \leqslant M - 1, \forall i,j \in V, i,j \neq 0, i \neq j$$

其中，大M约束为运筹学中常见的逻辑约束，该约束表示当存在从i到j的一条边时，i必须先于j被访问。如图3-4所示，车辆在从 2→3→4→5 的行驶过程中，u_i的值逐渐递增，在节点5时，由于u_2的值低于u_5，因此车辆不会从节点5回到节点2。MTZ约束可以避免产生一条从后访问点到先访问点的子环路。

通过取 $M = N$，拉紧约束，约束可以调整为

$$u_i - u_j + 1 - N(1 - x_{ij}) \leqslant 0, \forall i, j \in V, i, j \neq 0, i \neq j$$

MTZ 约束使得原问题增加了 N 个连续变量和 N^2 个逻辑约束，复杂度低于 subtour-elimination 约束。

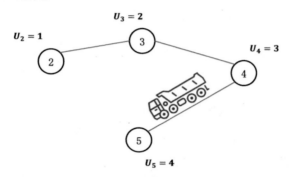

图 3-4　MTZ 方法在 TSP 中的应用

TSP 是一个经典的组合优化问题，其目标是找到一条最短的闭合路径，使得每个城市只被访问一次，并最终回到起始城市。以下是 TSP 的求解方法及一些常用算法：

（1）贪心算法：从一个城市开始，每次选择最近的未访问城市来构建路径。该算法简单，适用于小规模问题，但很难找到全局最优解，可能受局部决策的影响。

（2）最近邻算法：选择每个城市时，总是选择离当前城市最近的未访问城市。最近邻算法较贪心算法进行了进一步优化，适用于中小规模问题，但仍然可能导致问题陷入局部最优解。

（3）动态规划：使用状态空间树，通过子问题的最优解构建全局最优解。动态规划能够提供精确的最优解，但计算复杂度较高，适用于中小规模问题。

（4）遗传算法：模拟自然界的进化机制，通过对不同路径进行交叉和变异操作生成新的路径，然后筛选适应度高的路径，继续迭代进化，最终找到距离较短的路径。遗传算法适用于大规模问题，能够找到较好的解。但不保证结果是全局最优解，结果可能是近似最优解。

（5）模拟退火算法：模拟金属冷却过程，存在概率接受差解以避免陷入局部最优解。模拟退火算法可以在全局搜索中跳出局部最优，但对参数敏感，需要调优。

这些算法在不同情境下都有其优势和局限性。选择适当的算法取决于问题规模、时间限制、精确度要求及可用计算资源。

3.5 车辆路径规划问题

车辆路径规划问题（Vehicle Routing Problem，VRP）指的是图 3-5 描述的系统的供需关系问题。车辆从供应点提货，配送至若干需求点，不同需求点$i \in N$的货物需求为d_i。车辆受到车辆装载能力的约束，需要为车辆设定恰当的行车路线，在所有需求点的需求得到满足的基础上，使目标函数最小。

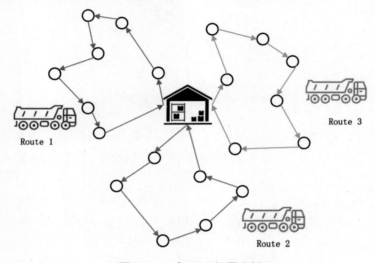

图 3-5　一个 VRP 问题实例

目标函数根据问题不同而不同，常见的有：使用的车辆数最少，车辆总运行路径最短，成本最低，配送耗费时间最少等。

给定图$G = (V, A)$，$V = N \cup \{o, d\}$，其中N表示N个需求点，o和d分别是车辆的起点和终点，A为路线集合。给定车队集合K，假设每辆车的型号一致，装载能力为Q，每辆车经过每条线路$a \in A$产生的费用为c_a。线路$a \in A$的起点的货物需求量为d_a。在该设定下的 VRP 可用如下整数规划模型表示。

$$\min \sum_{k \in K} \sum_{a \in A} c_a x_a^k$$

$$\text{s.t.} \quad \sum_{k \in K} \sum_{a \in \delta^-(i)} x_a^k = 1, \forall i \in N \tag{3.28}$$

$$\sum_{a\in\delta^+(i)} x_a^k = \sum_{a\in\delta^-(i)} x_a^k, \forall i \in N, k \in K \tag{3.29}$$

$$\sum_{a\in\delta^+(o)} x_a^k = 1, \forall k \in K \tag{3.30}$$

$$\sum_{a\in\delta^-(d)} x_a^k = 1, \forall k \in K \tag{3.31}$$

$$\sum_{a\in A} x_a^k d_a \leqslant Q, \forall k \in K \tag{3.32}$$

$$\sum_{a\in\delta^+(S)} x_a^k \geqslant \frac{1}{|S|}\sum_{i\in S}\sum_{a\in\delta^-(i)} x_a^k, \forall S \subset N, S \neq \varnothing, k \in K \tag{3.33}$$

$$x_a^k \in \{0,1\}, \forall a \in A, k \in K \tag{3.34}$$

其中，x_a^k表示车辆k是否经过线路a。以整体运输费用最低为目标，$\delta^-(i)$表示所有从i出发的线路，$\delta^+(i)$表示所有到达i的线路，$\delta^+(S)$表示所有从集合$S \subset N$的点出发并到达集合$\{o, d\} \cup S \not\subset N$的点的线路。式（3.28）表示每个点的需求都需要被满足，式（3.29）表示进入某个点的流等于出去的流。式（3.30）、式（3.31）表示车辆必须从起点o出发并最后回到d。式（3.32）限制了车辆不能超载，式（3.33）是对子环路进行消除，防止一辆车在几个客户中无限转圈。

车辆路径规划问题的变体涵盖了多个方面，以满足不同实际场景下的需求。这些变体在考虑时间窗口、多目标优化、提取和交付等方面引入了新的约束和目标，从而更好地反映实际物流配送等问题的复杂性。

首先，经典 VRP 是最基本的形式，其目标是在一组客户和车辆之间寻找最短路径，以最小化车辆的总行驶距离。这是一个理论上的基准问题，通常可以使用穷举法、贪心算法、动态规划等方法进行求解。然而，由于其计算复杂度随着客户数量的增加呈指数级增长，因此实际场景中更常见的是采用启发式算法来近似解决这一问题。

引入时间窗口的 VRP 变体（Vehicle Routing Problem with Time Window，VRPTW）更贴近现实需求，其要求在特定时间内完成配送任务。这在物流服务等场景中尤为重要，以确保及时满足客户需求。解决这一问题的算法包括插入式邻域搜索、遗传算法等，它们考虑了时序关系，提高了算法的适用性。

多对象 VRP 考虑了多个目标，如最小化总行驶距离和最小化配送时间。这种变体更贴近实际物流问题，使得在综合考虑多个目标的情况下做出决策变得可能。多目标优化算法（如 Pareto 优化方法）成为解决这一问题的有效手段，用于平衡不同目标之间的权衡关系。

VRP with Pickup and Delivery（VRPPD）考虑了客户之间的货物提取和交付关系，典型应用包括搬家服务和物流配送。这个变体的求解方法主要包括分离式算法等启发式方法，以有效地处理提取和交付的关联性，从而提高配送的效率。

VRP with Split Deliveries（SDVRP）允许将一个客户的货物分配给多辆车辆进行配送，提高了灵活性。这在需要灵活分配货物的场景中非常实用，例如当不同车辆的运力存在较大差异时。求解方法主要包括基于列生成的方法，以提高问题的可解性和求解效率。

最后，Stochastic VRP 引入了不确定性的概念，考虑到了实际运输中可能存在的交通堵塞等不确定因素。这一变体的求解方法涉及随机优化算法、蒙特卡罗模拟等，以更好地适应现实环境的变化。

总的来说，VRP 的变体在解决不同实际问题时都提供了灵活的工具。这些变体旨在更好地模拟现实场景，通过引入不同的约束和目标来适应多样性的需求。在选择合适的变体时，需要综合考虑问题的复杂性、时间限制、资源约束等因素，以确保所选问题模型能够有效解决实际问题。

3.6 库存优化问题

库存优化问题是供应链管理中面临的一个重要问题，即如何在满足客户需求的前提下，最大限度地降低库存成本、降低缺货风险，并优化供应链的运作效率。该问题需要综合考虑供应链中的各种因素，如需求波动、供应可靠性、缺货成本、库存持有成本等。本节将介绍两类经典的库存优化模型，即确定性库存模型中的经济订货批量模型（EOQ）和随机性库存模型中的连续盘点的（r, Q）策略。

EOQ 模型以周期内平均成本最低为目标，确定每次订货时的最优订货量。EOQ 模型假设每个周期内的需求确定且为常数 λ，并且不允许缺货；订单提前期为 0，即订单已被实时交付。成本组成包括订单的固定成本 K、单位采购成本 c 和单位库存的持有成本 h。由于订单提前期为 0，订货量恒定为 Q，因此两次订单的时间间隔即订货周期 $T = Q/\lambda$。

EOQ 模型的总成本是关于订购量 Q 的函数，如果 Q 很大，则订货次数减少但持有库存增多，即低固定成本和高持有成本；如果 Q 很小，则会使订购次数增加而持有库存减少，即高固定成本和低持有成本。成本 $g(Q)$ 写作式（3.35）：

$$g(Q) = \frac{k\lambda}{Q} + \frac{hQ}{2} \tag{3.35}$$

其中，第一部分为订购成本，第二部分为持有成本。通过对 $g(Q)$ 求导可以求得最优解 Q^*，即最优订货量。

$$\frac{\mathrm{d}g(Q)}{\mathrm{d}Q} = -\frac{K\lambda}{Q^2} + \frac{h}{2} = 0 \tag{3.36}$$

$$Q^* = \sqrt{\frac{2K\lambda}{h}}$$

连续盘点的（r, Q）策略是一种用于解决需求随机的库存模型，其中平均需求为 λ，库存水平是连续盘点的，且可以在任意时刻下单，并存在确定的提前期 L。（r, Q）策略是：当库存降至特定库存点 r 时，会下达订购量为 Q 的采购单，并在提前期 L 后，补货到达。在补货到达前，现有库存可能满足需求，也可能会缺货。

（r, Q）策略的成本构成包括持有成本、固定成本、缺货成本和采购成本。总成本 $g(r, Q)$ 可以表示为

$$g(r, Q) = h\left(r - \lambda L + \frac{Q}{2}\right) + \frac{K\lambda}{Q} + \frac{p\lambda n(r)}{Q} \tag{3.37}$$

其中，$r - \lambda L + Q/2$ 为平均库存水平，式（3.37）的三部分分别代表持有成本、固定成本和缺货成本。由于采购成本为 $c\lambda$，与 r、Q 无关，因此在计算成本时可以将其忽略。在缺货成本的计算中，只有提前期会产生缺货，因此使用提前期的需求量计算缺货成本。令 D 表示提前期的需求量，是一个随机变量，$f(d)$ 和 $F(d)$ 分别表示概率密度函数和累积分布函数，μ 和 σ^2 表示均值和方差。每个订货周期的缺货量期望值为

$$n(r) = \int_r^{\infty} (d - r)f(d)\mathrm{d}d \tag{3.38}$$

则年预期缺货量为 $n(r)/E(T) = \lambda n(r)/Q$。

通过对式（3.38）中的变量 r、Q 分别计算偏导数，可以得到：

$$Q = \sqrt{\frac{2\lambda[K + pn(r)]}{h}} \tag{3.39}$$

$$r = F^{(-1)}\left(1 - \frac{Qh}{p\lambda}\right) \tag{3.40}$$

上述过程得到的包含两个未知数的两个等式无法进行显式的求解，以下给出一种使用启发式算法求解近似解的方法，如表 3-1 所示。

表 3-1   使用启发式算法求解近似解

连续盘点(r, Q)策略的启发式解法
步骤 1：令 Q 为 EOQ 模型的最优订购量 Q^*
步骤 2：利用当前 Q 值和式（3.40）计算 r，进入步骤 3
步骤 3：利用当前 r 和式（3.39）计算 Q，进入步骤 4
步骤 4：若目标函数式（3.37）收敛则停止计算，否则进入步骤 2

库存优化问题是供应链管理中至关重要的一环，其涉及如何在不同需求、成本和服务水平要求下有效管理和分配库存。在面对这一问题时，各种求解方法和算法应运而生，以适应不同的需求模型和场景，从而提高供应链的运作效率。

首先，基于确定性需求的模型假设需求是已知的，这为库存管理提供了相对简单的解决方案。经典的库存管理模型，如 EOQ 和 ROP，通过数学模型和规则对库存水平进行精准预测，提供了最小化库存成本的最优策略。然而，这种模型对实际需求的波动性较为敏感，因此在需求不确定的情况下，需要考虑更为灵活的方法。

其次，基于随机需求的模型考虑了需求的不确定性，引入了概率分布的概念。通过使用概率和统计方法，例如蒙特卡罗模拟，库存管理可以更好地适应实际需求的波动。这种方法在应对需求的随机性和不确定性方面更有效，提高了库存管理的健壮性。

服务水平优化方法将特定服务水平作为目标，以确保在大多数情况下能够满足服务水平的需求。通过使用概率论和统计学的工具，如服务水平曲线，可以找到平衡点，既能够满足客户需求，又能够控制库存成本，使库存管理更精准。

动态规划是一种能够考虑时间序列上的决策的方法，通过迭代计算实现每个周期的最优策略。这对于处理具有动态性和复杂性的库存问题非常有效，通过应用 Bellman 方程，可以找到最优的库存策略。

仿真方法通过模拟库存系统的运行，提供了一种更实际的问题解决方案。基于仿真的优化方法能够考虑系统的动态性和复杂性，通过实验和参数调整找到最优的库存策略。

进化算法和遗传算法为处理高度非线性和复杂优化问题提供了一种新的途径。将库存问题转化为适应度函数，通过遗传算法中的选择、交叉和变异操作，能够搜索到更为全局的最优解，适用于一些特殊情况下的库存优化问题。

在实际应用中，选择适当的库存优化方法需要充分考虑问题的特点，包括需求的不确定性、库存成本的重要性、服务水平的目标及系统的动态性。通过综合利用不同方法的优势，可以制定更精准和可行的库存管理策略，以满足企业实际需求。

总体而言，库存优化问题的解决方法是一个不断发展和完善的领域。随着技术的进步和实践的积累，库存管理将更好地适应不同行业和企业的需求，为供应链的高效运作提供更具创新性和可持续性的解决方案。

3.7 装箱问题

装箱问题（Bin Packing Problem）属于经典的组合优化问题，其核心任务是将若干物品分配到最少数量的容器中，同时确保每个容器内的总重量或总体积不超过既定的限制。这个问题涉及不同的变体，根据问题的具体约束和目标可以分为几种主要类型：

（1）一维装箱问题：物品和容器都是一维的，每个物品和容器都有一个长度。问题的目标是找到一种装箱方案，使得所有物品尽可能地放入容器，且不超过容器的长度。

（2）二维装箱问题：物品和容器都是二维的，每个物品和容器都有宽度和高度。问题的目标是找到一种装箱方案，使得所有物品尽可能地放入容器，且不超过容器的宽度和高度。二维装箱问题常见于停车场车位划分、布料剪切等。

（3）多维装箱问题：物品和容器可以有多个维度，例如长度、宽度、高度。问题的目标是找到一种装箱方案，使得所有物品尽可能地放入容器，且不超过容器在每个维度上的限制，常用于运输和包装等行业的物资装载过程。

（4）无约束装箱问题：在这个问题中，物品没有固定的顺序、容器没有固定的限制。问题的目标是找到一种装箱方案，使得物品尽可能地分布在容器中，没有特定的约束条件，例如最小化容器数量、最大化利用率等。

一维装箱问题的整数规划模型可以描述如下：

y_i 表示箱子 i 是否被使用，w_j 表示物品 j 的容积，C 为每个箱子的容积上限，x_{ij} 表示是否把物品 i 放入箱子 j。目标为最小化使用的箱子数量，其中式（3.41）表示当箱子 i 被使用时，放入其中的物品不能超过箱子的总负荷，式（3.42）表示每个物品恰好放入一个箱子。

$$\min \sum_{i \in I} y_i$$

$$\text{s.t.} \quad \sum_{j \in J} w_j x_{ij} \leq C y_i, \ \forall i \in I \tag{3.41}$$

$$\sum_{i \in I} x_{ij} = 1, \ \forall j \in J \tag{3.42}$$

二维装箱问题的一种解决思路是基于 BL（The bottom-left）算法。该算法主要用于将一组矩形物品放入矩形容器，以最大化容器的利用率。该算法的基本思路如下：

（1）排序：将所有待放入容器的矩形物品按照宽度进行非递增排序，即从宽度最大的物品开始排列。

（2）初始放置：将第一个物品放置在容器的左下角（Bottom Left）。这个位置被选为初始位置，后续的物品将从这个位置开始考虑放置。

（3）逐个放置：对于每个待放入的物品，从当前已放置的物品中选择一个位置放置。选择的规则是从左下角开始，在已放置的物品中找到一个与待放入物品最适合的位置，使得利用率最高。

（4）更新容器状态：放置一个物品后，更新容器的状态，将新放置的物品考虑为已放置的一部分。

（5）重复过程：重复上述过程，逐个将物品放入容器，直到所有物品都被放置。

BL 算法的核心思想是从容器的左下角开始，优先选择底部且最靠左的位置放置物品。这样有助于形成一个较为整齐的布局，减少容器内部的碎片化空间，从而提高容器的利用率。

需要注意的是，虽然 BL 算法是一种简单且直观的启发式算法，但它并不保证能得到全局最优解。对于复杂的二维装箱问题，可能需要结合其他算法或采用元启发式算法，以综合考虑多个启发式规则，从而获得更好的装箱效果。

自此以后，不少基于 BL 算法的算法纷纷出现。例如 BLD（bottom-left-decreasing）算法，这是一种在 BL 算法中加入启发式策略的改进算法，尝试了不同左下角的放置顺序，找到摆放最优的解。另一种普遍的方法是同时选择放置物品顺序和放置位置的启发式算法，如双向最佳配合（bidirectional best-fifit）等。

三维装箱问题的解决思路包括禁忌算法和遗传算法等，近些年也有深度学习和强化学习的方法。这里给出一种三维装箱问题的建模，二维装箱问题可以使用类似方法，并进行相应维度的简化。用 l_i、w_i、h_i 表示第 i 个物品的长、宽、高，(x_i, y_i, z_i) 表示第 i 个物品的左下后角的坐标，$(0,0,0)$ 表示箱子的左下后角坐标，优化目标为找到一个表面积最小，且能容纳所有物品的箱子。根据物品的摆放方式，定义决策变量如下所示。

- s_{ij}：第 i 个物品是否在第 j 个物品左边。
- t_{ij}：第 i 个物品是否在第 j 个物品下边。

- r_{ij}：第 i 个物品是否在第 j 个物品后边。
- β_{ia}：第 i 个物品是否正面朝上摆放。
- β_{ib}：第 i 个物品是否正面朝下摆放。
- β_{ic}：第 i 个物品是否侧面朝上摆放。
- β_{id}：第 i 个物品是否侧面朝下摆放。
- β_{ie}：第 i 个物品是否底面朝上摆放。
- β_{if}：第 i 个物品是否底面朝下摆放。

三维装箱问题的数学模型如下：

$$\min LW + LH + WH$$

$$\text{s.t.} \qquad s_{ij} + t_{ij} + r_{ij} = 1 \tag{3.43}$$

$$\beta_{ia} + \beta_{ib} + \beta_{ic} + \beta_{id} + \beta_{ie} + \beta_{if} = 1 \tag{3.44}$$

$$x_i - x_j + Ls_{ij} \leqslant L - \widehat{l_i} \tag{3.45}$$

$$y_i - y_j + Wt_{ij} \leqslant W - \widehat{w_i} \tag{3.46}$$

$$z_i - z_j + Hr_{ij} \leqslant H - \widehat{h_i} \tag{3.47}$$

$$0 \leqslant x_i \leqslant L - \widehat{l_i} \tag{3.48}$$

$$0 \leqslant y_i \leqslant W - \widehat{w_i} \tag{3.49}$$

$$0 \leqslant z_i \leqslant H - \widehat{h_i} \tag{3.50}$$

$$\widehat{l_i} = \beta_{ia}l_i + \beta_{ib}l_i + \beta_{ic}w_i + \beta_{id}w_i + \beta_{ie}h_i + \beta_{if}h_i \tag{3.51}$$

$$\widehat{w_i} = \beta_{ia}w_i + \beta_{ib}h_i + \beta_{ic}l_i + \beta_{id}h_i + \beta_{ie}l_i + \beta_{if}w_i \tag{3.52}$$

$$\widehat{h_i} = \beta_{ia}h_i + \beta_{ib}w_i + \beta_{ic}h_i + \beta_{id}l_i + \beta_{ie}w_i + \beta_{if}l_i \tag{3.53}$$

$$s_{ij}, t_{ij}, r_{ij} \in \{0,1\} \tag{3.54}$$

$$\beta_{ia}, \beta_{ib}, \beta_{ic}, \beta_{id}, \beta_{ie}, \beta_{if} \in \{0,1\} \tag{3.55}$$

其中，式（3.43）、式（3.45）、式（3.46）、式（3.47）表示物品之间没有重叠，式（3.48）、式（3.49）、式（3.50）保证箱子容纳了所有物品，式（3.51）、式（3.52）、式（3.53）表示物体在不同朝向情况下占用空间的长、宽、高。

这些装箱问题的类型和变体在不同领域都有广泛的应用，如物流管理、生产调度、资源分配等。选择适当的装箱问题类型取决于具体问题的特点，包括物品的属性、容器的限制、优化目标等。求解装箱问题的方法包括启发式算法、近似算法、精确算法等，我们可以根据问题的规模和复杂性选择合适的算法进行求解。

第 4 章

常用优化求解器

通过对供应链场景的抽象可以将现实问题转化为各种运筹模型,实现符号化的简练表示。对于简单的场景,可以使用图解法、单纯形法、表上作业法或者网络流分析完成问题求解。但现实问题往往包含成千上万种变量与约束,手工求解在时间与准确性上已无法满足生产效率的要求,这时就必须用到运筹领域专业的求解工具——求解器。

求解器是运筹模型求解的必需工具,已经在交通、物流、军事、航空、能源、金融等行业广泛应用。通过专用的建模语言或者调用求解器提供的接口可以将问题模型转化为求解器模型,实现大规模问题的快速求解。国内外多个企业从事求解器研发工作,其中国外的 Gurobi、CPLEX、XPRESS 具有三十年以上研发历史,求解器的整体性能也为行业顶尖水平。近年来国内求解器发展迅速,杉数科技的 COPT、阿里达摩院的 MindOpt 和华为的 OPTV 等均有着不俗的表现,正逐渐缩小与国外求解器的差距,在线性规划等问题上的求解速度甚至能够达到行业第一的水平。另外,还有不少企业致力于开源求解器的开发,较为常用的开源求解器有 SCIP、LP_solve、GLPK、CMIP 等。

在求解器使用过程中主要需要了解以下问题:

- 如何安装求解器?
- 如何将数学模型输入求解器?

- 如何控制与观测计算过程？
- 如何提取计算结果？

本章我们选取 Gurobi、COPT 与 SCIP 三款求解器作为求解器的代表，简单介绍求解器的使用方式。如果希望更深入地了解求解器的使用，则可以参考对应的官方操作手册。

4.1　Gurobi

Gurobi 是由美国 Gurobi Optimization 公司开发的大规模优化器，在供应链、制造、金融、保险、交通、服务等各种领域为管理人员解决复杂、庞大的实际问题。如表 4-1 所示，Gurobi 在理论和实践中都被证明是全球性能领先的大规模优化器，具有突出的性价比，可以为客户在模型开发和方案实施中极大地降低成本。

表4-1　不同求解器对比

线性混合整数规划 MILP								
1 线程	CBC	CPLEX	**GUROBI**	SCIPC	SCIPS	XPRESS	MATLAB	SAS
速度比例	39	1.74	1	5.75	7.94	2	72.2	2.9
解决问题数量	53	87	87	83	76	86	32	84
4 线程	CBC	CPLEX	FSCIPC	FSCIPS	**GUROBI**	XPRESS	MIPCL	SAS
速度比例	34.8	1.5	9.9	12.1	1	1.66	7.29	3
解决问题数量	66	86	80	79	87	87	84	85
12 线程	CBC	CPLEX	FSCIPC	FSCIPS	**GUROBI**	XPRESS	MIPCL	SAS
速度比例	27	1.49	9.8	13	1	1.57	6.53	3.39
解决问题数量	69	87	78	76	87	87	82	82
速度比例为1是最快的速度，其他数值为该速度的倍数。								

注：表格来源于自 Gurobi 中国官网。

4.1.1　安装 Gurobi

Gurobi 支持 Linux、MacOS、Windows 等多种操作系统，登录 Gurobi 官网可注册并下载对应系统的 Gurobi 安装包。Linux 系统下载 tar.gz 压缩包、MacOS 系统下载 pkg 安装包、Windows 系统下载 msi 安装包。

对于 MacOS 或 Windows 系统，安装方式较为简单，直接双击安装包安装即可，Gurobi 会自动完成相关的环境变量配置。

对于 Linux 系统，可以使用解压命令进行安装，如 tar xvfz gurobi9.5.2_linux64.tar.gz。安装之后需要设置环境变量。

使用 bash 的用户，将以下命令添加到.bashrc 文件中。根据具体安装目录修改对应的路径。

```
1.  export GUROBI_HOME="/opt/gurobi952/linux64"
2.  export PATH="${PATH}:${GUROBI_HOME}/bin"
3.  export LD_LIBRARY_PATH="${LD_LIBRARY_PATH}:${GUROBI_HOME}/lib"
```

对于 csh 的用户，将以下命令添加到.cshrc 文件中：

```
1.  setenv GUROBI_HOME /opt/gurobi952/linux64
2.  setenv PATH ${PATH}:${GUROBI_HOME}/bin
3.  setenv LD_LIBRARY_PATH ${LD_LIBRARY_PATH}:${GUROBI_HOME}/lib
```

修改之后，需要重新打开命令行窗口。

在命令行方式下，运行 Gurobi（在 Linux 中运行 gurobi.sh）并按下回车键后，可以看到屏幕显示"gurobi>"，表示安装成功。

```
1.  Gurobi Interactive Shell, Version 9.5.2
2.  Copyright (c) 2021, Gurobi Optimization, Inc.
3.  Type "help()" for help
4.  gurobi>
```

4.1.2　激活 Gurobi

Gurobi 是商用求解器，需要获得许可后才能使用。同时，Gurobi 为高校提供了免费试用许可，用于学术研究，可以通过学校邮箱申请。

在命令行方式下运行 grbprobe 命令，将屏幕上的信息发送至官方邮箱 help@gurobi.cn 以获取 gurobi.lic 许可文件。对于 Linux 系统，gurobi.lic 许可文件存放在 opt/gurobi 目录下；对于 MacOS 系统，gurobi.lic 许可文件存放在根目录/Library/gurobi 文件夹下；对于 Windows 系统，gurobi.lic 许可文件存放在 C:\gurobi 目录下。

获得许可文件后可以通过命令行调用 Gurobi 求解模型来小试牛刀，Gurobi 支持 MPS、LP 等格式的标准模型文件，我们可以通过 AMPL、GAMES、Pyomo、Pulp 等编程语言建模得到这类文件，也可以通过求解器导出模型文件。对于刚接触求解器的初学者可以使用下面的示例，将 LP 文件的内容存储为 test.lp 文件：

数学模型：		LP 文件：
$\max 3x_1 + 2x_2 + 5x_3$		Maximize
约束条件：	$\rightarrow$	$3x_1 + 2x_2 + 5x_3$
$2x_1 + 3x_2 + x_3 \leqslant 15$		Subject To
$2x_1 + x_2 + 2x_3 \leqslant 9$		c0: $2x_1 + 3x_2 + x_3 \leqslant 15$

x_2 为整数，x_3 为 0-1 变量	c1：$2x_1 + x_2 + 2x_3 \leq 9$ Bounds Binaries x_3 Generals x_2 End

通过命令行输入 gurobi_cl test.lp 并运行，如果看到如图 4-1 所示的求解日志，则说明可成功调用求解器对 LP 文件中的数学模型进行求解。

```
Gurobi Optimizer version 9.5.2 build v9.5.2rc0 (mac64[x86])
Copyright (c) 2022, Gurobi Optimization, LLC

Read LP format model from file test.lp
Reading time = 0.00 seconds
: 2 rows, 3 columns, 6 nonzeros
Thread count: 6 physical cores, 12 logical processors, using up to 12 threads
Optimize a model with 2 rows, 3 columns and 6 nonzeros
Model fingerprint: 0x7566259f
Variable types: 1 continuous, 2 integer (1 binary)
Coefficient statistics:
  Matrix range     [1e+00, 3e+00]
  Objective range  [2e+00, 5e+00]
  Bounds range     [1e+00, 1e+00]
  RHS range        [9e+00, 2e+01]
Found heuristic solution: objective 13.5000000
Found heuristic solution: objective 15.5000000
Presolve time: 0.01s
Presolved: 2 rows, 3 columns, 6 nonzeros
Variable types: 0 continuous, 3 integer (1 binary)
Found heuristic solution: objective 16.0000000

Root relaxation: objective 1.725000e+01, 2 iterations, 0.00 seconds (0.00 work units)

    Nodes    |    Current Node    |     Objective Bounds      |     Work
 Expl Unexpl |  Obj  Depth IntInf | Incumbent    BestBd   Gap | It/Node Time

*    0     0               0      17.0000000   17.00000  0.00%     -    0s

Explored 1 nodes (3 simplex iterations) in 0.03 seconds (0.00 work units)
Thread count was 12 (of 12 available processors)

Solution count 4: 17 16 15.5 13.5

Optimal solution found (tolerance 1.00e-04)
Best objective 1.700000000000e+01, best_bound 1.700000000000e+01, gap 0.0000%
```

图 4-1　成功调用求解器的日志说明

4.1.3　模型输入

目前 Gurobi 支持线性规划、混合整数规划、二次目标的二次规划、二次约束的二次规划、二阶锥规划的数学模型求解，参考上述章节，如果数学模型在上述范围内，则可以调用 Gurobi 求解。在业务场景中，数学模型要比 test.lp 中的模型复杂得多，虽然也可以编写 LP 文件进行求解，但当数据量大且变化频繁时，编写 LP 文件本身就是一件耗时巨大的工作，因此需要更高效的调用方式。Gurobi 提供了丰富的 API，可以通过 C、C++、Java、Python、.NET、R、MATLAB 等多种主流建模语言调用，可以将业务逻辑、数据预处理与建模过程完美结合起来，实现快速、准确的建模与求解。

此处以 Python 为例介绍 Gurobi 的调用方式，更多详细的使用方式可参考 Gurobi 官方最新的 API 文档。安装好 Gurobi 环境后仍需安装对应语言的包才可调用求解器，如果对应的语言是 Python，则需要安装 gurobipy 包。可以使用 pip 工具或者集成开发环境 IDE 搜索安装。

注： 如果 Python 版本较高，则系统会自动搜索高版本包进行安装，但 gurobipy 版本需要与 Gurobi 版本一致才能成功调用，否则会因为许可验证不通过无法调用。安装 gurobipy 时可以指定 pip 包版本，或者选择特定的包版本进行安装，避免版本冲突，如图 4-2 所示。

图 4-2　Python 配置 Gurobi

完成编程环境准备后即可进行 Gurobi 调用测试，仍旧选取上述案例，介绍如何通过 Python 完成模型转化与求解。

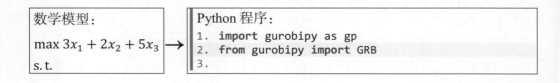

数学模型：

$\max 3x_1 + 2x_2 + 5x_3$

s.t.

Python 程序：
```
1. import gurobipy as gp
2. from gurobipy import GRB
3.
```

$$2x_1 + 3x_2 + x_3 \leqslant 15$$
$$2x_1 + x_2 + 2x_3 \leqslant 9$$

x_2 为整数，x_3 为 0-1 变量

```
4.  # 初始化模型
5.  m = gp.Model("lp")
6.
7.  # 创建变量
8.  x1 = m.addVar(vtype=GRB.CONTINUOUS, name="x1")
9.  x2 = m.addVar(vtype=GRB.INTEGER, name="x2")
10. x3 = m.addVar(vtype=GRB.BINARY, name="x3")
11.
12. # 设置目标函数
13. m.setObjective(3 * x1 + 2 * x2 + 5 * x3, GRB.MAXIMIZE)
14.
15. # 添加约束：  2x1+3x2+x3≤15
16. m.addConstr(2 * x1 + 3 * x2 + x3 <= 15, "c0")
17. # 添加约束：  2x1+x2+2x3≤9
18. m.addConstr(2 * x1 + x2 + 2 * x3 <= 9, "c1")
19.
20. # 模型求解
21. m.optimize()
```

（1）初始化模型。

在导入 gurobipy 包后可以使用 Model（模型名称）语句完成模型的初始化，以此为基础可以在模型中添加其他元素。

（2）创建变量。

变量是构造约束与目标函数的基础元素，因此需要提前加入变量才能添加其他条件。示例模型包含 x_1、x_2 和 x_3 三个变量，其中 x_1 为连续变量、x_2 为整数、x_3 为 0-1 变量。可以通过 addVar() 方法创建变量，指定参数 lb 下限（默认为 0）、ub 上限（默认为 infinite）、obj 目标函数系数（默认为 0）、vtype 变量类型（连续变量 GRB.CONTINUOUS、整数变量 GRB.INTEGER、0-1 变量 GRB.BINARY，默认为连续变量）、name 变量名称来控制变量的创建。

（3）设置目标函数。

示例模型中的目标函数为 $3x_1 + 2x_2 + 5x_3$，优化方向为求最大值。调用 setObjective() 方法设置目标，因为此处求最大值结果，所以使用参数 GRB.MAXIMIZE，如果求最小值，则使用参数 GRB.MINIMIZE。

（4）添加约束。

使用 addConstr() 方法可以将约束添加进模型中，并可以指定约束名称。注意，约束名称不可重复，否则会导致重复的约束失效，因此在构建约束量较大的模型时需注意约束名称命名的唯一性。

（5）模型求解。

在模型构建完成后通过 optimize() 方法进行求解。

4.1.4　查看求解日志

在调用 optimize()方法进行求解后，Gurobi 会输出相应的求解日志，可以通过日志观察 Gurobi 的求解过程。Gurobi 的求解过程为预求解 Presolve→正式求解→结果汇总。

预求解 Presolve	正式求解	结果汇总
删除冗余变量与约束，精简模型。求解过程分为根节点预求解 Root Presolve 和节点预求解 Node Presolve，根节点预求解是指在第一次线性规划松弛的求解之前的操作，节点预求解是指在分支定界搜索树节点上的预求解操作	基本原理为分支切割算法，分为基于线性规划的分支定界、割平面法（Cutting Plane）和启发式算法	整理求解结果，输出目标函数值及与最优解的差距

参考示例模型的求解日志，可以观察求解过程，如图 4-3 所示。

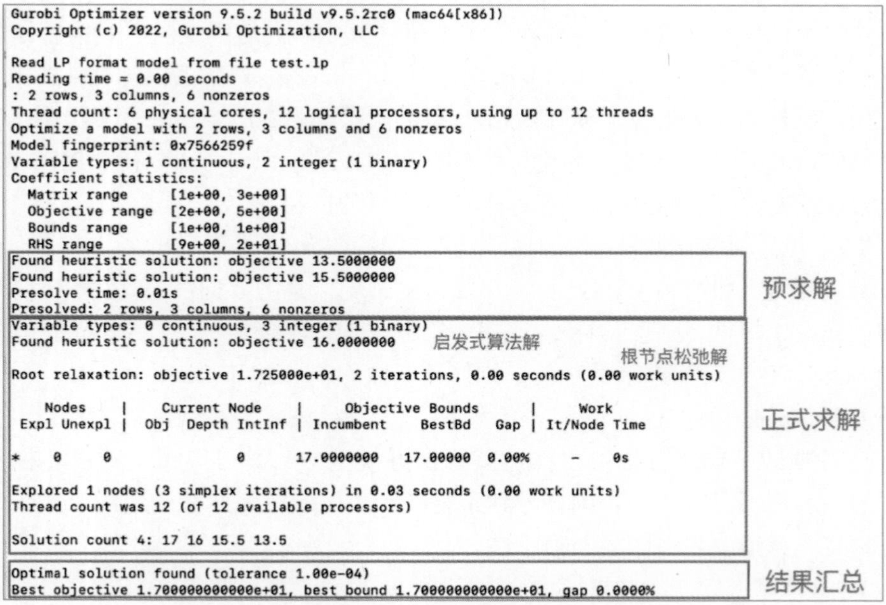

```
Gurobi Optimizer version 9.5.2 build v9.5.2rc0 (mac64[x86])
Copyright (c) 2022, Gurobi Optimization, LLC

Read LP format model from file test.lp
Reading time = 0.00 seconds
: 2 rows, 3 columns, 6 nonzeros
Thread count: 6 physical cores, 12 logical processors, using up to 12 threads
Optimize a model with 2 rows, 3 columns and 6 nonzeros
Model fingerprint: 0x7566259f
Variable types: 1 continuous, 2 integer (1 binary)
Coefficient statistics:
  Matrix range     [1e+00, 3e+00]
  Objective range  [2e+00, 5e+00]
  Bounds range     [1e+00, 1e+00]
  RHS range        [9e+00, 2e+01]
Found heuristic solution: objective 13.5000000
Found heuristic solution: objective 15.5000000
Presolve time: 0.01s
Presolved: 2 rows, 3 columns, 6 nonzeros
Variable types: 0 continuous, 3 integer (1 binary)
Found heuristic solution: objective 16.0000000     启发式算法解
                                                              根节点松弛解
Root relaxation: objective 1.725000e+01, 2 iterations, 0.00 seconds (0.00 work units)

    Nodes    |    Current Node    |     Objective Bounds      |     Work
 Expl Unexpl |  Obj  Depth IntInf | Incumbent    BestBd   Gap | It/Node Time

*    0     0               0      17.0000000   17.00000  0.00%     -    0s

Explored 1 nodes (3 simplex iterations) in 0.03 seconds (0.00 work units)
Thread count was 12 (of 12 available processors)

Solution count 4: 17 16 15.5 13.5

Optimal solution found (tolerance 1.00e-04)
Best objective 1.700000000000e+01, best bound 1.700000000000e+01, gap 0.0000%
```
预求解

正式求解

结果汇总

图 4-3　Gurobi 输出日志

（1）预求解。

如果根节点的线性松弛模型可以很快求解，就会输出一行求解信息。

（2）正式求解。

在正式求解时会输出多项指标，如图4-3所示，各字段含义如下：

- Nodes：Expl 表示分支切割树已经搜索到的节点，Unexpl 表示还未探明的叶子节点，可以继续分支。
- Current Node：Obj 表示当前节点线性松弛模型的目标函数，Depth 表示当前节点在分支切割树中的深度，IntInf 表示整数变量取了小数值的个数。
- Objective Bounds：Incumbent 表示到目前为止已经获得的最好的可行解的目标函数，BestBd 表示分支切割算法搜索树中的叶子节点提供的目标函数最优界限，最优目标在已获得的最好可行解和最优界限之间，Gap 表示上述两个解之间的 Gap，即（Incumbent–BestBd）/Incumbent。
- Work：It/Node 表示在分支切割树中平均每个节点处单纯形法迭代的次数，Time 表示截至当前迭代分支切割算法的累计执行时间。

（3）结果汇总。

输出最优解的值、最优界限与 Gap 信息。

注： 可以通过回调函数 callback 修改求解器的行为，例如使用 Model.terminate 要求 Gurobi 在最早的方便的时间点终止程序，Model.cbSetSolution 可以用来在 MIP 求解过程中为模型设置一个可行解或解的一部分，Model.cbCut 和 Model.cbLazy 可以在求解过程中添加割平面和惰性约束（lazy constraint）。

4.1.5 查看求解结果

计算完成后，可以从模型中提取出结果信息，主要包括目标函数值与变量值。通过 objVal 变量值可获得目标函数值，而通过 getVars()方法可以获得所有变量，通过变量的 varName 属性获取变量名称，通过 x 属性获取变量值。打印变量值的代码如下所示。

```
1.  for v in m.getVars():
2.      print('% s % g' % (v.varName, v.x))
```

4.2 | COPT

COPT（Cardinal Optimizer）是杉数科技自主研发的针对大规模优化问题的高效数学规划求解器套件，也是支撑杉数科技端到端供应链平台的核心组件，是目前同时具备大规模混合整数规划、线性规划（单纯形法和内点法）、半定规划、（混合整数）二阶锥规划及（混合整数）凸二次规划和（混合整数）凸二次约束规划问题求解能力的综合性能数学规划求解器，为企业应对高性能求解的需求提供了更多选择。截至 2023 年 10 月，COPT 已发布 7.0 版本，大幅提升了混合整数规划、二阶锥规划的求解能力。美国 ASU 测试榜 2023 年 10 月的数据显示，COPT 7.0 线性规划最优顶点解和最优数值解两个榜单均排名第一，二阶锥规划榜单排名第一，混合整数规划榜单排名第二，达到了行业领先水平。

杉数科技智能决策技术已在零售、电商、物流、工业制造、交通、能源电力、航空航天等 20 多个细分领域落地应用，服务了华为、富士康、海尔、小米、上海地铁、京港地铁、东方日升、上汽通用、一汽大众、上汽乘用车、中国商飞、六国化工、中升钢铁、雀巢、百威英博、好丽友、永辉超市、滴滴、顺丰、中外运、国家电网和南方航空等巨头在内的数百家国内外行业头部企业。

4.2.1　安装 COPT

COPT 提供了 180 天的免费商业试用许可和 365 天的免费学术试用许可，个人用户可以通过官网申请页面 shanshu.ai/copt 填写基本信息、操作系统、计算机用户登录账号获取安装包与授权凭证。个人许可申请通过后，杉数科技会通过 coptsales@shanshu.ai 邮件提供安装包的下载链接及授权通过的专用密钥信息 key。

对于 Windows 与 MacOS 系统，杉数科技官方分别提供了 EXE 与 DMG 格式的安装程序，可以直接按照提示完成程序安装与环境配置。同时杉树科技官方也提供了压缩文件版本，但需要手动配置环境变量。因为 Linux 版本只有压缩文件版本，所以下面以 Linux 为例介绍压缩版本的安装方法。

对于 Linux 系统，通过 tar -xzf CardinalOptimizer-版本号-lnx64.tar.gz 完成安装包的解压，推荐将解压文件存放到/opt 目录下（sudo mv copt65 /opt/）。之后需要修改用户目录下的.bashrc 文件来配置环境变量，若不存在则需要创建该文件。

```
1.    export COPT_HOME="/Applications/copt65"
2.    export COPT_LICENSE_DIR="/Applications/copt65"
3.    export PATH=$COPT_HOME /bin:$PATH
4.    export LD_LIBRARY_PATH=$COPT_HOME //lib:$DYLD_LIBRARY_PATH
```

配置完成后，通过 source ~/.bashrc 命令使环境变量生效。

4.2.2　配置 COPT 许可

用户可通过申请邮件的专用密钥信息 key 与求解器自带的 copt_licgen 工具，

在终端输入命令 `copt_licgen -key`"专用密钥信息"来获取许可文件（需联网验证）。验证通过后会在用户目录下生成 license.dat 和 license.key 授权文档。在用户目录下新建 copt 文件夹，将两个授权文档移入该目录。不同的操作系统，用户目录会存在差别，Linux 系统一般位于**/home/username** 下，MacOS 系统一般位于**/home/username** 下，Windows 系统一般位于 C:\Users\username 下，可以根据具体的系统情况选择存放位置。

　　配置完成后也可以通过在命令行输入 copt_cmd 进入 COPT 环境，读取测试 LP 文件 read test.lp 并执行 opt 求解命令，看到如图 4-4 所示的求解日志信息，表示可以成功调用求解器进行模型求解。

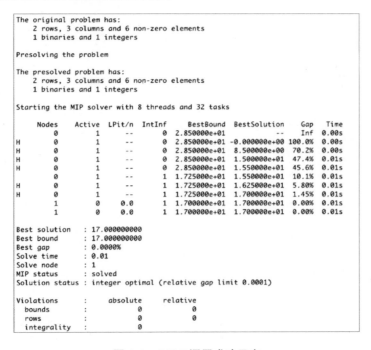

图 4-4　COPT 调用成功日志

4.2.3　模型输入

　　COPT 同样支持多种数学模型的计算，并提供了丰富的编程语言 API，支持 C、C++、C#、Java、Python 等多种编程语言的调用。在此仍然选取 Python 编写测试案例，介绍 COPT 的建模方式。需要提前通过 pip 命令安装 coptpy 包（pip install coptpy），或者在安装路径下（\lib\python）运行 setup.py 安装 coptpy 包（python setup.py install），保证在 Python 环境下能正常调取 COPT。

　　将示例模型转化为 Python 程序，结果如下：

数学模型：	Python 程序：
| $\max 3x_1 + 2x_2 + 5x_3$ | ```python
1.   from coptpy import *
2.
3.   # 初始化环境与模型
4.   env = Envr()
5.   model = env.createModel("LP")
6.
7.   # 创建变量
8.   x1 = model.addVar(lb=0, ub=COPT.INFINITY,
     vtype = COPT.CONTINUOUS, name="x1")
9.   x2 = model.addVar(lb=0, ub=COPT.INFINITY,
     vtype = COPT.INTEGER, name="x2")
10.  x3 = model.addVar(lb=0, ub=1, vtype =
     COPT.BINARY, name="x3")
11.
12.  # 设置目标函数
13.  model.setObjective(3*x1 + 2*x2 + 5*x3,
     sense=COPT.MAXIMIZE)
14.
15.  # 添加约束
16.  model.addConstr(2*x1 + 3*x2 + x3 <= 15)
17.  model.addConstr(2*x1 + x2 + 2*x3 <= 9)
18.
19.  # 模型求解
20.  model.solve()
``` |

数学模型：

$\max 3x_1 + 2x_2 + 5x_3$

约束条件：

$2x_1 + 3x_2 + x_3 \leqslant 15$

$2x_1 + x_2 + 2x_3 \leqslant 9$

x_2为整数，x_3为 0-1 变量

　　（1）初始化环境与模型。

　　通过 Evnr()方法初始化求解器环境并使用 createModel（模型名称）语句完成模型的初始化，然后在环境中添加变量、目标函数与约束。

　　（2）创建变量。

　　通过 addVar()方法创建变量，指定参数 lb 下限、ub 上限、obj 目标函数系数、vtype 变量类型（连续变量 COPT.CONTINUOUS、整数变量 COPT.INTEGER、0-1 变量 COPT.BINARY，默认为连续变量）、name 变量名称来控制变量的创建。

　　（3）设置目标函数。

　　调用 setObjective()方法设置目标函数$3x_1 + 2x_2 + 5x_3$，将 sense 参数设置为 COPT.MAXIMIZE 来求最大值（最小值：GRB.MINIMIZE）。

　　（4）添加约束。

　　使用 addConstr()方法可以将两个约束添加进模型中，即可完成整个模型的构建。

　　（5）模型求解。

　　在模型构建完成后通过 solve()方法进行求解。
```

4.2.4　查看求解日志

通过 COPT 的输出日志，可以清楚地查看模型性质与计算细节。COPT 求解过程也包含预求解、正式求解与结果汇总三部分，如图 4-5 所示。

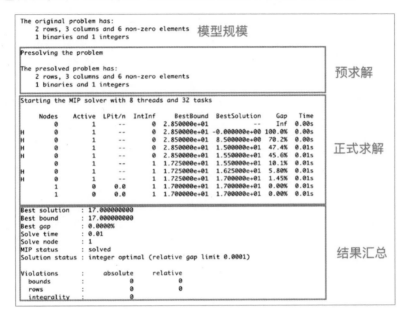

图 4-5　COPT 日志查看

（1）预求解。

使用单纯形法开始求解前，COPT 会对模型进行预求解，以提高模型质量，传给 COPT 的是经过预处理后的模型。对于一些模型，经过预求解后，模型的约束数、变量数与系数矩阵非零元素数会有一定缩减，如图 4-6 所示。

```
The original problem has:
    27 rows, 32 columns and 83 non-zero elements
The presolved problem has:
    7 rows, 10 columns and 28 non-zero elements
```

图 4-6　非零矩阵缩减

（2）正式求解。

正式求解时会输出多项指标，展示了分支切割法（Branch-and-Cut）的搜索过程，各字段的含义如下：

- Nodes：已经搜索的节点个数。

- Active：尚未被搜索的叶子节点个数。
- LPit/n：每个节点单纯形法迭代平均次数。
- IntInf：当前线性松弛的解中尚未取到整数值的整数变量个数。
- BestBound：当前最优的目标边界。
- BestSolution：当前最优的目标函数值。
- Gap：上下界之间的相对容差，若小于设置的界限（参数 RelGap），则会停止求解。
- Time：求解所用时间。

（3）结果汇总。

COPT 求解后会展示解、时间与约束的满足情况，包含以下指标：

- Best solution：最优目标函数值。
- Best bound：最优下界。
- Best gap：最优容差。
- Solution status：求解状态。
- Solve time：求解时间。
- Solve node：搜索节点个数。
- MIP status：是否成功求解。
- Violations：最优解对模型约束和变量范围的满足程度，其中包括变量（rows）和约束（bounds）的冲突值、变量整数解（integrality）冲突值。

4.2.5 查看求解结果

计算完成后，可以从模型中提取出目标函数值与变量值等具体信息。通过 objVal 变量值可以获得目标函数值，而通过 getVars() 方法可以获得所有变量，通过变量的 index 属性可以获得变量编号，通过 x 属性可以获得变量值。打印变量值的代码如下所示。

```
1.  for var in model.getVars():
2.      print(" x[{0}]: {1}".format(var.index, var.x))
```

4.3 SCIP

SCIP（Solving Constraint Integer Programs）是目前混合整数规划和混合整数非线性规划最快的非商业求解器之一。如果想对割平面、分支定界和启发式算法等进行深入研究，那么 SCIP 是可以使用的相对比较完备的框架。截至 2023 年 11

月，SCIP 已更新到 8.1.0 版本，可以通过官网注册并申请使用 SCIP 最新版本。

4.3.1　安装 SCIP

从官网上下载对应系统的 SCIP 安装包，对于 Windows 系统，可以根据提示完成 exe 文件的安装，在安装时可勾选"Add SCIPOptSuite to the system PATH"选项，自动添加环境变量，否则需要将 SCIP 安装路径下的 bin 文件夹手动添加进环境变量中。

对于 MacOS 系统，可以选择使用源码编译并安装 SCIP，建议初学者使用 conda 工具或者官方提供的提前编译好的 sh 安装版本，简化安装步骤。此处以 sh 安装包为例，下载对应的版本文件 SCIPOptSuite-版本号-Darwin.sh，在需要安装的文件夹下执行：

```
1.   sh SCIPOptSuite-版本号-Darwin.sh
```

安装完成后配置相应的环境变量，从而成功调用 SCIP 求解器。

```
1.   export PATH=/{安装路径}/SCIPOptSuite-版本号-Darwin/bin:$PATH
2.   export SCIPOPTDIR=/{安装路径}/SCIPOptSuite-版本号-Darwin
```

4.3.2　模型输入

SCIP 支持 C、C++、C#、Java、Python 等多种编程语言的调用。下面选取 Python 语言编写测试案例，介绍 SCIP 的建模方式。需要提前通过 pip 命令安装 pyscipopt 包（pip install pyscipopt）。

将示例模型转化为 Python 程序，结果如下：

数学模型：

$$\max 3x_1 + 2x_2 + 5x_3$$

约束条件：

$$2x_1 + 3x_2 + x_3 \leqslant 15$$
$$2x_1 + x_2 + 2x_3 \leqslant 9$$

x_2 为整数，x_3 为 0-1 变量

→

Python 程序：

```python
1.  import pyscipopt
2.
3.  # 初始化模型
4.  model = Model('LP')
5.
6.  # 创建变量
7.  x1 = model.addVar(vtype='C', name="x1")
8.  x2 = model.addVar(vtype='I', name="x2")
9.  x3 = model.addVar(vtype='B', name="x3")
10.
```

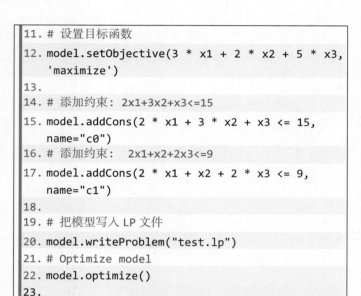

```
11. # 设置目标函数
12. model.setObjective(3 * x1 + 2 * x2 + 5 * x3,
    'maximize')
13.
14. # 添加约束: 2x1+3x2+x3<=15
15. model.addCons(2 * x1 + 3 * x2 + x3 <= 15,
    name="c0")
16. # 添加约束:  2x1+x2+2x3<=9
17. model.addCons(2 * x1 + x2 + 2 * x3 <= 9,
    name="c1")
18.
19. # 把模型写入 LP 文件
20. model.writeProblem("test.lp")
21. # Optimize model
22. model.optimize()
23.
```

（1）初始化模型。

通过 Model（模型名称）语句完成模型的初始化，之后可以在环境中添加变量、目标函数与约束。

（2）创建变量。

通过 addVar()方法创建变量，指定参数 lb 下限、ub 上限、vtype 变量类型（连续变量 C、整数变量 I、0-1 变量 B，默认为连续变量）、name 变量名称来控制变量的创建。

（3）设置目标函数。

调用 setObjective()方法设置目标函数$3x_1 + 2x_2 + 5x_3$，将 sense 参数设置为 maximize 来求最大值（最小值：minimize）。

（4）添加约束。

使用 addCons()方法可以将两个约束添加进模型中，即可完成整个模型的构建。

（5）模型求解。

在模型构建完成后通过 optimaize()方法进行求解。

4.3.3　查看求解日志

通过 SCIP 的输出日志，可以清楚地查看模型性质与计算细节。SCIP 求解过程包含预求解、正式求解与结果汇总三部分，如图 4-7 所示。

```
feasible solution found by trivial heuristic after 0.0 seconds, objective value 0.000000e+00
presolving:
(round 1, fast)       0 del vars, 0 del conss, 0 add conss, 3 chg bounds, 0 chg sides, 0 chg coeffs, 0 upgd conss, 0 impls, 0 clqs
  (0.0s) probing cycle finished: starting next cycle
  (0.0s) symmetry computation started: requiring (bin +, int +, cont +), (fixed: bin -, int -, cont -)
  (0.0s) no symmetry present
presolving (2 rounds: 2 fast, 1 medium, 1 exhaustive):
 0 deleted vars, 0 deleted constraints, 0 added constraints, 3 tightened bounds, 0 added holes, 0 changed sides, 0 changed coefficients
 0 implications, 0 cliques
presolved problem has 3 variables (1 bin, 1 int, 0 impl, 1 cont) and 2 constraints
     2 constraints of type <linear>
Presolving Time: 0.00
transformed 1/1 original solutions to the transformed problem space
```
预求解

time	node	left	LP iter	LP it/n	mem/heur	mdpt	vars	cons	rows	cuts	sepa	confs	strbr	dualbound	primalbound	gap	compl.
i 0.0s	1	0	0	-	oneopt	0	3	2	2	0	0	0	0	2.850000e+01	1.000000e+01	185.00%	unknown
0.0s	1	0	2	-	587k	0	3	2	2	0	0	0	0	1.725000e+01	1.000000e+01	72.50%	unknown
r 0.0s	1	0	2	-	simplero	0	3	2	2	0	0	0	0	1.725000e+01	1.625000e+01	6.15%	unknown
0.0s	1	0	3	-	590k	0	3	2	3	1	1	0	0	1.700000e+01	1.625000e+01	4.62%	unknown
0.0s	1	0	3	-	590k	0	3	2	3	1	1	0	0	1.700000e+01	1.625000e+01	4.62%	unknown
0.0s	1	0	3	-	590k	0	3	2	3	1	1	0	0	1.700000e+01	1.625000e+01	4.62%	unknown
0.0s	1	0	3	-	590k	0	3	1	3	1	3	0	0	1.700000e+01	1.625000e+01	4.62%	unknown
d 0.0s	1	0	3	-	farkasdi	0	3	1	3	1	5	0	0	1.700000e+01	1.700000e+01	0.00%	unknown
0.0s	1	0	3	-	590k	0	3	1	3	1	5	0	0	1.700000e+01	1.700000e+01	0.00%	unknown

正式求解

```
SCIP Status        : problem is solved [optimal solution found]
Solving Time (sec) : 0.01
Solving Nodes      : 1
Primal Bound       : +1.70000000000000e+01 (5 solutions)
Dual Bound         : +1.70000000000000e+01
Gap                : 0.00 %
```
结果汇总

图4-7　SCIP 求解日志

（1）预求解。

使用启发式方法对模型进行处理，缩减变量与约束规模，得到初始可行解。

（2）正式求解。

正式求解时进行多轮迭代，输出算法搜索信息，各字段含义如下：

- time：求解时间。
- node：搜索节点数。
- left：未搜索节点数。
- LP iter：单纯形法迭代次数。
- LP it/n：截至最后一次输出平均迭代次数。
- mem/heur：一个新分支最优解计算占用的内存字节数。
- mdpt：处理节点的最大深度。
- vars：变量数。
- cons：约束数。
- rows：当前节点 LP 问题的行数。
- cuts：已经对 LP 问题使用的总割平面数。
- sepa：当前节点独立计算轮数。
- confs：冲突分析中得到的冲突总数。
- strbr：使用 strong branch 整数分支策略的总数。
- dualbound：对偶边界。
- primalbound：原问题边界。

- gap：对偶边界与原问题边界差距。
- comp.l：基于搜索树规模预估的完成搜索比例。

（3）结果汇总。

输出求解器求解状态、求解时间、搜索节点数、原问题边界、对偶问题边界、原问题与对偶问题差距等汇总信息。

4.3.4 查看求解结果

计算完成后，可以从模型中提取出结果信息，主要包括目标函数值与变量值。通过 model.getObjVal()可以获得目标函数值，而通过 getVar(变量名)方法可以获得变量值。打印变量值的代码如下所示。

```
1.   print(model.getVar("x1"))
2.   print('Obj: % g' % model.getObjVal())
```

智能供应链规划篇

点：仓储网络选址

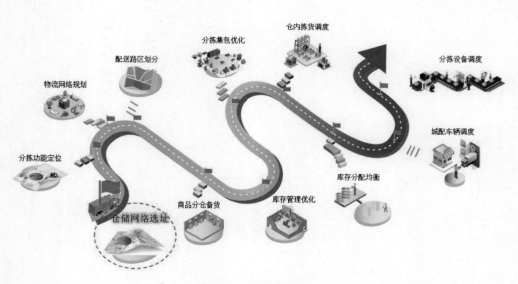

图 5-1　仓储网络选址

　　本章是规划篇的第一站仓储网络选址（见图 5-1），下面分析如果要服务全国所有的客户，那么应该建多少个仓库、建在哪里，每个仓库要覆盖多大的区域，才能使每个客户都享受经济高效的物流服务？

5.1　背景介绍

经过二十多年的发展，电商行业供应链基础设施的建设逐渐完善，形成了包含仓储、运输、配送等的数字化供应链网络体系，服务范围覆盖了全国大部分地区和人口。电商企业管理着数以亿计的商品，商品的存储与流转都是在仓储网络中进行的。当有客户下单后，工作人员需要完成订单商品的拣选、打包工作，并将包裹送到客户手中。由于商品数量多、客户分布广泛，企业需要建立或者租用大量仓库，并为每个仓库配置合适的客户服务范围。如何合理分布仓库，使得企业物流高效率、低成本流转，是仓网规划工作中需要考虑的关键问题。

仓储网络选址在宏观层面可以分为两部分，一是仓库位置的选择，需要选取在地理位置、上下游连接关系、时效等方面具备优势的地点，兼顾交通便捷性与运营成本经济性；二是确定仓库与下游客户群体的覆盖关系，仓库对下游的哪个城市进行配送，才能让商品备货与订单配送更加经济快捷。举例说明，如图 5-2 所示，需求分布的圆圈越大表示本地的需求越大，仓库对需求分布的连线表示仓库覆盖该地区的需求。针对需求的不同地理位置和需求量大小，仓库应该建在什么位置，之后它又应该满足哪个需求，是仓储网络选址的重要任务。

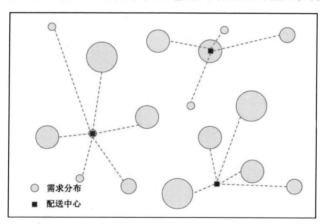

图 5-2　国内仓储网络布局

合理的仓储网络布局对电商企业而言意义重大，一是降低运营成本，例如仓库与供应商位置接近可以缩短采购周期，从而降低备货量，减少库存成本；二是提升履约效率与客户体验，客户与仓库的就近搭配可以减少交接次数和配送总时长，订单履约速度快、成本低；三是助力企业管理与市场扩张，合理的仓储网络布局能够助力供应链的优化和协同，提高供应链的响应速度和效率，拓展更广阔的市场，为企业的业务发展提供有力支持。

5.2 问题描述

近十年来电商行业蓬勃发展，中国电子商务市场整体交易额增长了近十倍，伴随而来的是仓储网络的不断扩张。为了快速适应市场和业务的发展，满足客户对服务时效和体验的要求，仓储网络只能被动地粗放式增长，无法做到"在高速公路上换轮子"。由于缺乏精细设计和全局优化，各仓库运营效果参差不齐，发展不均衡。通过分析仓库运营统计数据可以发现，一些仓库生产资源充足但订单量不足，出现资源闲置浪费、作业效率等指标较低的问题；另外一些仓库订单增长迅速，作业能力已经接近饱和，容易出现订单延迟的问题。这说明仓网资源分配中存在不合理的现象，需要通过仓网规划优化资源配置，提升仓储网络的运营效率。具体而言，仓储网络选址需要分析并解决以下几方面的问题。

5.2.1 仓库选址决策

仓库处理的业务量是随着经济情况、市场推广、人口流动等因素变化的，例如市场推广使得一些小城镇的订单需求增长迅速，就近仓库可能会有成倍的订单量增长；城市化进程或拆迁等因素造成人口大规模迁移到其他地区，一些仓库的业务量也会随之下降。在仓储网络选址工作中，需要通过数据分析判断各个仓库的业务量变化，重新对全国的仓库进行选址。

5.2.2 覆盖范围调整

仓库选址确定之后，仓库服务的客户范围也不是一成不变的，企业需要经常分析客户与需求变动，选择最优的仓库覆盖方案。例如，随着政策变化与经济发展，一些仓库在存储成本、运输成本上更具优势，可以将更多客户划分到该仓库的服务范围内，降低生产成本。另外，随着仓库的新建与关停，周边仓库的服务范围也需要重新划分。仓储网络选址需要计算更优的覆盖组合，均衡产能分配，提升客户响应速度。

5.2.3 仓储网络综合优化

在电商和零售行业里，常见的仓储类型包含 RDC 和 FDC 两类。其中，RDC 通常指的是 Regional Distribution Center，即区域仓或省级仓，以较强的辐射能力和库存储备服务省级范围的用户。FDC 通常指 Front Distribution Center，可以认为是前置仓或者是下沉仓。也就是说，从省下沉到市甚至是县，可以在短距离内快速将商品送达消费者，比如半日达、X 小时达。

仓储网络选址不仅要对单个仓库的产能与覆盖进行分析，更要从全局维度进行整体优化，这是更难但更有价值的工作。仓储网络分析存在维度多、资源冲突的问题，这些问题是人为直观分析难以解决的。例如，某 FDC 虽然运营成本较低，但服务能力有限，不足以覆盖周边所有客户，需要考虑如何将这些客户在该 FDC 和其他高成本 FDC 之间分配，使得整体成本更低。再比如，一些客户虽然距离本市的 FDC 较近，距离省级 RDC 较远，但本市 FDC 的商品需要由省级 RDC 转运获得，中转费用已经超过了运输成本差额，因此由省级 RDC 直配更合适。还有的企业在进行仓储网络选址时不仅要考虑成本一个维度，还要考虑时效等因素，一些客户付费购买了高时效服务，如果这时选择成本低但距离远的仓库为其服务就会产生违约风险，给企业的经济和信誉造成影响。在仓储网络选址测算过程中，需要综合考虑各种因素，在符合各方面限制的条件下得到最优的解决方案。

综上所述，对于电商的仓储网络，选址规划会考虑成本、时效等因素，在选仓数量、作业能力限制、客户需求满足等条件下为企业计算最优的仓储网络布局方案。企业可以结合现状与输出方案对比，做出仓库的新建、调整覆盖、关停等决策，优化供应链资源配置，提高仓储网络运转效率与健康度。

5.3　问题抽象与建模

在对仓储网络进行分析时，首先需要抽取网络的核心要素，删繁就简能够更容易发现关键问题点。例如，FDC1 主要由 RDC1 配送商品，当 RDC1 缺货时，也会从 RDC2 配送一部分商品。这部分流量偶发且数量较少，对网络结构影响小，如果考虑这个因素，则会提高网络模型复杂程度、增加计算时间，因此可以简化成 FDC1 由单一上游 RDC1 配送。然后通过数学符号将网络结构模型化表示，从而使各要素及关系更加简化且清晰，也为使用程序和求解工具做好了准备。

5.3.1　问题抽象

目前电商企业的主干仓储网络可划分为货源地—RDC—FDC—客户四个层次。如图 5-3 所示，货物可以采用以下发货方式：

（1）严格遵循线路层级，从货源地出发，经过 RDC、FDC 中转，最后到达客户手中。

（2）可以跨层配送，例如从货源地配送到 RDC，跨过 FDC 层，直接由

RDC 配送至客户；或者跨过 RDC 层，从货源地直接配送至 FDC，再由 FDC 配送至目的地。

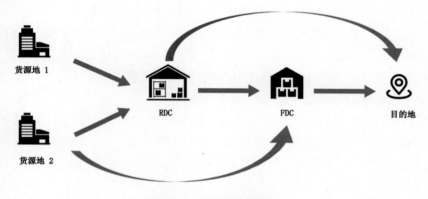

图 5-3   仓储网络配送模式

为了提高优化的灵活性，允许将每个仓库设置为必选、不选与备选。例如，某些地区由于租金过高，已经不再适合开建仓库，因此可以提前规定不在该地区建仓，提前缩小优化空间。为了扩大 FDC 仓库的选择范围，允许从国内城市中择优选择新的 FDC 仓库，加入候选仓集合。

5.3.2   参数定义

仓储网络选址过程中涉及仓库、客户、商品、运输类型、订单信息等信息，通过整理归纳主要分为以下集合。

1. 数据集合

- U：上游节点集合，包括货源地、RDC。
- F：FDC 层节点集合，包括输入 FDC 及选址仓库。
- WY：必选仓集合。
- WN：不选仓集合。
- CU：客户集合。

（1）商品相关变量。

- pw_p：商品p的单位重量信息。
- pv_p：商品p的单位体积信息。

（2）连接关系相关变量。

- EI_j：节点或客户j可行上游集合。

- EI_{jpt}：节点 j 商品 p 运输类型 t 的可行上游集合。
- EO_i：节点 i 可行下游集合。
- EP_i：节点 i 需要的商品集合。
- EP_{ij}：节点 i 到 j 之间的可行商品集合。
- ET_i：节点 i 可行的运输方式集合。
- ET_{ijp}：节点 i 到 j 之间商品 p 的可行运输类型集合。

（3）需求相关变量。

- d_{jpt}：客户 j 订单中对于商品 p 使用运输类型 t 的运输量。

（4）成本相关变量。

- tcp_{ijpt}：节点 i 到客户 j 对于商品 p 使用运输类型 t 的单件运输成本。
- ocp_{ip}：节点 i 中商品 p 的单件出库成本。
- icp_{ip}：节点 i 中商品 p 的单件入库成本。
- rcp_i：节点 i 的单位面积租金。
- θ_i：仓库 i 的坪效，即仓库每平方米可以存放的商品体积，单位为 m^3/m^2。
- sf_i：仓库 i 的安全库存天数。
- β：固定仓场景的选仓数量。
- re：补货周期。
- M：一个很大的数，在程序中根据需求量之和+1 生成。
- L：一个很小的数，在程序中根据最小需求量生成。

2. 决策变量

- x_i：0-1 变量，FDC 节点 i 是否被选择，$i \in F$。
- y_{ij}：0-1 变量，节点或客户 j 是否由上游节点 i 服务。
- y_{ijt}：0-1 变量，上游节点 i 与节点或客户 j 之间是否使用运输类型 t。
- y_{ijpt}：连续变量，节点 i 与节点或客户 j 之间商品 p 使用运输类型 t 的运输量。
- Q_i：连续变量，节点 i 的件数流量信息，由每条边的件数求和得到。
- W_i：连续变量，节点 i 的重量流量信息，由每条边的重量求和得到。
- V_i：连续变量，节点 i 的体积流量信息，由每条边的体积求和得到。
- tc_{ijpt}：连续变量，节点 i 与节点或客户 j 之间商品 p 使用运输类型 t 的运输成本。
- TC：连续变量，总运输成本。
- oc_i：连续变量，节点 i 的出库成本。

- OC：连续变量，总出库成本。
- ic_i：连续变量，节点i的入库成本。
- IC：连续变量，总入库成本。
- rc_i：连续变量，节点i的仓租成本。
- RC：连续变量，总仓租成本。

5.3.3　数学模型

建立指标体系后，需要将考虑的因素模型化表示，建立混合整数规划模型，并使用求解器求解。因此，可以先构建基础的网络规划模型，再根据各阶段特点增加各自特殊的约束条件。

1. 目标函数

选择合适的评估指标体系不仅能够定量说明方案的优化效果，而且能让计算结果更具说服力。仓储网络成本是在物流网络运营中最直接有效的评价指标，成本维度可以衡量调整网络结构后能否为公司直接节省资金。下面介绍仓储网络选址成本的计算方式。

在仓储网络中，成本主要由运输成本、出入库成本、仓租成本构成。

（1）运输成本。

运输成本为各条线路的运输成本之和，每条线路运输成本基于其商品运输量y_{ijpt}与商品运费单价tcp_{ijpt}获得。商品运费单价取决于起点、终点、运输类型、商品种类、计费方式[1]，例如仓间的批量运输相比配送到客户具有更大的运输规模，平均成本更低；偏远地区的运输资源有限，配送成本更高；大件家电的运输成本比日用品更贵。在优化过程中会结合历史数据，为每条线路与商品设置合理的计费单价，从而保证结果的合理性。

一条线路的运输成本为

$$\text{tc}_{ijpt} = \text{tcp}_{ijpt} y_{ijpt}, \forall i \in U \cup F, j \in \text{EO}_i, p \in \text{EP}_{ij}, t \in \text{ET}_{ijp} \tag{5.1}$$

总运输成本为各条线路运输成本之和：

$$\text{TC} = \sum_i^{U \cup F} \sum_j^{\text{EO}_i} \sum_p^{\text{EP}_{ij}} \sum_t^{\text{ET}_{ijp}} \text{tc}_{ijpt} \tag{5.2}$$

1　计费方式：指运输费用计算的依据，可以使用重量、体积、件数维度，或者取体积运费、重量运费较大值等。

（2）出入库成本。

出入库成本为每个仓库的出入库成本之和，单个仓库的出入库成本由其流量 y_{ijpt} 与单价 ocp_{ip}/icp_{ip} 相乘得到。出入库的单价与仓库位置、商品种类相关，例如一线城市的人力成本更高，出入库费用也更高；重货、大件货的出入库操作更难，费用也更高。此处会为各个仓库设定合理的出入库计算费用。

单个仓库 i 的出库成本及总出库成本的计算公式如下：

$$oc_i = \sum_j^{EO_i} \sum_p^{EP_{ij}} \sum_t^{ET_{ijp}} ocp_{ip} y_{ijpt}, \forall i \in U \cup F \tag{5.3}$$

所有仓库的出库成本可表示为 OC：

$$OC = \sum_i^{U \cup F} oc_i \tag{5.4}$$

单个仓库 i 的入库成本及总入库成本的计算公式如下：

$$ic_i = \sum_j^{EI_i} \sum_p^{EP_{ji}} \sum_t^{ET_{jip}} icp_{ip} y_{jipt}, \forall i \in U \cup F \tag{5.5}$$

所有仓库的入库成本可表示为 IC：

$$IC = \sum_i^{U \cup F} ic_i \tag{5.6}$$

（3）仓租成本。

仓租成本取决于仓库面积，而仓库面积又取决于货物的存储量。根据运营经验，仓库存储商品量=商品流通量 y_{ijpt} ×（安全库存天数 sf_i+0.5×补货天数 re）。结合商品体积 pv_p 得到总体的体积占用，除以坪效 θ_i 得到存储需要的面积。从而可以乘以仓租单位成本 rcp_i 得到仓库的仓租成本。

单个仓库租金与总租金的计算公式如下：

$$rc_i = rcp_i(0.5re + sf_i) \sum_j^{EO_i} \sum_p^{EP_{ij}} \sum_t^{ET_{ijp}} \frac{pv_p}{\theta_i} y_{ijpt}, \forall i \in U \cup F \tag{5.7}$$

$$RC = \sum_i^{U \cup F} rc_i \tag{5.8}$$

总成本最小化目标函数为

$$\min \ \text{objCost} = TC + OC + IC + RC$$

$$= \sum_i^{U \cup F} \sum_j^{\text{EO}_i} \sum_p^{\text{EP}_{ij}} \sum_t^{\text{ET}_{ijp}} \text{tcp}_{ijpt} y_{ijpt} + \sum_i^{U \cup F} \sum_j^{\text{EO}_i} \sum_p^{\text{EP}_{ij}} \sum_t^{\text{ET}_{ijp}} \text{ocp}_{ip} y_{ijpt}$$

$$+ \sum_i^{U \cup F} \sum_j^{\text{EI}_i} \sum_p^{\text{EP}_{ji}} \sum_t^{\text{ET}_{jip}} \text{icp}_{ip} y_{jipt}$$

$$+ \sum_i^{U \cup F} (\text{rcp}_i (0.5\text{re} + \text{sf}_i) \sum_j^{\text{EO}_i} \sum_p^{\text{EP}_{ij}} \sum_t^{\text{ET}_{ijp}} \frac{\text{pv}_p}{\theta_i} y_{ijpt}) \tag{5.9}$$

2. 约束条件

在建模过程中需要考虑网络结构的合理性、商品流转的连续性及用户的个性化需求，通过构建约束来保证结果中的各项条件能够被满足。

（1）覆盖关系约束。

该约束保证了网络结构的合理性，式（5.10）保证了如果仓库没有被选择，则不能覆盖用户，避免出现孤立点和无效连接，式（5.11）保证了如果一个仓库被选择，则至少覆盖一个用户，否则出现仓库被选择但没有服务任何客户的现象，不符合现实。

$$y_{ijpt} \leqslant M x_i, \forall i \in U \cup F, j \in \text{EO}_i, p \in \text{EP}_{ij}, t \in \text{ET}_{ijp} \tag{5.10}$$

$$\sum_j^{\text{EO}_i} \sum_p^{\text{EP}_{ij}} \sum_t^{\text{ET}_{ijp}} y_{ijpt} \geqslant L x_i, \forall i \in U \cup F \tag{5.11}$$

（2）流量（件数、重量、体积）计算。

流量计算主要用于后续统计和分析仓库作业能力，通过仓库各流出边的商品信息加和汇总计算，其中式（5.12）、式（5.13）和式（5.14）分别为件数、重量、体积的流量计算约束。

$$Q_i = \sum_j^{\text{EO}_i} \sum_p^{\text{EP}_{ij}} \sum_t^{\text{ET}_{ijp}} y_{ijpt}, \forall i \in U \cup F \tag{5.12}$$

$$W_i = \sum_j^{\text{EO}_i} \sum_p^{\text{EP}_{ij}} \sum_t^{\text{ET}_{ijp}} \text{pw}_p y_{ijpt}, \forall i \in U \cup F \tag{5.13}$$

$$V_i = \sum_j^{\mathrm{EO}_i} \sum_p^{\mathrm{EP}_{ij}} \sum_t^{\mathrm{ET}_{ijp}} \mathrm{pv}_p y_{ijpt}, \forall i \in U \cup F \tag{5.14}$$

（3）流量平衡约束。

本次测算中不考虑每个仓库的明细库存，任何一个中间仓储网络节点商品的流入和流出量应该是相等的，即供需流量平衡。因此，在每种商品维度汇总一个仓库的所有流入边和流出边，其流量总和相同。

$$\sum_j^{\mathrm{EO}_i} \sum_t^{\mathrm{ET}_{ijp}} y_{ijpt} = \sum_j^{\mathrm{EI}_i} \sum_t^{\mathrm{ET}_{jip}} y_{jipt}, \forall i \in U \cup F, \mathrm{EI}_i \neq \varnothing, p \in \mathrm{EP}_i \tag{5.15}$$

（4）客户运输类型—商品满足约束。

无论网络结构如何调整，客户的各商品需求量都应该得到满足，这是各种方案之间存在可对比性的基础。优化过程中不改变各客户、各运输类型的运输量，限制各客户、各运输类型的运输量与订单一致。

$$\sum_i^{\mathrm{EI}_{jpt}} y_{ijpt} = d_{jpt}, \forall j \in \mathrm{CU}, p \in \mathrm{EP}_j, t \in \mathrm{ET}_j \tag{5.16}$$

（5）单一上游约束。

在算法优化过程中会考虑每个下游节点选择唯一上游的约束，从而突出网络的核心结构，使得网络结构更加清晰。

其中式（5.17）为仓库单一上游约束，由于下游仓库只是候选仓库，只有被选择时才能添加单一上游约束，因此需要将上游选择数量与仓库选择变量相关联，而不能直接将右端项设置为 1。

$$\sum_i^{\mathrm{EI}_j} y_{ij} = x_j, \forall j \in U \cup F, \mathrm{EI}_i \neq \varnothing \tag{5.17}$$

对于客户而言，采用式（5.18）约束，只能有一个上游连接向客户。

$$\sum_i^{\mathrm{EI}_j} y_{ij} = 1, \forall j \in \mathrm{CU} \tag{5.18}$$

（6）必选/不选仓约束。

根据场景或者测算需要，用户可以提前设定一些仓库为必选或者不选，从而得到期望的规划结果，对于必选仓，可以使用式（5.19）将变量设定为 1，对于不选仓，可以使用式（5.20）将变量设定为 0。

$$x_i = 1, \forall i \in \mathrm{WY} \tag{5.19}$$

$$x_i = 0, \forall i \in \mathrm{WN} \tag{5.20}$$

（7）选仓数量约束。

根据 FDC 选仓数量的需要，用户可以设定期望的仓库选择数量。

$$\sum_i^F x_i = \beta \tag{5.21}$$

3. 数学模型

综合目标函数与约束条件，建立综合数学模型如下：

$$\min \ \mathrm{objCost} = \mathrm{TC} + \mathrm{OC} + \mathrm{IC} + \mathrm{RC}$$

$$= \sum_i^{U \cup F} \sum_j^{\mathrm{EO}_i} \sum_p^{\mathrm{EP}_{ij}} \sum_t^{\mathrm{ET}_{ijp}} \mathrm{tcp}_{ijpt} y_{ijpt} + \sum_i^{U \cup F} \sum_j^{\mathrm{EO}_i} \sum_p^{\mathrm{EP}_{ij}} \sum_t^{\mathrm{ET}_{ijp}} \mathrm{ocp}_{ip} y_{ijpt}$$

$$+ \sum_i^{U \cup F} \sum_j^{\mathrm{EI}_i} \sum_p^{\mathrm{EP}_{ji}} \sum_t^{\mathrm{ET}_{jip}} \mathrm{icp}_{ip} y_{jipt}$$

$$+ \sum_i^{U \cup F} (\mathrm{rcp}_i (0.5\mathrm{re} + \mathrm{sf}_i) \sum_j^{\mathrm{EO}_i} \sum_p^{\mathrm{EP}_{ij}} \sum_t^{\mathrm{ET}_{ijp}} \frac{\mathrm{pv}_p}{\theta_i} y_{ijpt})$$

$$\mathrm{s.t.} \quad y_{ijpt} \leqslant M x_i, \forall i \in U \cup F, j \in \mathrm{EO}_i, p \in \mathrm{EP}_{ij}, t \in \mathrm{ET}_{ijp}$$

$$\sum_j^{\mathrm{EO}_i} \sum_p^{\mathrm{EP}_{ij}} \sum_t^{\mathrm{ET}_{ijp}} y_{ijpt} \geqslant L x_i, \forall i \in U \cup F$$

$$Q_i = \sum_j^{\mathrm{EO}_i} \sum_p^{\mathrm{EP}_{ij}} \sum_t^{\mathrm{ET}_{ijp}} y_{ijpt}, \forall i \in U \cup F, i \in U \cup F$$

$$W_i = \sum_j^{\mathrm{EO}_i} \sum_p^{\mathrm{EP}_{ij}} \sum_t^{\mathrm{ET}_{ijp}} \mathrm{pw}_p y_{ijpt}, \forall i \in U \cup F$$

$$V_i = \sum_j^{\mathrm{EO}_i} \sum_p^{\mathrm{EP}_{ij}} \sum_t^{\mathrm{ET}_{ijp}} \mathrm{pv}_p y_{ijpt}, \forall i \in U \cup F$$

$$\sum_{j}^{\mathrm{EO}_i} \sum_{t}^{\mathrm{ET}_{ijp}} y_{ijpt} = \sum_{j}^{\mathrm{EI}_i} \sum_{t}^{\mathrm{ET}_{jip}} y_{jipt}, \forall i \in U \cup F, \mathrm{EI}_i \neq \emptyset, p \in \mathrm{EP}_i$$

$$\sum_{i}^{\mathrm{EI}_{jpt}} y_{ijpt} = d_{jpt}, \forall j \in \mathrm{CU}, p \in \mathrm{EP}_j, t \in \mathrm{ET}_j$$

$$\sum_{i}^{\mathrm{EI}_j} y_{ij} = x_j, \forall j \in U \cup F, \mathrm{EI}_i \neq \emptyset$$

$$\sum_{i}^{\mathrm{EI}_j} y_{ij} = 1, \forall j \in \mathrm{CU}$$

$$x_i = 1, \forall i \in \mathrm{WY}$$

$$x_i = 0, \forall i \in \mathrm{WN}$$

$$\sum_{i}^{F} x_i = \beta$$

上述模型考虑了仓储网络优化过程中常用的约束条件，在实际业务场景中会遇到新的优化问题。例如，在一些场景下同一个省份的客户需要由共同的上游服务，可以添加同省同仓约束限制；客户的服务时效有具体要求的，例如 48 小时内必须送达，则可以添加时效约束；有些线路的运输类型需要指定，则可以添加线路层面的运输类型约束。在解决其他仓储网络优化场景的问题时，可以在现有模型上做出增减调整，以适配特定的需要。

5.4 计算结果分析

使用 Gurobi 等求解工具完成仓储网络优化的测算，由于用户可以指定 FDC 选择数量，因此输出结果存在多个方案；对于结果可以进行多种维度分析，从中选择合适的方案。

5.4.1 成本时效分析

通过模型优化目标可以对方案结果做最直观的分析比较，得到图 5-4 的成本时效对比图。如图 5-4 所示，网络优化 9 仓指的是在区域内对 9 个仓库进行选址。可以看到，选择 9 仓的方案总成本达到最低；虽然 10 仓方案仓数的增多使得服务客户更加快捷，但仓租成本也会增加，总成本反而超过了 9 仓方案。结合对成本与时效的敏感程度，用户可以选择适合自身的方案。如果希望尽可能节省成本，则可以选择 9 仓方案；如果想尽可能提升客户体验，愿意付出一定的成本，则可以选择 10 仓方案。

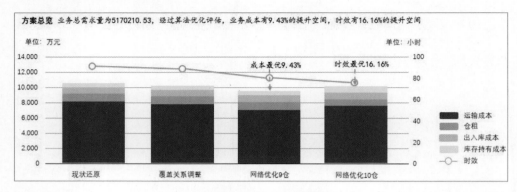

图5-4　成本时效对比图

5.4.2　仓库节点分析

总体成本时效分析是从整体层面上观察结果，但不同方案仓库选择、线路搭配的调整程度各不相同（见图5-5），用户往往需要更具体地分析每个仓库的变化来做更细致的调整评估。

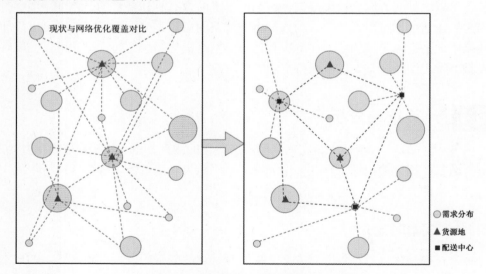

图5-5　现状与网络优化覆盖对比

结合模型输出，规划人员会从仓库的总成本（仓租、出入库、库存持有成本）、使用面积、流量信息（件数、重量、体积）、周转率与周转天数、覆盖客户范围变化、服务客户的平均时效变化等指标维度与现状进行对比，每个仓库也会结合自己的运营情况评估调整付出的成本与收益，进而决定是否接受调整方案。

5.4.3　线路流量分析

在仓储网络优化模型中维度最多的是运输线路，覆盖范围优化或仓库选择的变更都会带来线路的适配调整；用户可以具体分析每条运输线路来判断方案执行的可行性；在线路层面需要对比起点—终点组合变化、运输类型选择、配送商品选择、流量信息（件数、重量、体积）、运输成本、距离与时效变化等关键要素；有时需要考虑更具体的因素，例如是否有足够可用的运输车辆与司机、是否有交通管制等，从而得出优化方案落地的可行性。

5.5 仓储网络选址案例分析

5.5.1　背景描述

某食品公司总部设立在成都，起步阶段业务集中在四川省内。随着口碑的提升，商品也逐步销往全国，公司也在天津与佛山增加了 FDC 仓库，以快速响应各地区商店的供货要求。但近年来业务规模进一步扩张，天津与佛山 FDC 的供货压力也逐渐增大，因此公司计划再新增 1 至 3 个 FDC 仓，期望降低运输成本、提升服务时效。

根据公司订单分布，在总部 RDC 和天津、佛山的 FDC 以外增加了沈阳、苏州、西安、郑州、重庆 5 个城市的候选 FDC，仓库预估成本等信息如表 5-1 所示，补货周期按照 10 天计算。公司代表商品为箱装巧克力、糖果与牛奶，商品信息如表 5-2 所示。在全国范围内目前主要有 16 个商店，其供货与日均需求的订单信息如表 5-3 所示。公司采用 RDC 到 FDC 供货、FDC 到商店供货的模式，RDC 不会直接配送到门店。仓库之间、仓库与商店之间的配送线路与成本信息如表5-4 所示（因线路较多，以 FDC_苏州相关的线路为例），仓库之间的三种类型的商品均可运输。

表5-1　仓库预估成本等信息

仓库名称	类型	安全库存天数	租金 （元/天·m²）	入库成本 （元/kg）	出库成本 （元/kg）	坪效 （m³/m²）
RDC_成都	必选	5	1.3	2.1	1.7	1.5
FDC_佛山	必选	3	1.2	2	1.9	1.5

续表

仓库名称	类型	安全库存天数	租金 （元/天·m²）	入库成本 （元/kg）	出库成本 （元/kg）	坪效 （m³/m²）
FDC_天津	必选	4	1.35	1.8	1.6	1.8
FDC_沈阳	候选	2	1.1	2.2	1.7	1.2
FDC_苏州	候选	3	1.25	1.5	1.8	1.5
FDC_西安	候选	3	1.1	1.7	1.6	1.7
FDC_郑州	候选	2	1.05	1.6	1.7	1.8
FDC_重庆	候选	3	1.05	1.8	2	1.5

表5-2   商品信息

商品名称	重量（kg）	体积（m³）	单价（元）
巧克力	2	0.02	100
糖果	5	0.03	50
牛奶	6	0.06	70

表 5-3   订单信息

始发仓库	目的商店	商品名称	运输类型	需求量（件）
FDC_佛山	杭州商店	糖果	快运	93
FDC_佛山	杭州商店	牛奶	快运	80
FDC_佛山	宁波商店	牛奶	快递	56
FDC_佛山	宁波商店	糖果	快递	72
FDC_佛山	宁波商店	巧克力	快运	53
FDC_佛山	曲靖商店	糖果	快运	98
FDC_佛山	绍兴商店	巧克力	快运	51
FDC_佛山	绍兴商店	糖果	快运	22
FDC_佛山	温州商店	牛奶	快运	51
FDC_佛山	温州商店	糖果	快运	26
FDC_佛山	温州商店	巧克力	快运	43
FDC_佛山	昭通商店	牛奶	快运	60
FDC_佛山	重庆商店	巧克力	快运	76
FDC_佛山	重庆商店	糖果	快递	90
FDC_天津	蚌埠商店	糖果	快运	80
FDC_天津	蚌埠商店	牛奶	快运	30
FDC_天津	北京商店	巧克力	快递	79

始发仓库	目的商店	商品名称	运输类型	需求量（件）
FDC_天津	北京商店	糖果	快递	100
FDC_天津	北京商店	牛奶	快递	75
FDC_天津	合肥商店	牛奶	快运	51
FDC_天津	黄山商店	糖果	快运	96
FDC_天津	黄山商店	牛奶	快运	50
FDC_天津	马鞍山商店	糖果	快运	62
FDC_天津	马鞍山商店	巧克力	快递	55
FDC_天津	秦皇岛商店	巧克力	快运	53
FDC_天津	秦皇岛商店	牛奶	快运	20
FDC_天津	石家庄商店	牛奶	快运	105
FDC_天津	石家庄商店	糖果	快运	45
FDC_天津	唐山商店	巧克力	快运	77
FDC_天津	铜陵商店	牛奶	快运	92
FDC_天津	铜陵商店	巧克力	快递	30

表5-4　线路与成本信息

始发地	目的地	运输方式	成本（元/kg）	运输时效（h）	运输距离（km）
RDC_成都	FDC_苏州	快运	10	144	1882.23
FDC_苏州	蚌埠商店	快运	11	48	423.99
FDC_苏州	蚌埠商店	快递	16	48	423.99
FDC_苏州	北京商店	快运	33	96	1176.9
FDC_苏州	北京商店	快递	43	96	1176.9
FDC_苏州	杭州商店	快运	4	24	160.73
FDC_苏州	杭州商店	快递	6	24	160.73
FDC_苏州	合肥商店	快运	10	48	385.16
FDC_苏州	合肥商店	快递	13	48	385.16
FDC_苏州	黄山商店	快运	9	48	351.48
FDC_苏州	黄山商店	快递	13	48	351.48
FDC_苏州	马鞍山商店	快运	7	48	244.35
FDC_苏州	马鞍山商店	快递	8	48	244.35
FDC_苏州	宁波商店	快运	6	48	232.09
FDC_苏州	宁波商店	快递	8	48	232.09

始发地	目的地	运输方式	成本（元/kg）	运输时效（h）	运输距离（km）
FDC_苏州	秦皇岛商店	快运	31	120	1248.22
FDC_苏州	秦皇岛商店	快递	42	120	1248.22
FDC_苏州	绍兴商店	快运	5	24	172.52
FDC_苏州	绍兴商店	快递	6	24	172.52
FDC_苏州	石家庄商店	快运	29	96	1046.95
FDC_苏州	石家庄商店	快递	36	96	1046.95
FDC_苏州	唐山商店	快运	29	96	1129.87
FDC_苏州	唐山商店	快递	42	96	1129.87
FDC_苏州	铜陵商店	快运	8	48	325.84
FDC_苏州	铜陵商店	快递	11	48	325.84
FDC_苏州	温州商店	快运	11	48	439.2
FDC_苏州	温州商店	快递	16	48	439.2

5.5.2 结果分析

本节为案例结果分析，相关案例代码见资源文件中的代码清单 5-1。现状和优化结果对比如图 5-6 所示，现状日均总成本为 147647 元，平均配送时效为 110.57 小时，其中各线路流量乘以线路时效得到线路加权时效，累加后得到总加权时效，总加权时效除以总流量，即可得出平均配送时效。随着选仓数量的增加，成本有所降低，配送时长也会缩短，但从结果中可以看出，增加仓库对于结果提升的效果越来越小。考虑到增加仓库带来的仓租与运营成本，企业选择 3 仓方案进行落地，其日均总成本为 118702 元，节省了约 19.6%，平均配送时长也缩短了 14.14 小时。

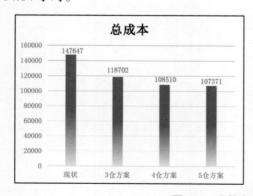
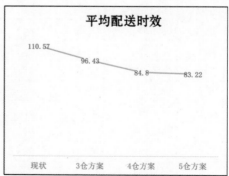

图 5-6　现状和优化结果对比

对比选仓、覆盖和线路信息可以看出，3 仓方案在现有 FDC_天津与 FDC_佛山的基础上新增了位于中间位置的 FDC_苏州仓，从而能够更快捷地服务华东和华中地区的部分客户，从表 5-5 可以看出，覆盖调整后的成本与时效都有更好的表现。

表5-5　仓库和商店覆盖关系变化表

商店	原始发仓	优化后的始发仓	原运输成本（元）	优化后的运输成本（元）	原时效（h）	优化后的时效（h）
合肥商店	FDC_天津	FDC_苏州	1224	510	96	48
蚌埠商店	FDC_天津	FDC_苏州	1760	330	72	48
铜陵商店	FDC_天津	FDC_苏州	1200	330	96	48
马鞍山商店	FDC_天津	FDC_苏州	1550	440	96	48
黄山商店	FDC_天津	FDC_苏州	3168	450	96	48
宁波商店	FDC_佛山	FDC_苏州	3456	318	120	48
杭州商店	FDC_佛山	FDC_苏州	3348	320	120	24
温州商店	FDC_佛山	FDC_苏州	806	473	120	48
绍兴商店	FDC_佛山	FDC_苏州	792	255	120	24

在本案例中，通过调整仓库选址与覆盖关系，为企业提供了优化后的仓储网络配置方案，并提供了切实可行的调整方法。在仓库必选/不选、选仓数量等方面可以自定义约束，提高了规划工作的灵活性。企业可以根据规划结果，结合开仓成本与政策限制等因素，选择最适合的落地方案。

5.6　本章小结

本章对于电商领域的仓储网络优化问题，提取了仓库、客户、运输线路等关键因素，通过符号化体系模拟出仓储网络结构。考虑运营成本与配送距离两种优化目标，约束覆盖关系、仓库选择数量、网络流量均衡等关键因素，建立了混合整数规划模型。利用 Gurobi 完成问题的求解，通过设置选仓数量得到多种对比方案，用户可以根据自身需求择优选择。可以看出，仓储网络选址的优化范围涵盖了仓库选址、仓库覆盖关系及线路选择等方面，以实现网络整体协调优化。企业可参考本章建模与优化思路，节省运营成本，提升服务时效与客户满意度。

第6章
CHAPTER 6

点：分拣功能定位

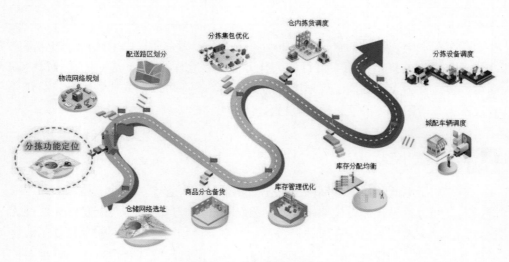

图 6-1　分拣功能定位

现在来到规划篇的第二站分拣功能定位（见图 6-1），仓储网络选址塑造了仓储网络的骨架，而节点的功能定位则可以确保各节点的顺畅协作，维持物流网络的高效运转，降低网络总运营成本，本章以分拣的功能定位为例介绍节点功能定位的方法。

6.1 背景介绍

分拣中心在物流网络中扮演着核心角色，它不仅负责收集和分拨下属网点的物流包裹，还负责将这些物流包裹分拨至其他地区，形成一个高效的物流网络。物流包裹在分拣中心会根据物流面单上标注的目的地，依据成本最低或时效最优的原则被分成多个类别，然后选择最合适的运输方式和路线，完成物流包裹的优化运输。

传统物流主要采用点对点的直达运输方式，如合同物流，由于单次运输批量大，货物通常直接从发货仓库整车运达客户仓库，无须中途分拣。相比之下，电商物流的订单量较小，如单次购买几瓶洗发水即可成单，与商贸企业批量订购数百箱甚至数千箱的订单相差甚远。若快递企业采用整车运输，则将导致成本浪费。因此，物流依赖分拣中心来集散和处理这些小批量货物。常见的物流运输路径如图6-2 所示。按照作业内容的不同，每个包裹的运输过程可以被划分为三个阶段，即揽收端、分拣网络、配送端。其中，分拣网络衔接揽收端与配送端，按照目的地组织包裹集中运输，形成规模效应，从而降低网络的运输成本。

图 6-2 常见的物流运输路径

分拣中心的主要作业包括卸车、验货、分拣、集包、装车等，日均处理包裹数量达几万至几百万个。目前物流企业一般将分拣中心分为三层：一级区域分拣中心，二级片区分拨中心，三级中转场集散中心。等级越高，分拣中心的面积越大，能力越强。一级区域分拣中心设置在一线城市或行政大区核心城市，主要负责跨大区中转与区内中转；二级片区分拨中心设置在省会城市及省内次级城市，主要负责货物区内中转与传站配送；三级中转场集散中心设置在一级、二级附近重要城市或者重要电商货源地，主要负责货物揽收与配送。

分拣中心的级别决定了其可衔接的上下游网点的类型，物流行业将这种衔接能力称为分拣中心的功能。例如，只有一级区域分拣中心才能进行物流包裹的跨大区中转，一般称其为干线进港和干线出港功能；三级中转场集散中心与下游站点的运输，我们称之为传站和传站返回功能。分拣中心的级别和功能往往具有对应关系。由于分拣中心衔接的上下游网点规模大、类型多，导致功能组合复杂，合理地协同规划各个分拣中心的功能，一直是一个具有挑战性的问题。6.2 节将介绍分拣中心的具体功能，以及如何为分拣中心设计其可衔接的上下游网点的类型，即分拣功能定位问题（Sorting function allocation problem，SFAP），6.3 节将设计一个数学模型来解决 SFAP。

6.2 │ 问题描述

6.2.1　分拣中心功能介绍

在 SFAP 的背景下，物流网络由一系列上游网点、位于本城市内的多个分拣中心及下游网点组成。如图 6-3 所示，下游网点的类型涵盖了终端站点、区外分拣中心和区内分拣中心；上游网点的类型还可能包括本地的仓库。区外分拣中心通常指的是位于其他大区的一级分拣中心，而区内分拣中心可能是同一区域或相邻省份内的一级、二级或三级分拣中心。

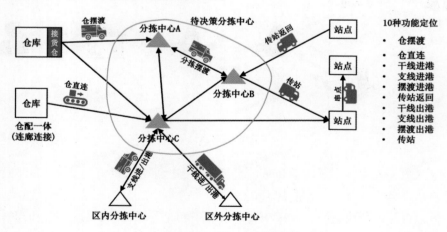

图6-3　分拣功能定位问题

在 SFAP 中，我们假定所有上下游网点的位置已知，并且从上游网点到下游网点的包裹数量也已确定。问题的核心目标是为每个分拣中心确定其应承担的功能，并为上游网点选择最佳的进港场地，同时为下游网点选择最佳的出港场地，以此来最小化整个物流网络的运营成本。这些成本包括车辆的运输成本和分拣中心的操作成本。通过这种优化方式，SFAP 旨在提升物流网络的效率，在确保所有快递包裹达到时效要求的前提下，使得整体物流成本达到最低。

我们将分拣中心可衔接不同网点类型的能力称为分拣中心的功能。如图 6-3 所示，常见的分拣中心功能有 10 种。其中，前 6 种是针对上游网点的进港场地功能，后 4 种是针对下游网点的出港场地功能。不同功能对场地内分拣设备的选型，以及车辆停泊位类型与数量等有不同的要求。具体而言，对于进港场地功能，仓直连和仓摆渡所对应的上游网点均为仓库。当仓库和分拣中心只隔着一堵墙，货物可以直接通过传送带进行运输时，称之为仓直连。而当仓库和分拣中心有一段距离，需要通过车辆运输时，称之为仓摆渡。

干线进港、支线进港和摆渡进港功能所对应的上游网点均为分拣中心，它们根据与上游分拣中心的距离进行区分。干线进港关联区外分拣中心，支线进港则针对区内但非同一城市的分拣中心，而摆渡进港对应的是同一城市内的其他分拣中心。运输成本随距离增加而提高，但由于大型车辆的容积大，装载包裹多，可以在一定程度上降低每个包裹的运输成本。因此，干线运输往往使用大型车辆。相应地，针对干线进港能力，分拣中心需配备大型车辆的停泊位，并安装高效的卸货系统，这不仅有助于缩短卸货时间，还能提高停泊位的周转效率。传站返回功能对应的上游网点则为同一城市内的终端站点，这些站点通常数量众多。

出港场地功能涉及的下游网点是不同距离的分拣中心，与进港相似，分为干线出港、支线出港和摆渡出港。出港场地功能的关键特点是分拣中心需要安装分拣集包设备，这些设备能够根据货物的最终目的地进行精确分类和打包，确保货物能够高效、准确地送达。而传站功能则服务于同一城市内众多的终端站点，要求分拣中心具备多格口的分拣设备来适应分拣需求，并需要有足够的传站车辆停泊位以应对高峰时段的发货需求。

在 SFAP 中，我们假定所有分拣中心的基本信息，如位置、最大可用面积和详细的场地布局图，都是已知且明确的。这些信息对分拣中心的规划至关重要，因为它们直接影响场地能够配置的分拣设备的种类与数量，以及可以设置的车辆停泊位的类型与数量。这些配置选项进而决定了分拣中心的最大处理能力、可承担的场地功能，以及每个功能能够处理的货物流向数量。通过合理规划每个分拣中心应承担的功能和它们与上下游网点之间的连接，可以优化资源的使用，提高分拣作业的效率，并在整体上降低运营成本。

6.2.2 车辆运输成本和分拣操作成本（集货策略）

货物在分拣中心的操作会产生成本，这些成本与分拣中心的租金、员工工资、设备折旧费、电力消耗及操作的总货量等因素有关。总货量是指流入或流出该分拣中心的货物总量，也就是总包裹数。由于分拣中心仅具备中转功能，其流入量和流出量是相等的。

货物在运输过程中的成本与使用的车型、车次数及运输距离有关。为了降低运输成本，物流公司通常会采取集货运输的方式，通过提高车辆的装载率降低车次数，进而降低运输成本。但如果一味地集货，则可能会导致包裹在同一个城市多次分拣，也称同城倒货，这会增加分拣中心的总操作货量，增加分拣操作成本，甚至造成产能紧张，并且增加同城摆渡运输成本。因此，采用合理的集货策略对于有效控制物流成本非常关键。为了帮助读者更深入地理解这一概念，下面将通过一个具体的例子详细说明，如图 6-4 所示。

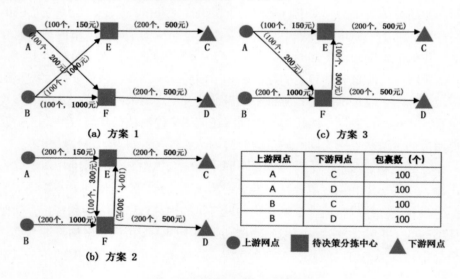

图 6-4　分拣功能定位问题示例

图 6-4 为一个包含 2 个上游网点（A 和 B）、2 个下游网点（C 和 D）及 2 个分拣中心（E 和 F）的局部物流网络。假设每个分拣中心的产能上限均为 300 个包裹，每个包裹的分拣操作成本均为 0.5 元，每辆车的最大装载量均为 500 个包裹。在图 6-4 中，我们给出了 3 种功能定位规划方案，并在每条连线上标注了该条线路运输的包裹数，以及车辆运输成本。另外，这 3 种方案的总分拣操作货量和各成本项汇总结果如表 6-1 所示。

表 6-1 3 种方案的总分拣操作货量和各成本项汇总结果

方案	分拣总操作包裹数（个）	分拣操作成本（元）	进出港线路运输成本（元）	同城摆渡线路运输成本（元）	总成本（元）
1	400	200	3350	0	3550
2	600	300	2150	600	3050
3	500	250	2350	300	2900

在方案 1 中，由上游网点 A 发出的 200 个包裹根据其下游目的网点（C 和 D）被分为两组，每组有 100 个包裹，分别由不同的车辆运输至分拣中心 E 和 F。上游网点 B 发出的包裹也按照同样的方式操作。这使得所有发往下游网点 C 的货物都集中在分拣中心 E，而发往下游网点 D 的货物都集中在分拣中心 F，之后分别由不同的车辆运送到下游网点。这个方案的同城倒货量为零，总操作货量也是最低的，但由于进港时货物是独立运输的，所以总运输成本相对较高。如果在进港环节也实施集货运输，则可以进一步降低运输成本。

方案 2 在进港环节也采取了集货运输的方式。上游网点 A 发出的货物全部运往分拣中心 E，而上游网点 B 的货物全部运往分拣中心 F。这样做减少了进港环节的车辆次数，虽然增加了两条同城摆渡线路，但从整体上看，运输成本有所降低。然而，这也导致分拣中心的操作货量增加，从而提高了分拣成本。尽管总物流成本有所下降，但还有进一步优化的可能。

如果在方案 2 的基础上进行调整，将上游网点 B 的进港场地改为分拣中心 E，下游网点 D 的出港场地也改为分拣中心 E，则可以取消所有的同城摆渡线路。但是，这样会导致分拣中心 E 的处理货量超出其产能上限，因此这个方案是不可行的。

方案 3 是最优的选择，在出港环节实行全面的集货，在进港环节则部分实行集货。首先，在进港环节，由上游网点 A 发出的货物根据其下游目的网点分别运至分拣中心 E 和 F，而由上游网点 B 发出的货物全部运至分拣中心 F。然后，通过同城摆渡，将由上游网点 B 发往下游网点 C 的货物从分拣中心 F 转运至分拣中心 E，这样去往下游网点 C 的货物都集中在分拣中心 E，去往下游网点 D 的货物也都集中在分拣中心 F。最后，在出港环节，分别由不同的车辆运送到下游网点。这个方案不仅降低了物流成本，而且避免了分拣中心 E 和 F 处理的货量超过其产能上限。

综上，SFAP 的核心目标是在分拣中心的产能上限和车型可用停泊位的限制条件下，找到分拣操作成本和车辆运输成本之间的最优平衡点。如果每个包裹只经过一次分拣，虽然可以减少分拣操作次数，但会导致货物分散运输，降低车辆装载率，从而增加运输成本。另外，如果为每个上游网点指定唯一的进港场地，为每个下游网点指定唯一的出港场地，尽管可以降低进出港线路的运输成本，但实际上受到场地产能和车辆停泊位数量的限制，这种做法往往不可行，并可能引发大量的同城倒货，进而增加分拣操作成本和同城摆渡的运输成本。因此，SFAP 的目标是通过协同优化多个分拣中心的场地功能分配和包裹的运输路径，实现分拣操作成本与车辆运输成本之间的最佳平衡。

6.3　问题抽象与建模

经过上述分析，不难发现，SFAP 与传统网络规划/网络设计问题相似，具有两种常用建模思路：基于点—弧的数学模型（arc-based model，简称 ARC 模型）和基于弧—路的数学模型（path-based model，简称 PATH 模型）。这两种模型各有优劣，且在不同问题中的表现大相径庭。经过尝试，这两种模型在该问题上均有较好表现，相比之下，ARC 模型在中小规模算例上表现更好，而 PATH 模型在大规模算例上表现更好。考虑到 PATH 模型的通用性与可拓展性更强，且其建模思想更便于理解，下面主要对 PATH 模型进行介绍，感兴趣的读者可以自行尝试 ARC 模型。

6.3.1　问题抽象

基于 PATH 模型的求解流程描述如下，主要包括以下四个核心步骤：
（1）网络搭建。
（2）生成候选路径集。
（3）构建优化模型。
（4）模型结果解析。
下面将分别针对上述步骤进行详细解释。

1. 网络搭建

基于图论相关理论，分拣功能定位网络可以定义为一个有向图，即 $G = \{V, A\}$，其中 V 为节点的集合，包含上游网点、下游网点和待决策分拣中心；A 为有向弧的集合，包含从上游网点至待决策分拣中心的进港线路、从待决策分拣中心至下游网点的出港线路，以及任意两个待决策分拣中心之间的同城摆渡线路。需要注意的是，任何两个节点之间至多存在一条线路，且不存在从上游网点至下游网点的直达线路。

2. 生成候选路径集

任一上游网点与下游网点之间构成一个**需求对**。基于上述有向网络 G，为每个需求对生成候选路径集。每条候选路径由上游网点、途经分拣（即待决策分拣中心）和下游网点构成。由于候选路径集的规模和质量决定了优化模型的求解效率与最优解的质量，因此此步骤至关重要。一种比较直接的思路是考虑待决策分拣中心所有可能的组合，以枚举所有可能的路径。以图 6-4 为例，上游网点 A 至下游网点 C 之间存在 4 条候选路径，分别为 A→E→C、A→F→C、A→E→F→C、A→F→E→C。然而，此方法主要适用于需求对和待决策分拣中心数量相对较少的小规模场景，对于超大规模场景（如京津冀城市群），往往会涉及几十万个需求对及十几个分拣中心，采用全枚举法所生成的候选路径数可达上千万条，导致优化模型的规模较大，难以求解。考虑到实际运营需求，部分候选路径可被移除，以缩减问题规模。常用的路径剪枝规则包括：

- 路径总运行时长限制。路径总运行时长由车辆运行时间和在分拣中心的分拣操作时间构成。其中，分拣操作时间包含车辆等待卸车时间、卸车时间、分拣时间（含拆包、集包时间等）、等待装车时间、装车时间、等待发车时间等。受分拣设备小时产能、分拣中心可用车辆停泊位数量、车辆集中到达程度等影响，一次分拣操作时间可能长达 1~2 小时。由此可见，经由的分拣中心数量越多，路径总运行时间往往越长。对于履约时效要求较高的货物，往往需要对路径最长运行时间（或货物经过的分拣中心的个数）进行限制。

- 绕行系数限制。考虑到网络中各节点的地理位置，部分路径可能存在绕行，比如图 6-5 中上游网点 G 至下游网点 H 之间的某条候选路径。此类路径在运营中往往难以被采纳。对于任意需求对的任意候选路径，我们称其运输距离与该需求对之间可实现的最短运输距离的比值为该路径的**绕行系数**。为了提高模型求解方案的落地采纳率，在生成候选路径时，往往需要考虑路径最大绕行系数的限制。

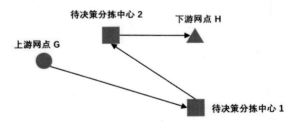

图6-5　迂回路径示例

- 分拣中心可选功能限制。正如 6.2 节所述，受分拣中心所处地理位置（比如靠近市中心位置无法进重型卡车）和分拣中心可停靠车辆类型等限制，部分分拣中心可能无法承担某些场地功能。比如，负责干线进出港运输的车辆往往是重型卡车，而部分分拣中心可能无法进此类卡车，因此无法承担干线进港和干线出港这两种场地功能。

3. 构建优化模型与模型结果解析

基于上述候选路径集，构建数学优化模型（即 PATH 模型），以整个网络总运营成本最低为目标，考虑实际运营相关约束，为每个需求对决策其最佳路径。详细模型介绍见 6.3.2 节。通过解析每个需求对的路径选择即可获得每个分拣中心需要承担的场地功能、承接的上下游网点，以及各流向的处理货量等。

以上即为利用 PATH 模型求解 SFAP 的整体流程。下面将详细介绍 PATH 模型的构建方法。

6.3.2　参数定义

为便于读者查阅，下面介绍模型中使用的集合和参数。

1. 集合

- U：上游网点的集合，$u \in U$。
- D：下游网点的集合，$d \in D$。
- S：待决策分拣中心的集合，$s \in S$。
- UD：由上游网点 u 至下游网点 d 构成的需求对的集合，$ud \in UD$，其中 $u \in U$，$d \in D$。
- R_{ud}：需求对 ud 的候选路径集合，$r \in R_{ud}$，其中 $ud \in UD$。
- F：分拣中心可选场地功能的集合，$f \in F$。
- L：线路的集合，$(s_1, s_2) \in L$，表示线路的起点为 s_1，终点为 s_2，其中 $s_1 \in S \cup U$，$s_2 \in S \cup D$。
- L_{sf}^{in}：隶属于功能 f 且终点为场地 s 的线路集合（包含进港线路和同城摆渡线路），其中 $f \in F$，$s \in S \cup D$。
- L_{sf}^{out}：隶属于功能 f 且起点为场地 s 的线路集合（包含出港线路和同城摆渡线路），其中 $f \in F$，$s \in S \cup U$。

2. 参数

- q_{ud}：需求对 ud 的货量需求，其中 $ud \in UD$。
- $\delta_{r,s_1 s_2}$：路径 r 中是否包含线路 (s_1, s_2)，其中 $r \in \bigcup_{ud \in UD} R_{ud}$，$(s_1, s_2) \in L$。
- $\text{cv}_{s_1 s_2}$：线路 (s_1, s_2) 上每辆车的最大装载量，其中 $(s_1, s_2) \in L$。

- $\mathrm{pv}_{s_1 s_2}$：线路(s_1, s_2)上单辆车的运输成本，其中$(s_1, s_2) \in L$。
- pf_s：分拣中心s处理每个包裹的分拣操作成本，其中$s \in S$。
- lc_{sf}：根据分拣中心s可用车辆停泊位类型和数量，在隶属于功能f的线路中，该分拣中心最多可承接的线路数，其中$s \in S$，$f \in F$。
- qu_s：分拣中心s的总处理货量的上限，其中$s \in S$。
- α、β：分别表示目标函数中车辆运输成本和分拣操作成本的权重。

3. 决策变量

模型中的决策变量定义如下，主要包括场地功能决策变量、各需求对路径选择决策变量及车辆运输线路决策变量三大类。

- x_{sf}：0-1 变量，若分拣中心s需要承担功能f，则$x_{sf} = 1$，否则$x_{sf} = 0$，其中$s \in S$，$f \in F$。
- $y_{ud,r}$：0-1 变量，若需求对ud选择路径r，则$y_{ud,r} = 1$，否则$y_{ud,r} = 0$，其中$ud \in UD$，$r \in R_{ud}$。
- $\mathrm{ly}_{s_1 s_2}$：0-1 变量，若线路(s_1, s_2)被启用（即运输货量不为 0 或者车辆数量不为 0），则$\mathrm{ly}_{s_1 s_2} = 1$，否则$\mathrm{ly}_{s_1 s_2} = 0$，其中$(s_1, s_2) \in L$。
- $\mathrm{lq}_{s_1 s_2}$：连续变量，表示线路(s_1, s_2)上的总运输货量需求，其中$(s_1, s_2) \in L$。
- $\mathrm{lv}_{s_1 s_2}$：整数变量，表示线路(s_1, s_2)使用的车辆数量，其中$(s_1, s_2) \in L$。

6.3.3　数学模型

1. 约束条件

本节所述 PATH 模型主要包含以下约束条件。

（1）路径选择唯一性约束。

任意上游网点至下游网点的货量需求都需要被满足，也就是说，我们需要为每个需求对都决策一条运输路径。另外，为了便于运营管理，要求每个需求对之间的运输路径唯一。这是因为在实际运营中，若对于同一需求对存在多条运输路径，则分拣中心运营人员无法为每个包裹决策其最优运输路径，而且负责车辆运输的调度人员也难以进行车辆资源的合理分配调度。该约束用数学语言描述如式（6.1）所示。

$$\sum_{r \in R_{ud}} y_{ud,r} = 1, \forall ud \in UD \tag{6.1}$$

（2）路径选择与线路启用之间的耦合关系约束。

若货物选择了某路径，则需要依次途经该路径所包含的各线路完成运输。因此，对于任意路径，若其被选择，则要求该路径所包含的所有线路均被启用。另外，当某线路未被启用时，经由该线路的所有路径都不能被选择。上述逻辑关系用数学语言描述如式（6.2）所示。

$$ly_{s_1s_2} \geq \delta_{r,s_1s_2}y_{ud,r}, \forall ud \in UD, r \in R_{ud}, (s_1, s_2) \in L \tag{6.2}$$

可以看出，式（6.2）对应的约束的个数非常多，最多为 $|U_{ud \in UD}R_{ud}||L|$，其中 $|\cdot|$ 表示指定集合中元素的数量。为进一步减少约束的数量，加速模型的构建与求解，可将式（6.2）改写为式（6.3），所表示的含义不变。

$$ly_{s_1s_2} \sum_{ud \in UD} \sum_{r \in R_{ud}} \delta_{r,s_1s_2} \geq \sum_{ud \in UD} \sum_{r \in R_{ud}} (\delta_{r,s_1s_2}y_{ud,r}), \forall (s_1, s_2) \in L \tag{6.3}$$

（3）线路启用与场地功能决策之间的耦合关系约束。

对于任意线路，若其被启用了，那么其衔接的分拣中心需要具备相应的场地功能。若某分拣中心由于地理位置、场地面积或者可停靠车辆类型等限制无法承担某种场地功能，那么所涉及的所有线路均不能被启用。考虑到进港线路的启用受线路终点的场地功能的限制，而出港线路的启用受线路起点的场地功能的限制，因此为了区分进出港线路，上述逻辑关系用数学语言描述如式（6.4）和式（6.5）所示。

$$x_{s_2f} \geq ly_{s_1s_2}, \forall s_2 \in S, f \in F, (s_1, s_2) \in L_{s_2f}^{in} \tag{6.4}$$

$$x_{s_1f} \geq ly_{s_1s_2}, \forall s_1 \in S, f \in F, (s_1, s_2) \in L_{s_1f}^{out} \tag{6.5}$$

同样地，式（6.4）和式（6.5）对应的约束的个数也较多，可进一步改写为式（6.6）与式（6.7）以减少约束的数量。

$$x_{s_2f}|L_{s_2f}^{in}| \geq \sum_{(s_1,s_2) \in L_{s_2f}^{in}} ly_{s_1s_2}, \forall s_2 \in S, f \in F \tag{6.6}$$

$$x_{s_1f}|L_{s_1f}^{out}| \geq \sum_{(s_1,s_2) \in L_{s_1f}^{out}} ly_{s_1s_2}, \forall s_1 \in S, f \in F \tag{6.7}$$

（4）线路货量约束。

对于任意线路，其运输总货量等于经由该线路的所有被选择的路径货量的总和，如式（6.8）所示。

$$lq_{s_1s_2} = \sum_{ud \in UD} \sum_{r \in R_{ud}} (\delta_{r,s_1s_2} y_{ud,r} q_{ud}), \forall (s_1, s_2) \in L \qquad (6.8)$$

（5）线路车辆数约束。

对于任意线路，其使用的所有车辆的总装载量要大于经由该线路的总货量需求，如式（6.9）所示。

$$cv_{s_1s_2} lv_{s_1s_2} \geqslant lq_{s_1s_2}, \forall (s_1, s_2) \in L \qquad (6.9)$$

（6）分拣中心产能限制。

如 6.2 节所述，对于任意分拣中心，受最大可用面积及平面空间布局图等的限制，具有最大可处理货量限制，分拣中心的实际总操作货量不得超过该上限，如式（6.10）所示。

$$\sum_{(s_1, s_2) \in L} lq_{s_1s_2} \leqslant qu_{s_1}, \forall s_1 \in S \qquad (6.10)$$

（7）分拣中心承接流向数限制。

如 6.2 节所述，对于任意分拣中心，受最大可用面积、平面空间布局图及各车型停泊位数量等限制，对于任意场地功能，分拣中心可承接的流向数是有限的。该约束用数学语言描述如式（6.11）所示。

$$\sum_{(s_1, s) \in L_{sf}^{in}} ly_{s_1s} + \sum_{(s, s_2) \in L_{sf}^{out}} ly_{ss_2} \leqslant lc_{sf}, \forall s \in S, f \in F \qquad (6.11)$$

2. 目标函数

如 6.2 节所述，SFAP 的优化目标为网络总运营成本最小，包括车辆运输成本和分拣操作成本，转化为数学语言如式（6.12）所示。其中，式（6.12）中的第一项表示车辆的总运输成本，其等于所有线路运输成本的总和，而每条线路的运输成本等于其使用的车辆数乘以单辆车的平均运输成本。式（6.12）中的第二项表示分拣操作成本，其等于所有分拣中心的分拣操作成本的总和，而每个分拣中心的分拣操作成本等于其总操作处理货量乘以每个包裹的分拣操作成本。单辆车运输成本和每个包裹的分拣操作成本均可以基于历史运营成本统计分析获得。

$$\min \left(\alpha \sum_{(s_1, s_2) \in L} pv_{s_1s_2} lv_{s_1s_2} + \beta \sum_{s_1 \in S} \sum_{(s_1, s_2) \in L} (pf_{s_1} lq_{s_1s_2}) \right) \qquad (6.12)$$

3. 数学模型

综合式（6.1）、式（6.3）、式（6.6）至式（6.12），分拣功能定位问题完整的数学优化模型建立过程如下：

$$\min\left(\alpha \sum_{(s_1,s_2)\in L}(\mathrm{pv}_{s_1 s_2}\mathrm{lv}_{s_1 s_2}) + \beta \sum_{s_1 \in S}\sum_{(s_1,s_2)\in L}(\mathrm{pf}_{s_1}\mathrm{lq}_{s_1 s_2})\right)$$

$$\mathrm{s.t.} \sum_{r\in R_{ud}} y_{ud,r} = 1, \forall ud \in UD$$

$$\mathrm{ly}_{s_1 s_2}\sum_{ud\in UD}\sum_{r\in R_{ud}}\delta_{r,s_1 s_2} \geqslant \sum_{ud\in UD}\sum_{r\in R_{ud}}(\delta_{r,s_1 s_2}y_{ud,r}), \forall (s_1,s_2)\in L$$

$$x_{s_2 f}|L_{s_2 f}^{\mathrm{in}}| \geqslant \sum_{(s_1,s_2)\in L_{s_2 f}^{\mathrm{in}}}\mathrm{ly}_{s_1 s_2}, \forall s_2 \in S, f\in F$$

$$x_{s_1 f}|L_{s_1 f}^{\mathrm{out}}| \geqslant \sum_{(s_1,s_2)\in L_{s_1 f}^{\mathrm{out}}}\mathrm{ly}_{s_1 s_2}, \forall s_1 \in S, f\in F$$

$$\mathrm{lq}_{s_1 s_2} = \sum_{ud\in UD}\sum_{r\in R_{ud}}(\delta_{r,s_1 s_2}y_{ud,r}q_{ud}), \forall (s_1,s_2)\in L$$

$$\mathrm{cv}_{s_1 s_2}\mathrm{lv}_{s_1 s_2} \geqslant \mathrm{lq}_{s_1 s_2}, \forall (s_1,s_2)\in L$$

$$\sum_{(s_1,s_2)\in L}\mathrm{lq}_{s_1 s_2} \leqslant \mathrm{qu}_{s_1}, \forall s_1 \in S$$

$$\sum_{(s_1,s)\in L_{sf}^{\mathrm{in}}}\mathrm{ly}_{s_1 s} + \sum_{(s,s_2)\in L_{sf}^{\mathrm{out}}}\mathrm{ly}_{s s_2} \leqslant \mathrm{lc}_{sf}, \forall s \in S, f\in F$$

可以看出该模型隶属于混合整数规划模型，且存在大量 0-1 变量。若在求解过程中遇到模型求解效率问题，则可以借助添加有效不等式、设计列生成算法及上下游网点聚类等策略进行模型的加速求解。另外，需要强调的是，上述模型包含的约束均为 SFAP 的基础约束。除此之外，在实际应用中，可能还需要增加一些具有业务特性或者为满足测算场景特殊需求的约束条件。比如，要求相邻站点覆盖关系相同，其原因解释如下：在实际运营中，为了降低运输成本，对于传站线路的尾货往往会进行串点运输。即，若存在单个站点的货量需要发运 1.2 辆车，且相邻多个站点也是同样的情况，那么在实际运营中往往会先向每个站点单独发运 1 辆整车，再将剩余的货物由 1 辆车一起进行运输，依次到达各个站点进行卸货。为了便于串点运输，相邻站点往往被要求由同一分拣中心覆盖（即由同一分拣中心进行传站）。采用上述 PATH 模型的方法进行 SFAP 的求解，便于后续针对此类复杂业务运营逻辑增加相应约束条件，感兴趣的读者可自行尝试。另外，也欢迎读者联系作者了解更多实际业务运用场景。

6.4　分拣功能定位案例分析

6.4.1　背景描述

在某物流网络中，上游由 A、B、C、D 四个网点构成，下游由 E、F、G 三个网点组成。面对小批量货物订单频繁出现的情况，如果沿用传统的直达运输模式，由于订单量小，则货物很难填满整车，这会导致运输资源的浪费和成本的不经济。通过在分拣中心 S1、S2、S3 进行小批量货物的分拣和组合，可以整合流向，实现整车运输，从而有效形成规模效应，显著降低物流成本。

为解决该问题，首先需要根据现有的网点运输线路构建分拣网络，为每个需求对确定一组可能的候选路由；然后建立数学模型并求解出最优路由以实现总成本最小化。在本示例中，简化分拣中心的功能，将其分为五大类：干线进港、干线出港、支线进港、支线出港及同城摆渡。

表 6-2 为分拣中心信息，表中第一行数据表示分拣中心 S1 可以承担的场地功能有干线进港、支线进港、干线出港、支线出港、同城摆渡，此分拣中心的单均分拣成本为 0.5 元，针对每个场地功能，承接的最多线路数分别为 5、2、2、3、2，另外，该分拣中心能够处理的最多包裹数为 21000。表 6-2 中其他行的含义相似。

表 6-2　分拣中心信息

分拣中心	场地功能	单均分拣操作成本（元/个）	最多线路数（条）	总处理包裹数上限（个）
S1	干线进港、支线进港、干线出港、支线出港、同城摆渡	0.5	5、2、2、3、2	21000
S2	干线进港、支线进港、干线出港、支线出港、同城摆渡	0.4	2、2、2、2、3	19000
S3	支线进港、支线出港、同城摆渡	0.6	4、2、5、3、4	90000

表 6-3 为需求信息，表中第一行数据表示从上游网点 A 到下游网点 E 需要完成的货量需求为 344 个包裹。表 6-3 中其他行的含义相似。

表 6-3   需求信息

需求对起点	需求对终点	包裹数（个）
A	E	344
A	F	476
A	G	298
B	F	296
B	G	415
C	E	223
D	E	145
D	F	462
D	G	405

表 6-4 为线路信息，表中第一行数据表示上游网点 A 到分拣中心 S1 的线路，其每辆车的最大装载量为 32 个包裹，每辆车的运输成本为 287 元，该线路为支线进港类型。表 6-4 中其他行的含义相似。

表 6-4   线路信息

线路起点	线路终点	单车最大装载包裹数（个/辆）	单车运输成本（元/辆）	线路类型
A	S1	32	287	支线进港
A	S2	67	220	支线进港
A	S3	45	235	支线进港
B	S1	37	477	干线进港
B	S2	43	268	干线进港
C	S1	39	348	支线进港
C	S2	37	253	支线进港
C	S3	78	221	支线进港
D	S1	46	215	干线进港
D	S2	43	241	干线进港
S1	E	40	429	支线出港
S1	F	30	289	支线出港
S1	G	32	384	干线出港
S2	E	39	209	支线出港
S2	F	39	428	支线出港
S2	G	44	500	干线出港
S3	E	55	300	支线出港
S3	F	56	332	支线出港
S1	S2	49	384	同城摆渡

续表

线路起点	线路终点	单车最大装载包裹数（个/辆）	单车运输成本（元/辆）	线路类型
S1	S3	46	466	同城摆渡
S2	S1	50	387	同城摆渡
S2	S3	33	405	同城摆渡
S3	S1	50	397	同城摆渡
S3	S2	49	471	同城摆渡

6.4.2　结果分析

本节为案例分析，相关案例代码见资源文件中的代码清单 6-1。表 6-5 为各需求对的候选路由信息，其生成方式为通过已有线路构建图的邻接表，采用深度优先搜索算法得出各需求对的候选路由集。需要注意的是，为保证各需求对的运输时效，限制每个包裹最多允许经过两次分拣。

表 6-5　候选路由信息

需求对起点	需求对终点	包裹数（个）	候选路由
A	E	344	('A','S1')->('S1','E');('A','S1')->('S1','S2')->('S2','E');('A','S1')->('S1','S3')->('S3','E');('A','S2')->('S2','E');('A','S2')->('S2','S1')->('S1','E');('A','S2')->('S2','S3')->('S3','E');('A','S3')->('S3','E');('A','S3')->('S3','S1')->('S1','E');('A','S3')->('S3','S2')->('S2','E')
A	F	476	('A','S1')->('S1','F');('A','S1')->('S1','S2')->('S2','F');('A','S1')->('S1','S3')->('S3','F');('A','S2')->('S2','F');('A','S2')->('S2','S1')->('S1','F');('A','S2')->('S2','S3')->('S3','F');('A','S3')->('S3','F');('A','S3')->('S3','S1')->('S1','F');('A','S3')->('S3','S2')->('S2','F')
A	G	298	('A','S1')->('S1','G');('A','S1')->('S1','S2')->('S2','G');('A','S2')->('S2','G');('A','S2')->('S2','S1')->('S1','G');('A','S3')->('S3','S1')->('S1','G');('A','S3')->('S3','S2')->('S2','G')
B	F	296	('B','S1')->('S1','F');('B','S1')->('S1','S2')->('S2','F');('B','S1')->('S1','S3')->('S3','F');('B','S2')->('S2','F');('B','S2')->('S2','S1')->('S1','F');('B','S2')->('S2','S3')->('S3','F')
B	G	415	('B','S1')->('S1','G');('B','S1')->('S1','S2')->('S2','G');('B','S2')->('S2','G');('B','S2')->('S2','S1')->('S1','G')
C	E	223	('C','S1')->('S1','E');('C','S1')->('S1','S2')->('S2','E');('C','S1')->('S1','S3')->('S3','E');('C','S2')->('S2','E');('C','S2')->('S2','S1')->('S1','E');('C','S2')->('S2','S3')->('S3','E');('C','S3')->('S3','E');('C','S3')->('S3','S1')->('S1','E');('C','S3')->('S3','S2')->('S2','E')

需求对起点	需求对终点	包裹数（个）	候选路由
D	E	145	('D','S1')->('S1','E');('D','S1')->('S1','S2')->('S2','E');('D','S1')->('S1','S3')->('S3','E');('D','S2')->('S2','E');('D','S2')->('S2','S1')->('S1','E');('D','S2')->('S2','S3')->('S3','E')
D	F	462	('D','S1')->('S1','F');('D','S1')->('S1','S2')->('S2','F');('D','S1')->('S1','S3')->('S3','F');('D','S2')->('S2','F');('D','S2')->('S2','S1')->('S1','F');('D','S2')->('S2','S3')->('S3','F')
D	G	405	('D','S1')->('S1','G');('D','S1')->('S1','S2')->('S2','G');('D','S2')->('S2','G');('D','S2')->('S2','S1')->('S1','G')

表 6-6 为优化后的路由选择，从表中可以看到，各需求对偏向于选择只经过一个分拣中心的路由，而不进行同城摆渡。从基础数据中可以发现，同城摆渡的运输成本相较于上下游网点到分拣中心的运输成本并无显著差异，且各分拣中心产能充足，因此尽可能减少同城摆渡，减少分拣次数，有利于降低总运营成本。

表 6-6　路由选择

需求对起点	需求对终点	路由选择
A	E	('A','S2')->('S2','E')
A	F	('A','S3')->('S3','F')
A	G	('A','S2')->('S2','G')
B	F	('B','S2')->('S2','F')
B	G	('B','S2')->('S2','G')
C	E	('C','S3')->('S3','E')
D	E	('D','S2')->('S2','E')
D	F	('D','S1')->('S1','F')
D	G	('D','S2')->('S2','G')

表 6-7 为运输货量及使用车辆数量。表中第一行数据表示上游网点 A 到分拣中心 S2 使用 10 辆车运输 642 个包裹，根据表 6-6 中的路由选择可知，这部分货量包含了由上游网点 A 至下游网点 E 和由上游网点 A 至下游网点 G 的货物需求。

表 6-7　运输货量及使用车辆数量

线路起点	线路终点	使用车辆数量（辆）	运输包裹数（个）
A	S2	10	642
A	S3	11	476
B	S2	17	711
C	S3	3	223

续表

线路起点	线路终点	使用车辆数量（辆）	运输包裹数（个）
D	S1	11	462
D	S2	13	550
S1	F	16	462
S2	E	13	489
S2	F	8	296
S2	G	26	1118
S3	E	5	223
S3	F	9	476

优化后的分拣网络示意图如图 6-6 所示。

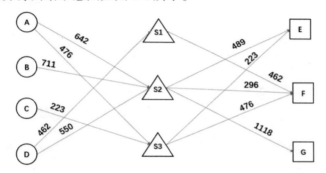

图 6-6　优化后的分拣网络示意图

本案例能够根据已有线路为企业提供优化后的分拣路径选择，通过模型求解可以明确各分拣中心的功能和货物处理量，帮助管理层更合理地分配资源，如人力、设备和空间资源，以适应不同的分拣操作需求，分析不同流向的运输路径和集散货策略，企业可以更好地识别和管理潜在的风险，如单一路径依赖、运输延迟等。

6.5　本章小结

分拣功能定位是物流网络设计的重要问题之一。针对该问题，本章通过一种基于弧—路模型的混合整数线性规划模型，实现分拣中心功能及其线路运营方案的协同优化。此模型考虑了各分拣中心的产能、各类车辆可用停泊位数量等信息，保证了输出方案的可行性。通过权衡分拣中心操作成本与线路运输成本，实现整体成本最优。除此之外，该建模思路可扩展性强，可推广到多种场景的测算需求。例如，新建分拣中心时从零规划场地功能、基于既有分拣中心资源进行整体/局部功能调整等，在现有模型基础上添加相应约束条件，即可实现场景测算。

线：物流网络规划

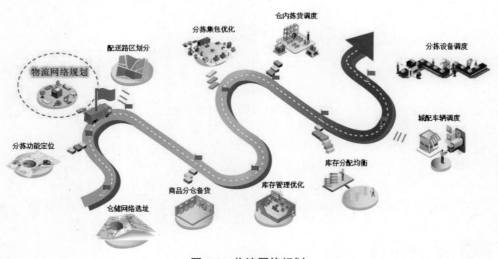

图 7-1　物流网络规划

　　仓储网络选址确定了供应链中各个节点的最佳位置，而分拣功能定位则在这些节点间合理分配各自的角色和任务。一旦商品在各个节点完成了必要的操作，接下来的挑战就是如何将这些节点通过有效的线路规划连接起来，形成一个连贯、高效的物流网络，确保商品能够顺利地从供应链的起点流转到最终客户的手中。本章将深入探讨物流网络规划（见图 7-1）这一关键环节，揭示如何设计出最优的物流路径，以提高整体供应链的效率和响应速度。

7.1 背景介绍

在电子商务和网络购物成为日常生活的重要组成部分的今天，物流服务需求呈现出爆发性增长的趋势。这种增长对物流公司的运营模式，尤其是主干运输网络的构建和管理，提出了更高的要求。主干运输网络是物流系统的核心，它负责在不同地区之间高效地转运大量货物，确保物流服务的时效性和可靠性。

为了满足市场对物流服务日益增长的需求，物流公司必须优化其主干网络，以提高运输效率、降低成本，并确保服务质量。这包括选择最合适的网络结构、合理布局枢纽节点，以及优化货物的分配和转运流程。一个设计良好的主干网络能够显著提升物流公司的竞争力，同时为社会经济的高效运作提供支持。

7.1.1 物流网络的基础介绍

包裹经过快递员揽收后，首先会到达附近的营业部，之后运输至所属分拣中心，再直发或者中转至目的城市所属分拣中心，并通过分拣中心传站到目的地址所属营业部，由营业部快递员进行配送，如图 7-2 所示。

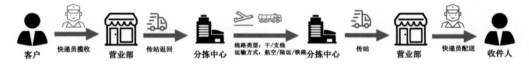

图7-2　物流运输路径的示意图

包裹运输的过程中经过的首个和最后一个分拣中心被称为"首分拣"和"末分拣"，首末分拣之间是直发还是中转取决于它们之间的货量。如果货量达到了线路开通的最低货量标准则直发，如果达不到则需要中转。举例而言，假设从杭州市发往桂林市的包裹量只达到车辆满载的 20%，为了提升装载率并节省运输成本，我们将从杭州发往广西的货物全部通过南宁中转，将所有浙江发往桂林的货物也通过南宁中转，从而使得货量聚集在"杭州—南宁"和"南宁—桂林"的线路上，实现通过"拼车"的方式达到降低运输成本的目标。因此，中转有助于降低运输成本。

分拣中心之间的线路构成了物流主干网络，包裹在网络中经过的分拣中心数量被称为中转次数，例如"杭州—南宁—桂林"这条路由（货物端到端流转的路径，主要由线路、途经节点等要素构成）需要 3 次中转。包裹的每次中转都需要进行卸车、分拣和装车三个操作。中转的每项操作本身需要一定时间，并且分拣完成后可能还需要等待下一段线路的发车时间，因此中转对提升时效达成率具有不利影响。同时，每次中转也会产生人员操作费用，中转量越大，所需分拣中心的面积也越大，因此减少中转次数在一定程度上也有助于节省成本。

从上面的例子可以看出，中转对成本和时效有着巨大影响，而中转次数是由网络的结构决定的。本章所述的全局网络规划，是指在当前的货量结构下均衡成本和时效，对网络的路由、线路进行规划。

7.1.2　国内主流物流网络结构分析

由于运单构成和业务量存在差异，不同物流公司的网络结构也不尽相同。下面以 3 个例子介绍不同的网络结构，下文所述的"层数"是指中转次数，片区中转场、中转场、集包中心、场地、陆运枢纽场地和仓配场地是不同公司对分拣中心的命名。

（1）A 公司的网络结构：最大化直发的 2 层网络。

A 公司的网络设计追求极致时效，强调尽可能让片区中转场（通过传站/传站返回与网点直接连通的场地）做大，进而增加直发线路数量。A 公司的一个典型片区中转场能够发运 70~80 条干支线路，流向上包含就近机场、经济圈其他片区中转场、陆运枢纽场地和 30~40 条跨区干线。基于 2 次的最少中转次数、叠加多班次揽配，A 公司可以在部分流向上获得极致时效。

A 公司的这一策略当下也面临着严峻挑战，即在业务增长的情况下如何控制场地数量、保证直发比例。随着业务增长，片区场地的产能与面积需求越来越大；另外，A 公司的多频次传站及时效诉求，要求场地必须尽可能靠近城市核心区域。一旦无法找到足够大的场地，就被迫做场地的拆分裂变，造成片区场地的数量增加，进而增加与其他场地间实现相互直发的难度。事实上，目前 A 公司的跨区直发情况并不理想，受场地选址的限制，A 公司单场发运流向数少于行业内部分竞争对手；北上广深等核心城市都有 3 个以上的片区中转场，场地的拆分意味着首末分拣之间货量的减少，使得其他片区中转场很难实现对这些城市片区中转场的直发。

总的来说，强调直发的 2 层网络虽然达到了极致的时效，但维持难度也非常大。虽然 A 公司的物流网络在规划上力求实现 2 次中转，但实践中平均中转次数仍在 2.6 次以上。在城市不断发展的背景下，单个中转场地面积无法跟上业务增幅，导致场地数量增加、场地拆分后货量不足以直发，中转次数的增加使得整个网络的时效能力弱化。

（2）B 公司的网络结构：最大化直发的 3 层网络。

B 公司的营业网点收件后首先送入集包中心进行建包，然后送至中转场进行干线发运，集包中心→首中转场→末中转场共 3 次中转。B 公司的中转场（全国有 60~80 个）之间基本能够实现直发。

B公司一个典型的中转场的情况是，出港与进港分别在两个场地进行操作，但两个场地在地理位置上距离非常近，避免传站/传站返回车辆在两个场地之间空驶。其中出港场地主要做小件包的过包分拣操作，不需要小件分拣机和NC件[2]处理设备，工艺上可以非常简单（在极限情况下，可以是围绕一条输送线的15m×100m左右的架高操作区域）；在分拣产能紧张的情况下，前端集包中心可以预分两个流向，以类似仓克隆镜像的形式新设出港场地进行分流，这种模式具备很强的网络灵活性。

进港场地可以说是 B 公司网络的核心资产，它需要具备强大的小件分拣能力和细分装车格口。由于 B 公司场地总数较少，单个进港场地需要覆盖的配送范围很大，有时需要覆盖整个省份，并非总能满足所有的细分需求，特别是次级城市的需求，随之而来的是额外进行的一次中转操作。

集包中心在赋予整个网络灵活性的同时，对于短距离时效和成本也产生了一定的不利影响。

（3）C公司的网络结构：从本地仓网向全国网络发展。

与之前所介绍的 A 公司和 B 公司不同，C 公司是一家在全国拥有多个仓库和配套配送网络的公司，早期 C 公司的物流网络主要服务于自身电商平台产生的本地仓配运单，而本地仓配场地对于干线发运能力是没有需求的。伴随着 C 公司的物流网络的逐渐发展，C 公司承接了更多的外部运输业务，但较弱的首分拣干线发运能力导致该公司在中远距离运输上处于劣势。

建设类似于 A 公司（40 条干线）或 B 公司（70 条干线）发运能力的大型分拣中心，在 C 公司以本地仓配场地（为目的营业部进行传站的分拣中心）为主的情况下，能起到的效果大概率会逊于同行；因为 C 公司的仓配场地普遍偏小，因此处理货物的效率也相对偏低，所以每条直发线路所能带来的时效和成本收益也都更小。而全面更新所有仓配场地，成本代价很大，时间周期漫长，且当前位置好的场地已经被占，获取位置优异场地的难度会非常高。

7.2 问题描述

7.2.1 网络规划的相关术语

前面提到了路由、线路等相关概念，本节将对这些概念进行正式定义。网络

---

2 NC件：指较重、较长或形状不规则的包裹，这种包裹不能用普通的分拣机分拣。

规划中的运输需求用流向（Origin-Destination，简称 OD，表示运输需求从起点到终点流动的方向）的形式给出，其中在本章中运输需求的起点（Origin）为首分拣，运输需求的终点（Destination）为末分拣。每个流向均有若干候选路由，路由是指货物从始发节点到目的节点的物理路径，主要由线路、节点等要素构成；其中线路是指两个节点之间的连线，并且如前所述，线路也区分方向和发车时间，图 7-3 为流向、路由和线路的示意图。

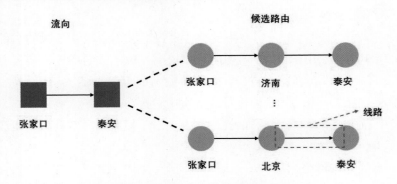

图7-3　流向、路由和线路的示意图

7.2.2　网络规划重点考虑的因素

网络规划中需要考虑的重点因素是成本和时效。其中成本由运输成本和操作成本构成，运输成本的计算方式为单车成本乘以车辆数量，其中单车成本可以使用单公里成本乘以里程计算。操作成本可以采用经营分析部门的分析结果，通常以单位包裹或单位体积的形式给出。

时效是网络规划中一个至关重要的因素，其直接决定了用户体验，可以说关乎一家物流公司的生死存亡。在物流网络规划中，可以在针对流向生成候选路由后，根据一定的规则推演运输时效，过滤掉运输时效差的候选路由，从而保证规划结果满足时效的要求。

7.3　问题抽象与建模

基于总成本最低的目标，考虑路由唯一、时效、车辆装载容量和线路开通标准等约束，建立网络规划的数学优化模型并调用求解器进行求解。如图 7-4 所示，数学优化模型的输入包含物流运输需求和车型及线路信息，输出包含每个流向的路由，以及每一段线路上的车型与车辆数量等信息。

图 7-4 网络规划问题的输入/输出示意图

7.3.1 参数定义

为了构建数学模型，首先需要定义模型中涉及的集合与参数，以及决策变量。集合与参数：

- R：全部候选路由集合。
- N：全部分拣中心的集合。
- L：全部线路的集合。
- R_{ij}：分拣中心i到分拣中心j之间的候选路由集合。
- L_r：路由r上的线路集合。
- Q_l：经由线路l的候选路由集合。
- V_l：线路l上的可用车型集合。
- w_r：路由r上的货量。
- t_r：路由r上的中转次数。
- c_{lv}：线路l上车型v的单趟运输成本。
- $\overline{q}_{lv}$：线路l上车型v的车辆数量的上限。
- d_v：车型v的装载容量。
- Z：单位货量的中转成本。
- s_l：线路l满足线路开通标准的货量要求。

决策变量：

- y_r：0-1 变量，候选路由r是否使用。
- p_{lv}：0-1 变量，线路l上车型v是否使用。
- q_{lv}：整数变量，线路l上车型v的车辆数量。
- z_l：0-1 变量，线路l是否开通。

7.3.2 数学模型

本物流网络规划模型的优化目标是最小化运输成本和中转成本，目标函数如式（7.1）所示。第一项表示运输成本，其等于每条线路上各种类型车辆运输成本的总和。第二项表示中转成本，如果路由r没有被选中，则y_r为 0，此时中转成本为 0；如果路由r被选择，那么此时中转成本等于单位中转成本×中转次数×OD 货量。

$$\min \sum_{l \in L} \sum_{v \in V_l} q_{lv} c_{lv} + \sum_{r \in R} y_r Z t_r w_r \tag{7.1}$$

$$\text{s.t.} \quad \sum_{r \in R_{ij}} y_r = 1, \forall i,j \in N, i \neq j \tag{7.2}$$

$$\sum_{v \in V_l} q_{lv} d_v \geqslant \sum_{r \in Q_l} y_r w_r, \forall l \in L \tag{7.3}$$

$$p_{lv} \overline{q}_{lv} \geqslant q_{lv}, \forall l \in L, v \in V_l \tag{7.4}$$

$$\sum_{v \in V_l} p_{lv} = z_l, \forall l \in L \tag{7.5}$$

$$z_l M \geqslant \sum_{r \in Q_l} y_r w_r, \forall l \in L \tag{7.6}$$

$$\sum_{r \in Q_l} y_r w_r \geqslant z_l s_l, \forall l \in L \tag{7.7}$$

式（7.2）是路由唯一性约束，其含义为每一个流向只有一条路由，旨在避免分拣中心的错分错发；式（7.3）是车辆装载容量约束，其含义为一条线路上所有车辆的总装载容量应该大于或等于流经该线路的所有流向的货量总和；式（7.4）为车辆数量约束，其含义为对于线路l只有在车型v被选定之后，这条线路上才允许车型v的车辆数量大于 0；式（7.5）为车型唯一约束，其含义为只有当线路l的状态为开通时，该条线路上才需要选择一种车型，并且实际中为了便于车辆的运营管理，每条线路上只允许选择一种规划车型；式（7.6）为线路与路由的逻辑关系约束，其含义为只有当线路l的状态为开通时，线路上才允许有货量流动，该约束的建模需要使用大M法，式（7.6）中的M是一个很大的自然数；式（7.7）为线路开通货量约束，其含义为当线路l的状态为开通时，该条线路上的货量必须大于或等于其开通标准。

上述物流网络规划模型的规模非常大，以前面提到的 C 公司为例建立模型后，整数变量的规模高达百万级，直接调用商用求解器求解，经过 10 小时的求解，求解器甚至找不到一个可行解。

7.4 算法方案

7.4.1 使用分区求解算法产生初始解

针对模型求解遇到的困难，首先介绍一种产生初始解的方法。通过对上述优化问题中约束条件的分析可知，式（7.7）是唯一影响问题可行性的约束，其他约束只影响目标函数取值而不会影响问题可行性。此外，上述规划问题并未限制线路容量上限，因此如果某一条流向路由经由某条线路并且此线路满足开通标准，那么当更多的流向使用此条线路时，该线路仍然满足开通要求。由此能够得出以下结论：

> 对优化问题按照起点和终点所属区域进行分组后，可以得到原优化问题的若干子问题。如果每一个子问题的优化结果都能够满足上述所有约束，那么将所有子问题中优化结果组合在一起后所得的全局流向路由优化结果仍然满足原优化问题的所有约束。

基于上述结论，我们能够根据流向地理属性对其进行分组，从而将全国网络规划问题拆解为若干子问题，进而分别进行优化。具体而言，根据流向的起始点和终止点所属的地理区域，将流向分为如图 7-5 所示的起始区域数量×终止区域数量=49 类。

起始区域 终止区域	华中	华北	华南	华东	西北	西南	东北
华中							
华北							
华南							
华东							
西北							
西南							
东北							

图 7-5　流向分解示意图

针对由每组流向对构成的网络规划子问题分别按照式（7.1）~式（7.7）所示的优化模型建模并进行求解。其中部分子问题会出现无解的现象，将所有无解的子问题中所包含的流向对汇总在一起，能够构成一个新的优化子问题。在求解新的子问题之前，将已经选定路由的流向固定下来，并将其所包含的线路置为开通状态。这一处理方式的好处在于之前无解的流向可以选择线路状态被设置为开通的线路，以便于寻找模型的初始可行解。上述求解过程如图7-6所示。

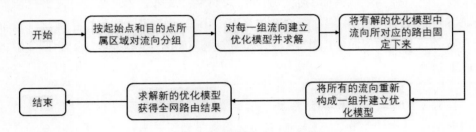

图7-6   分区求解算法的流程示意图

使用分区求解算法生成初始解的效果如表 7-1 所示，可以对比直接原优化问题求解（即未使用分区求解算法）的区别。

表7-1   使用分区求解算法生成初始解的效果

求解方法	求解时间	初始解取值	距离松弛问题最优解的gap
使用分区求解算法生成初始解	3 小时	1.2942×10^8	30.0%
直接求解原优化问题	10 小时	未找到可行解	/

为了加速求解，采用并行计算的方式求解各子问题，之后再汇总所有无解子问题并对其进行整体求解，整体求解时间预计约为 3 小时，所得初始解距离松弛问题最优解的gap为30%。相比之下，直接求解整体网络规划问题时经过 10 小时后仍然未找到可行解。因此，分区求解算法可以有效且相对快速地获得一个质量较好的初始解。

在使用分区求解算法生成初始解后，后续求解过程中的求解收敛速度仍然非常慢，可以使用列生成算法进一步加速后续求解收敛速度。

7.4.2   使用列生成算法加速优化问题收敛

列生成算法的主要思想为通过候选路由筛选降低问题规模，从而提高模型求解效率。在一些数学优化模型中，变量的数量随着问题规模的增长而爆发式增加，导致最初构建模型时无法显式地构造所有变量。面对这种大规模线性规划问题，虽然借助单纯形法能够在大量换基迭代后找到最优解，但求解过程也会变得异常复杂，求解时间也随之增加，在机器内存有限的情况下甚至会求解失败。但这类问题也存在一个特点：基变量仅与约束条件的数量相关。因此，在使用单纯形法求解时，每次迭代基集中只有一个非基变量会改变。换句话说，在整个求解过程中，大部分变量是不被涉及、不需要构建的，研究人员基于这种思想，在单纯形法的基础上提出了列生成算法。

列生成算法基于当前生成的列的子集构建限制主问题，列生成算法通过求解限制主问题来找到可以改善当前解的非基变量，这些非基变量在最初的限制主模型中并没有被构造。如果找不到一个可以进基的非基变量，则意味着所有非基变量的检验数都满足最优解的条件，表示已经找到该线性规划的最优解。

列生成算法在本物流网络规划问题中的使用流程如图 7-7 所示。首先仅将初始解中所选定的路由作为候选路由来构造一个规模极小的限制主问题（restricted master problem，RMP），并将该限制主问题中的整数变量全部松弛为连续变量。之后求解该限制主问题，并获得 RMP 中各个约束的对偶变量的值，再计算未纳入限制主问题的候选路由的检验数（reduced cost），从而借助检验数筛选出对提升规划效果有帮助的候选路由（即检验数小于 0）并纳入 RMP，重新对 RMP 进行求解。迭代上述过程，直至所有剩余候选路由的检验数均大于 0 为止（此时没有候选路由可进一步扩充）。此时再将限制主问题中的连续变量恢复为整数变量，重新求解模型，即可得到一个该物流网络规划问题的较高质量的解。

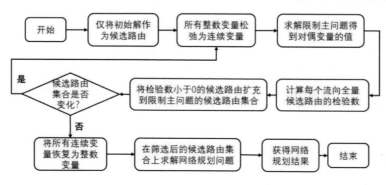

图 7-7　列生成算法流程示意图

当列生成算法用于求解整数规划问题时，其是否有效的一个关键在于将模型中的整数变量松弛为连续变量后，两个问题（原 MILP 问题与松弛后 LP 问题）的最优解的差异大小。在本问题中，将原整数规划问题松弛后，使用列生成算法能够降低松弛问题的目标函数值，但是对原整数规划问题的解没有任何改善。z_l

松弛为连续变量后将导致线路容量下限约束也变得很松弛。这表示整数规划与其松弛问题之间存在很大的差异，因此无法直接使用列生成算法。

针对这一问题，在将原整数规划问题松弛后，可以使用约束 $z_l \geq y_r$ 代替原整数规划中的约束 $z_l M \geq \sum_{r \in Q_l} y_r w_r$。这种约束建模方式避免了使用大 M 法构建约束，从而使得 z_l 不会取非常小的值，避免了线路容量下限约束变得非常松弛。改变约束建模方式后的优化问题如下所示，其中给出了与候选路由相关约束的对偶变量。这些对偶变量均具有一定实际意义，例如式（7.9）中对偶变量 θ_l^b 对应了当前最优解中线路 l 的单位方量货物（即每立方米货物）的运输成本。

$$\min \sum_{r \in R} y_r Z t_r w_r + \sum_{l \in L} \sum_{v \in V_l} q_{lv} c_{lv}$$

$$\text{s.t.} \quad \sum_{r \in R_{ij}} y_r = 1, \forall i, j \in N, i \neq j, : \theta_r^a \tag{7.8}$$

$$\sum_{v \in V_l} q_{lv} d_v \geq \sum_{r \in Q_l} y_r w_r, \forall l \in L, : \theta_l^b \tag{7.9}$$

$$p_{lv} \overline{q}_{lv} \geq q_{lv}, \forall l \in L, v \in V_l \tag{7.10}$$

$$\sum_{v \in V_l} p_{lv} = z_l, \forall l \in L \tag{7.11}$$

$$z_l \geq y_r, \forall r \in Q_l, \forall l \in L, : \theta_l^c \tag{7.12}$$

$$\sum_{r \in Q_l} y_r w_r \geq z_l s_l, \forall l \in L, : \theta_l^d \tag{7.13}$$

检验数是实施列生成算法的关键依据，检验数小于 0 表示候选路由纳入限制主问题后能够降低目标函数值，检验数大于 0 则表示该候选路由对提升规划效果没有帮助。在本物流网络规划问题中，候选路由检验数的表达式如式（7.14）所示，式中第一项的物理意义为候选路由 r 的中转成本，θ_r^a 表示第 r 个 OD 被满足时对整个优化问题的收益，$\sum_{l \in L_r} \theta_l^b w_r$ 表示该路由所产生的运输费用，θ_l^c 表示线路 l 的开线成本，$\sum_{l \in L_r} \theta_l^d w_r$ 表示线路容量下限约束被满足时所带来的收益。

$$Z t_r w_r - \theta_r^a + \sum_{l \in L_r} \theta_l^b w_r + \theta_l^c - \sum_{l \in L_r} \theta_l^d w_r \tag{7.14}$$

之后我们对比使用分区求解算法生成初始解后再使用列生成加速与不使用列生成加速的求解效果，如图 7-8 所示。结果显示所设计的列生成算法能够大大加速该优化问题的收敛，并且能够有效提升最优解质量。

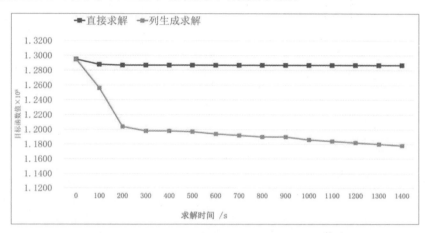

图 7-8 列生成求解加速测试效果

在列生成算法的作用下能够成功求解这个超大规模的网络规划问题。对优化结果进行分析整理后发现，网络呈现出一种"沙漏型"的结构：5～10（首分拣—枢纽支线流向）×40～60（枢纽—枢纽干线流向）的 3 层网络。优化后的网络中的所有货物的平均中转次数为 2.49 次，首分拣仅需发出少数几条干线，对于场地卡位条件和货量的要求都比较低，很多现有场地都可满足要求。

对结果进行进一步分析后，发现枢纽能够覆盖的末端分拣的配送范围较大，这样始发端场地就能凑出较多的货物来开设始发端至枢纽的线路；同时枢纽所覆盖的始发端场地也较多，枢纽的货量也越大，向末端分拣中心发运的频次也就越高，这样能够弥补多次中转带来的时效损失。同时，更为细密的配送场地也能提升配送端的时效。枢纽两端分别覆盖的始发和末端区域呈现为扇形，经过枢纽连接起来，就是类似沙漏的形状。

7.5 物流网络规划案例分析

7.5.1 背景描述

某公司的局部配送网络由 8 个分拣中心组成，这 8 个分拣中心的连接关系如图 7-9 所示。分拣中心 A、B 是货物的输入节点，分拣中心 F、G、H 是货物的输

出节点，分拣中心 C、E、D 主要承担中转功能。在日常运营中，两个分拣中心
是否能连接，除了需遵循网络结构，还需达到线路的开通标准。

　　本节将以此局部网络为例，展示当线路的开通标准为 5m³/km 时，如何选择
合适的路由，并为相应的线路配备合适的车辆，使总体运输成本和中转成本合计
最小。

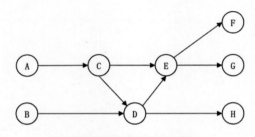

图 7-9　配送网络示意图

　　每个分拣中心的经纬度位置如表 7-2 所示，每个分拣中心可以调配三种车型
进行运输，但每条线路所使用的车型需要统一，不同车型的规格及成本如表 7-3
所示。该配送网络某一时段的包裹流向数据如表 7-4 所示，包裹流向数量采用体
积来衡量。

表 7-2　分拣中心的经纬度位置

配送中心	经度	纬度	分拣中心	经度	纬度
A	116.40056	39.91021	E	117.99770	40.19718
B	116.38271	39.14332	F	119.41905	41.21115
C	117.39620	40.02072	G	118.69533	40.01336
D	117.63927	39.31353	H	119.52342	39.88387

表7-3　不同车型规格及成本

车型	体积（m³）	成本（元/km）	车辆数上限
甲	20	50	80
乙	35	100	80
丙	100	250	25

表7-4　某一时段的包裹流向数据

输入节点	输出节点	包裹体积（m³）
A	F	700
A	G	800

续表

输入节点	输出节点	包裹体积（m³）
A	H	1200
B	F	1500
B	G	1000
B	H	900

当两个分拣中心之间的包裹流通量达到规定标准时，包裹可以直接在这两个分拣中心之间运输。如果未达到这个标准，则包裹需要通过其他分拣中心进行集散，以实现物流的规模效益。当包裹在每个分拣中心中转时，中转成本按 20 元/m³ 计算。

7.5.2 结果分析

本节为案例结果分析，相关案例代码见资源文件中的代码清单 7-1。使用 Gurobi 对上述模型进行求解可以得到的最优解如表 7-5 所示，此时方案的总成本为 5188536.95 元，其中运输成本为 4804536.95 元，中转成本为 384000.00 元。

表7-5　模型最优解

输入	输出	路由	线路							
			A→D	B→C	B→D	C→E	D→F	D→G	D→H	E→H
A	F	A→D→F	700				700			
A	G	A→D→G	800					800		
A	H	A→D→H	1200						1200	
B	F	B→D→F			1500		1500			
B	G	B→D→G			1000			1000		
B	H	B→C→E→H		900		900				900
总体积（m³）			2700	900	2500	900	2200	1800	1200	900
车型			乙	丙	丙	甲	丙	丙	甲	甲
车辆数			78	9	25	45	22	18	60	45

最优网络配送方案如图 7-10 所示，此时分拣中心 D 成为整个局部网络的枢纽分拣，来自 A 和 B 的大部分包裹经由分拣中心 D 进行集散并发往 F、G 和 H 等地，分拣中心的资源被充分利用。

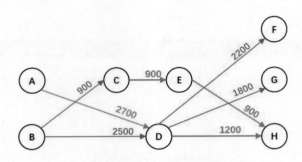

图 7-10   最优网络配送方案

相比分拣中心之间全部直发，经过枢纽分拣进行集散的方案虽然会增加 10% 左右的中转成本，但却能够充分发挥物流网络的规模效应，降低单位运输成本，达到降本增效的作用。

7.6   本章小结

本章首先讲解了物流网络规划的基本概念，然后给出了网络规划问题的数学模型。针对模型规模过大、求解速度过慢的问题，分别提出了两种求解方法：一种是大型物流网络规划问题的分解算法，另一种是基于列生成算法的物流网络规划问题加速求解算法，从而在生成初始解和求最优解的过程中起到加速效果，较快地得到较高质量的解。

面：配送路区划分

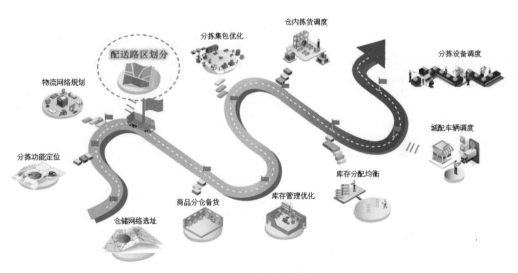

图8-1 配送路区划分

仓网规划就像物流骨架的搭建过程，而配送路区划分则是这场物流接力赛的最后一棒，直接关系到客户的微笑指数，如图 8-1 所示。想象一下，如果你是营业部的站长，那么你会怎样划分每个快递员的配送区域，使得快递员的工作强度和收入相当，并提高快递员的工作效率？

8.1　背景介绍

在电商供应链领域，"最后一公里"配送是快递员和客户直接接触的环节，高效稳定的配送时效和准确可靠的配送服务可以提升客户体验，增加物流公司的竞争力。因此需要一套完整的路区划分方案，合理地划分每一个快递员负责配送的区域，实现整体配送效率最高，做好需求与供给的匹配。

"最后一公里"配送的路区划分指的是将一个营业部负责的区域划分为若干小区域（路区），每个路区由固定的快递员负责。通过这一划分来保证每个快递员的业务范围相对固定，一方面可以方便快递员合理规划每个班次的揽收、配送路线，从而有效地分配时间资源、提高揽配效率；另一方面，随着快递员对路区内的客户更加熟悉，也可以进一步发掘业务增长空间。

8.2　问题描述

路区划分的核心问题是区域内地理实体的划分问题。一个合理有效的路区划分方法是将营业部业务范围内的所有实体，包括小区、企业、学校、商场等，不重不漏地分配到一个个路区中，并保证路区的形状规整，保证揽配难度和收入在路区间均衡。为了实现这一目标，需要以AOI[3]底层数据库作为数据基础，对营业部的业务特征进行统计和分析。

8.2.1　搭建 AOI 底层数据库

我们用AOI指代地图中区域状的地理实体。与POI[4]相比，AOI数据能够承载地理实体的边界、面积等信息。如果我们将地图上的所有坐标点都不重不漏地划分到某一个AOI所覆盖的区域中，那么就可以将基于原始地图的路区划分问题转变为基于AOI的路区划分问题，从而降低规划难度。由于我们要求同一个AOI内部的所有客户均由同一个路区负责，因而基于实体的AOI划分也可以从一定程度上保证规划结果的合理性。此外，基于AOI的划分可以从更细的粒度上统计业务数据，即使路区发生变化，也可以根据所包含的AOI数据对新路区的业务指标进行估计。

3　AOI：AOI 即互联网电子地图中的兴趣区域（Area of Interest，简称 AOI），常用来指代地图中区域状的地理实体。

4　POI：POI 即互联网电子地图中的兴趣点（Point of Interest，简称 POI），主要用于在地图中表达点状的地理实体，如一栋房子、一个公交站等。

综合考虑路区划分的精细程度和规划求解的复杂程度，我们应该结合物流的实际揽配场景，因地制宜地设计 AOI 的覆盖范围，以防止某个 AOI 内的揽配需求偏离均值太远。例如，一个 AOI 既可以是一个小区，也可以是一个快递柜所服务的若干楼栋，或是某一座特定的单元楼；对于一个面积较大的高校、产业园区等，也应该将其划分为多个 AOI 进行规划。

在搭建 AOI 底层数据库时，我们需要收集 AOI 的中心点坐标、AOI 边界的顶点坐标、AOI 邻接情况等地理位置信息，还需要根据实际业务特征，尽可能周全地统计一个 AOI 内的相关业务数据，用于对该 AOI 的收入情况、揽配任务难度等指标进行打分。可能的业务数据包括日均揽收和配送的单量、均价、单均时长、单均步行距离、单均重量等。

8.2.2　选取评价指标

有了 AOI 的底层数据库之后，下一步就是明确路区划分方案需要满足的硬性要求，以及对方案进行定量评价的相关指标。

回顾传统路区方案的主要痛点，我们所设计的路区划分方案应该满足以下硬性要求：

- 营业部业务范围内的所有 AOI 都应该正好被某一个路区覆盖。
- 所划分的路区内部应该存在邻接关系，避免出现飞地。

在上述硬性要求的约束下，我们要求路区划分方案尽可能地达成以下两个目标：

- 同一个路区内的 AOI 应具有较高的地理集聚度。
- 不同路区的收入情况、揽配任务难度应该尽可能均衡。

为了将上述定性的目标表述转化为数学模型，我们需要对相关概念的定量表达方法进行设计。

对于地理集聚度这一指标，我们用一个路区内所有 AOI 的经纬度的覆盖范围来定义。为了保证快递员可以在尽可能短的时间内到达路区内的任意一个 AOI 位置，路区内任意两点之间的距离都不应该过大。两点之间的距离可以用两点经纬度差异来近似估计。因此，我们可以计算该路区内最东和最西的两个 AOI 之间的经度差异、最南和最北的两个 AOI 之间的纬度差异，并以两者的较大值作为该路区地理集聚程度的评价指标。

影响路区任务难度的潜在因素有很多，包括各个 AOI 之间的距离、AOI 的面积、是否需要爬楼、是否有快递柜、揽配所需时间、货品重量等。其中，部分指标可以由其他指标近似定量表达。例如，揽配所需时间与 AOI 之间的距离、AOI 的面积、是否需要爬楼、是否有快递柜等指标都有关系，从而我们可以用平均每单揽配所需时间这一指标隐性地代表其他指标来衡量路区任务难度。

揽配所需时间由两部分组成：其一为快递员在每个 AOI 内进行揽配作业的耗时，这可以基于该 AOI 的历史数据统计获取；其二为快递员在路区内各个 AOI 之间、营业部与路区之间往返所耗时间。由于同一路区内的 AOI 相对聚集，快递员在 AOI 之间往返耗时较短，所以可以忽略这部分耗时，仅考虑营业部至路区往返的耗时。营业部与路区之间往返耗时可以由路区内任一 AOI 与营业部往返耗时近似替代。

不同路区的收入、任务难度均衡的实现有多种评价方法。例如，缩小每个路区收入水平与该营业部内所有路区平均收入水平的差距，或者缩小收入最高和最低路区的差距，都可以达到路区收入均衡的效果。结合实际业务场景，物流企业一般不希望同一营业部内不同路区收入差距过大，不然容易引起快递员心理不平衡，从而导致人员稳定性问题。实际上路区之间的不均衡是客观存在的，因此企业会以此为激励，让努力工作、表现优异的快递员进入收入更高的路区。在实际业务中，我们一般采用如下方式实现各路区的平衡：一方面，限制收入最高和最低路区的差距（例如，收入最低路区不小于最高路区的 60%）作为硬性约束；另一方面，允许不同路区的收入水平存在一定差异，但相应地，要求收入水平与路区的任务难度（工作时长）相匹配。

综上所述，我们在进行路区划分时需要考虑路区形状的合理性和路区质量的均衡性，优化快递员收入与任务难度的匹配度，充分调动快递员的工作积极性，从而实现人尽其责、物尽其用。

8.2.3　明确核心问题

有了上述路区划分的硬性约束和具体评价指标，下一步就是将这些业务需求用数学的语言表述出来。经过分析不难发现，各 AOI 不重不漏的约束是很容易进行数学表达的；基于 AOI 的历史数据，路区之间的均衡性同样不难建模。这一问题的难点主要在于，如何实现路区形状的合理性，让同一路区内的 AOI 相互邻接。

首先，我们需要明确"邻接"这一定义。由于我们在采集 AOI 的数据时是通过一个个多边形对 AOI 的覆盖区域进行定义的。因此直观来看，如果两个 AOI 对应的两个多边形存在公共边，则可以认为这两个 AOI 是"邻接"的。如图 8-2 所示，左图中的多边形代表了一定区域内的 AOI 及其覆盖范围，多边形内的圆点则为这一 AOI 的中心点。如果我们将 AOI 用它的中心点来表示，并将邻接的两个 AOI 之间用虚线相连，则可得到右图。这一图形简洁而清晰地表达了各 AOI 的相对位置和邻接关系。

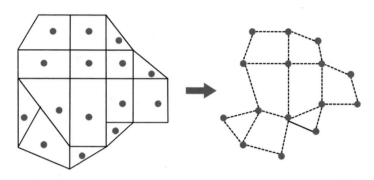

图8-2 各个 AOI 之间的邻接关系

然而，在实际情况下，两个 AOI 之间的邻接关系并不能被这么简单地定义。例如，如果区域内存在一条河流，且仅在特定位置上架设了桥梁，那么各个 AOI 之间的邻接关系就会受到桥梁位置的影响，表现为图 8-3 中右图的形式。类似地，快速路、铁路或者小区的围栏等都可能起到类似河流的效果，对各个 AOI 之间的邻接造成阻碍。因此，我们在构建 AOI 的数据底盘时，还需要根据实际情况，因地制宜地定义各个 AOI 之间的邻接关系。

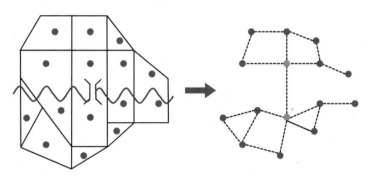

图 8-3 考虑河流影响的 AOI 邻接关系

有了各个 AOI 之间的邻接关系后，我们可以引入无向图的概念，对营业部内实际的业务地图进行表征。一张无向图由"节点"和"边"组成，在这一模型中，"节点"即代表了各个 AOI，而如果两个 AOI 之间存在邻接关系，则可在无向图中将这两个"节点"用一条"边"相连。"无向图"则表明，图中的每条边都是无方向的，其两端的节点相对于这条边的地位完全平等，我们可以假设相邻的两个 AOI 之间往返是互通且对称的。

如果将一张无向图中的部分节点和连接这些节点的每条边从原图中抽离出来，则可以得到一张子图。在路区划分的场景中，一张子图就代表了一个路区；如果从子图中某个节点出发，可以沿着子图的边到达子图内的任意一个节点，那么这个路区就满足了"路区内部 AOI 互相邻接"这一约束。对于从原图中划分出来的若干子图，我们引入一个水量分配模型，用数学方法对这些子图是否满足上述约束条件进行判断。

我们想象一个设置在高处的水塔，其蓄水量与总节点数量（即营业部内 AOI 的数量）相等，与水塔直接相连的输水管数量与子图数量（即需划分的路区数量）相等，这些水管的另一头分别接入每张子图的其中一个节点。此外，我们假设水可以经由子图内的边，在同一子图中的不同节点之间流动；每当水流经过一个节点时，都恰有 1 单位的水被该节点截留。图 8-4 对这一模型进行了形象化的展示。于是，如果在每一张子图内部所有节点之间都存在连通的路线，那么水流可以流过对应营业部内各个 AOI 的所有节点。从而被截留的总水量将恰好等于蓄水量。因此，我们只需要设置"总水量=蓄水量"这一条件，便可以实现路区内部 AOI 互相邻接的约束。

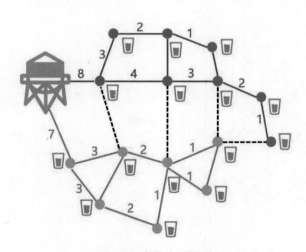

图 8-4   水量分配模型

8.3 │ 问题抽象与建模

在本节中，我们引入一些符号语言，把上述想法用数学的方式表述出来。

8.3.1 参数定义

经过梳理，相关的业务概念主要有以下三类：一是 AOI、路区等实体信息，通过一些集合符号表示；二是 AOI 单量、各指标权重等运算过程中会用到的参数；三是需要决策的指标，这些在计算前无法获知具体数值被称为"决策变量"。

1. 数据集合

- m：AOI 数量。
- J：AOI 编号集合，取值为 $\{1,2,\cdots,m\}$。
- E：相邻 AOI 组成的边的集合，表达了各个 AOI 之间的邻接关系。
- n：路区数量。
- K：路区编号集合，取值为 $\{1,2,\cdots,n\}$。

2. 参数

- s_i^{d}：第 i 个 AOI 的日均单量。
- p_i^{d}：快递员在第 i 个 AOI 的平均每单收入。
- t_i^{d}：快递员在第 i 个 AOI 内完成每个订单的平均所需时间。
- l_i^{lon}：第 i 个 AOI 的中心点经度坐标。
- l_i^{lat}：第 i 个 AOI 的中心点纬度坐标。
- d_i：第 i 个 AOI 至营业部的快递车辆行驶距离。
- V：快递车辆平均行驶速度。
- q_i^{a}：快递员在第 i 个 AOI 的每天平均收入，$q_i^{\mathrm{a}} = s_i^{\mathrm{d}} p_i^{\mathrm{d}}$。
- q_i^{b}：快递员在第 i 个 AOI 进行揽配业务平均每天所需时间，$q_i^{\mathrm{b}} = s_i^{\mathrm{d}} t_i^{\mathrm{d}}$。
- $q^{(c,k)}$：快递员从营业部往返路区 k 所用时间。
- ϕ：表示所有路区中最低收入和最高收入的比例限制，用于限制所有路区之间的收入差距，是一个小于 1 的常数。
- θ_1：快递员收入折算系数。
- θ_2：快递员工作时间折算系数。
- γ：两个目标函数的权重系数。

3. 决策变量

本模型所解决的关键问题为 AOI 的划分方案，即每个 AOI 被分配到哪一个路区内。这可以用一系列取值为0或1的变量 x_{ik} 来表示：如果某个 AOI A_i 被分配到了路区 P_k 内，则 $x_{ik} = 1$，否则 $x_{ik} = 0$。除此之外，依建模需要，我们还引入了其他决策变量，如下所示。

- y_{ijk}：如果第i个 AOI 和第j个 AOI 邻接，且都被分配到路区k中，则该值为1，否则为0。

在我们引入的水量分配模型中，还有以下决策变量：

- r_{ik}：如果第i个 AOI 是路区k中第一个承接水流的 AOI，则该值为 1，否则为 0。
- F_{ij}：由第i个 AOI 流向第j个 AOI 的水量。
- F_{0i}：由水塔流向第i个 AOI 的水量。

8.3.2 约束条件

本模型考虑以下约束条件。首先，路区应该不重不漏地完成对所有 AOI 的覆盖，即每个 AOI 应当且仅应当被划分进一个路区中：

$$\sum_{k \in K} x_{ik} = 1, \forall i \in J$$

其次，各个路区之间的实际收入差距不得过大：

$$q_{min}^{a} \geqslant \phi q_{max}^{a}$$

其中，q_{max}^{a}表示所有路区中最高的收入，q_{min}^{a}表示所有路区中最低的收入，即对于所有的路区k，以下不等式恒成立：$q_{min}^{a} \leqslant \sum_{i \in J} q_{i}^{a} x_{ik} \leqslant q_{max}^{a}$。

最后，我们要求同一个路区内的不同 AOI 之间形成一个全连通的子图。结合我们引入的水量分配模型，对这一约束条件进行建模。

为了满足全连通条件，水流应该能覆盖所有 AOI。从而从水塔中输出的总水量应等于 AOI 的数量m，即：

$$\sum_{i \in J} F_{0i} = m$$

对于每个 AOI，其流入的水量应比流出的水量多1，于是有：

$$\sum_{j \in J} F_{ji} + F_{0i} = \sum_{j \in J} F_{ij} + 1, \forall i \in J$$

显然，不是任意两个 AOI 之间都能有水流通过：仅当两个 AOI 属于同一路区，且两者之间有边直接连接时，两者之间的流量才能取正值。对于满足$(i, j) \in E$的 AOI 组合，我们根据y_{ijk}的取值判断第i个 AOI 和第j个 AOI 之间是否能有水流流过，于是有：

$$m\left(\sum_{k \in K} y_{ijk}\right) \geqslant F_{ij}, \forall (i,j) \in E$$

当且仅当 $x_{ik} = 1$ 和 $x_{jk} = 1$ 同时满足时 $y_{ijk} = 1$ 才成立。于是，我们可以用如下约束对 y_{ijk} 的取值进行限制：

$$0 \leqslant x_{ik} + x_{jk} - 2y_{ijk} \leqslant 1, \forall (i,j) \in E, k \in K$$

在无向图中：

$$y_{ijk} = y_{jik}, \forall (i,j) \in E, k \in K$$

对于一个路区，有且仅有一个 AOI 从水塔直接承接水流：

$$\sum_{i \in J} r_{ik} = 1, \forall k \in K$$

除了上述这些 AOI，其他 AOI 从水塔承接的水量应该为 0：

$$m \sum_{k \in K} r_{ik} \geqslant F_{0i}, \forall i \in J$$

显然，这一 AOI 应当被划分到路区 k 中，即有：

$$r_{ik} \leqslant x_{ik}, \forall i \in J, k \in K$$

8.3.3 目标函数

我们的目标一方面是鼓励快递员多劳多得，另一方面是提升快递员的单均效率，同时兼顾收入的均衡。

为此，我们设计了路区的折算收入指标，每个路区的折算收入由两部分组成，第一部分是路区的真实收入，和路区的单量与单均收入有关，可以表示为 $\sum_{i \in J} x_{ik} q_i^{\mathrm{a}}$，真实收入越高对快递员的激励作用越好；第二部分是路区的作业时长，包括在路区内配送的作业时长和从营业部往返路区的运输时长，可以表示为 $\sum_{i \in J} x_{ik} \theta_2 q_i^{\mathrm{b}} + \theta_2 q^{(c,k)}$，其中 $\sum_{i \in J} x_{ik} q_i^{\mathrm{b}}$ 是路区内各个 AOI 内部进行揽配的作业时长之和，$q^{(c,k)}$ 是从营业部往返路区的运输时长，作业时长越长对快递员的激励作用越差，是负向"收入"。我们通过对真实收入和工作时长进行加权求和来表示路区的折算收入，表示为 $\theta_1 \sum\limits_{i \in J} x_{ik} q_i^{\mathrm{a}} - \theta_2 \left(\sum\limits_{i \in J} x_{ik} q_i^{\mathrm{b}} + q^{(c,k)} \right)$，折算收入越高对快递员的激励作用越好。

因此，实现不同路区的均衡这一优化目标可以表示为最小化"最好"路区的折算收入 $q_{\max}$，其中

$$q_{\max} \geqslant \theta_1 \sum_{i \in J} x_{ik} q_i^{\mathrm{a}} - \theta_2 \left(\sum_{i \in J} x_{ik} q_i^{\mathrm{b}} + q^{(c,k)} \right), \forall k \in K$$

$$q^{(c,k)} = \frac{1}{V} \sum_{i \in J} (2 d_i r_{ik}), \forall k \in K$$

8.3.4　数学模型

通过对上述约束条件和目标函数的整合，整个路区划分问题可以用一个混合整数规划模型表示：

$$\min_{x,y,r,F} \quad q_{\max} \tag{8.1}$$

$$\text{s.t.} \qquad \sum_{k \in K} x_{ik} = 1, \forall i \in J \tag{8.2}$$

$$q_{\min}^{\mathrm{a}} \geqslant \phi q_{\max}^{\mathrm{a}} \tag{8.3}$$

$$q_{\min}^{\mathrm{a}} \leqslant \sum_{i \in J} q_i^{\mathrm{a}} x_{ik} \leqslant q_{\max}^{\mathrm{a}}, \forall k \in K \tag{8.4}$$

$$\sum_{i \in J} F_{0i} = m \tag{8.5}$$

$$\sum_{j \in J} F_{ij} + 1 = \sum_{j \in J \cup \{0\}} F_{ji}, \forall i \in J \tag{8.6}$$

$$m \left(\sum_{k \in K} y_{ijk} \right) \geqslant F_{ij}, \forall (i,j) \in E \tag{8.7}$$

$$0 \leqslant x_{ik} + x_{jk} - 2 y_{ijk} \leqslant 1, \forall (i,j) \in E, k \in K \tag{8.8}$$

$$y_{ijk} = y_{jik}, \forall (i,j) \in E, k \in K \tag{8.9}$$

$$\sum_{i \in J} r_{ik} = 1, \forall k \in K \qquad (8.10)$$

$$m \sum_{k \in K} r_{ik} \geqslant F_{0i}, \forall i \in J \qquad (8.11)$$

$$r_{ik} \leqslant x_{ik}, \forall i \in J, k \in K \qquad (8.12)$$

$$q_{\max} \geqslant \theta_1 \sum_{i \in J} x_{ik} q_i^{\mathrm{a}} - \theta_2 \left(\sum_{i \in J} x_{ik} q_i^{\mathrm{b}} + q^{(c,k)} \right), \forall k \in K \qquad (8.13)$$

$$q^{(c,k)} = \frac{1}{V} \sum_{i \in J} (2 d_i r_{ik}), \forall k \in K \qquad (8.14)$$

$$x_{ik}, y_{ijk}, r_{ik} \in \{0,1\}, F_{ij} \geqslant 0, F_{0i} \geqslant 0, \forall i, j \in J, k \in K \qquad (8.15)$$

式（8.1）为目标函数，考虑了不同路区间收入与工作难度的均衡；式（8.2）保证了所有 AOI 在路区划分时都能被覆盖；式（8.3）~式（8.4）限制了不同路区的收入差距；式（8.5）~式（8.12）通过一个水量分配模型，保证了同一个路区的各个 AOI 之间都是相互连通的；式（8.13）~式（8.14）是对"最好"路区折算收入的表示；式（8.15）是对决策变量的定义。

以上是实现路区合理划分和不同路区间平衡的基础路区划分模型，虽然是基础模型，但可以看到模型的约束条件已经比较复杂，这主要是因为使用水流模型来实现每个路区内的 AOI 紧密连接且能够测算路区和营业部的距离本身比较复杂。我们可以在此模型的基础上进行各式各样的调整以解决企业不同场景的需求，比如，企业可能并不明确应该划分出多少个路区，确定的是路区单量或收入水平范围，因此在模型中路区的数量 m 就成了一个变量。

企业还可能希望划分的路区内 AOI 的分布比较聚集。为了实现这一目标，我们可以用一个路区内所有 AOI 的经纬度覆盖范围来定义这个路区地理的聚集度。具体可参考 8.2.2 节中介绍的内容。

8.4　路区划分案例分析

8.4.1　背景描述

现在需要对一个营业部的服务范围进行路区划分，该营业部拥有 24 名快递员，其服务范围覆盖 40 个小区，表 8-1 展示了各个 AOI 的具体信息。各小区的配送和揽收的需求、每件所需时间和每件重量均随机生成：配送需求量服从[40, 80]区间的均匀分布；揽收需求量服从[15, 30]区间的均匀分布；各小区内的每单配送时间服从[30s, 150s]区间的均匀分布，以刻画不同小区类型的差异；各小区内每单揽收时间服从[150s, 750s]区间的均匀分布，以刻画不同客户类型的差异；所有 AOI 中配送或揽收每单的收益都是 2 元。

随机生成的每日总配送单量为 2157，总揽收单量为 878，以每单收入 2 元计算，该营业部的快递员每日的揽配业务总提成约为 6000 元；对应地，满足这些需求所需要的实际揽配时长约为 170 小时。考虑到快递员的休假需求，在这个营业部内划分 20 个路区较为合理。

为了防止问题的规模过大，我们可以分阶段、分层级，对营业部内的 AOI 进行划分。例如，在第一阶段，可以先以小区为单位，将这 40 个小区划分为 4 个配送区域，每组分别由 6 名快递员负责。进一步地，在第二阶段，可以用类似的方法，以小区内的楼栋、快递柜、驿站等为单位，基于更精细化的数据，将每个配送区域进一步划分为 5 个小路区，从而完成对 20 名快递员工作范围的划分。下面，我们将以第一阶段的划分为例，展示模型的求解结果并进行分析。

表 8-1　AOI 信息

AOI 编号	经度	纬度	揽收单量	派送单量	每单揽收时间（s）	每单配送时间（s）	与营业部距离（m）
0	116	40	25	59	660	72	4400
1	116.007	40	22	45	237	91	3630
2	116.014	40	26	46	326	87	2860
3	116.021	40	19	66	725	42	2090
4	116.028	40	18	55	566	104	1980
5	116.035	40	25	46	329	39	2750
6	116.042	40	16	52	694	58	3520
7	116.05	40	21	40	435	145	4400
8	116	40.007	26	68	214	52	3630
9	116.007	40.007	15	53	386	72	2860
10	116.014	40.007	27	68	376	100	2090
11	116.021	40.007	21	45	192	82	1320
12	116.028	40.007	27	52	393	107	1210
13	116.035	40.007	16	52	496	62	1980
14	116.042	40.007	16	44	280	101	2750
15	116.05	40.007	17	79	533	54	3630

AOI 编号	经度	纬度	揽收单量	派送单量	每单揽收时间（s）	每单配送时间（s）	与营业部距离（m）
16	116	40.015	22	62	362	88	2750
17	116.007	40.015	18	43	233	84	1980
18	116.014	40.015	26	67	525	133	1210
19	116.021	40.015	16	59	613	133	440
20	116.028	40.015	21	57	444	56	330
21	116.035	40.015	28	57	210	93	1100
22	116.042	40.015	29	42	631	86	1870
23	116.05	40.015	23	53	554	83	2750
24	116	40.023	23	65	497	105	3630
25	116.007	40.023	25	45	515	146	2860
26	116.014	40.023	22	57	612	143	2090
27	116.021	40.023	26	45	554	145	1320
28	116.028	40.023	21	48	571	41	1210
29	116.035	40.023	22	50	274	99	1980
30	116.042	40.023	24	40	553	58	2750
31	116.05	40.023	16	49	308	88	3630
32	116	40.03	15	74	553	125	4400
33	116.007	40.03	28	43	512	64	3630
34	116.014	40.03	18	47	298	60	2860
35	116.021	40.03	20	58	600	53	2090
36	116.028	40.03	25	60	615	112	1980
37	116.035	40.03	29	44	615	148	2750
38	116.042	40.03	21	56	357	147	3520
39	116.05	40.03	23	66	720	149	4400

40 个小区的位置和邻接情况如图 8-5 所示，每个小区按照其编号从小到大的顺序在示意图中从左到右、从上至下排列。可以看出这 40 个小区并不是以网格状两两连接的，而是考虑了一些地理区隔的影响，对部分边进行了移除。相邻小区之间的经纬度差异均为 0.007 度，实地距离约为 600 ~ 770m。

结合实际情况后，设置模型内的其他参数值，以 $\theta_1 = 1$ 作为基准，并通过问卷调查和计算，发现每单位工作时长（秒）对快递员造成的负面影响约等价于 0.003 元，故取 $\theta_2 = 0.003$ 进行折算收入的计算。

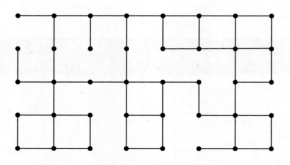

图 8-5   40 个小区的地图示意

　　还有一个重要的参数需要确定：各路区折算前收入的均衡系数 ϕ。这一参数约束了收入最低路区和收入最高路区之间收入的最小比值。因此，选择更大的参数，将有利于减小不同路区之间的收入差距；选择更小的参数，则能够制造不同路区之间收入的差异，从而为不同能力梯度的快递员分配适合的路区，激发快递员的工作积极性，实现人尽其才。为了对比不同程度收入均衡下的结果，我们设置 ϕ 的取值分别为 0.85、0.87、0.90，在三种情况下分别对模型进行求解。

8.4.2 结果分析

　　通过问题描述建立数学模型，我们将这个案例表述为一个标准的混合整数规划模型。当需要考虑的 AOI 数量和划分的区域数量不是太大时，这一问题可以利用 Gurobi 编程求解。

　　利用 Gurobi 对问题进行求解主要分为三个步骤：首先，读入各个 AOI 的单量、位置、揽配时间等参数，并将各个 AOI 之间的邻接信息表述为容易处理的数据格式；其次，将模型的决策变量、目标函数和约束条件用计算机语言表示，并输入求解器进行求解；最后，基于所得到的解，形成 AOI 在各个路区中的划分方案。相关案例代码见资源文件中的代码清单 8-1。

　　分别对 $\phi = 0.85$、$\phi = 0.87$ 和 $\phi = 0.90$ 三种参数设置的情况进行测试。得到的求解结果表明，当 $\phi = 0.85$ 时，所划分的四个配送区域的总收入分别为 1404 元、1426 元、1614 元和 1626 元；四个配送区域的折算收入分别为 1002.10 元、1063.56 元、1074.04 元和 1068.11 元，其极差分别为 222 元和 71.94 元，路区地理位置离散化指标为 0.116。而在 $\phi = 0.87$ 和 $\phi = 0.90$ 的情况下，总收入的极差分别为 204 元和 126 元，均有一定程度的减小。然而，折算收入的极差分别为 78.82 元和 106.57 元，路区离散化指标分别为 0.118 和 0.119，相比 $\phi = 0.85$ 时都有所提高。可见，进一步收紧路区收入均衡性的约束降低了可行域的大小，对解的质量造成了负面影响。

　　在以上三种参数设置的情况下，优化后的路区划分方案分别如图 8-6、图 8-7、图 8-8 所示。可见，求解模型得到的划分方案均可以保证路区内部区域的连通性，且形状都较为规整，地理聚集度好，可以满足实际业务的需要。

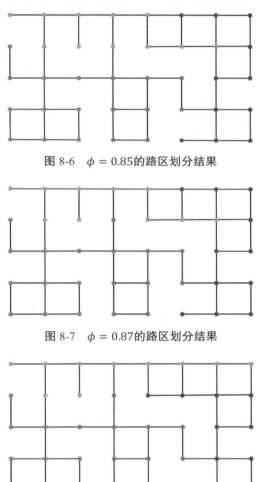

图 8-6　$\phi = 0.85$的路区划分结果

图 8-7　$\phi = 0.87$的路区划分结果

图 8-8　$\phi = 0.90$的路区划分结果

8.5　本章小结

　　本章针对在"最后一公里"场景中的路区划分问题，考虑了路区划分的规范性，以及不同路区之间配送难度和收入的均衡性，借鉴了水流模型的经典思想，建立了基于 AOI 底层数据库的路区划分模型。通过该模型，可以实现以下目标：避免传统人工路区划分过程中可能出现的路区重叠、留白、插花、飞地、跨越建筑物等弊端；保证路区划分方案对营业部业务范围内所有地点的全覆盖，以提高运单自动化分配的成功率；保证路区内部区域的连通性，并降低同一路区内部的地理跨度，提高路区形状的规整度，从而尽可能减少快递员在路区内不同地点间奔波的耗时；促进各路区之间收入和工作难度（配送时长）的匹配；鼓励快递员多劳多得，充分调动快递员的工作积极性，为不同能力梯度的快递员分配适合的路区，在相对公平的前提下实现人尽其用；平衡不同路区之间的收入差距，防止出现薪资参差不齐的现象。

智能供应链计划篇

第9章
CHAPTER 9

品类：商品分仓备货

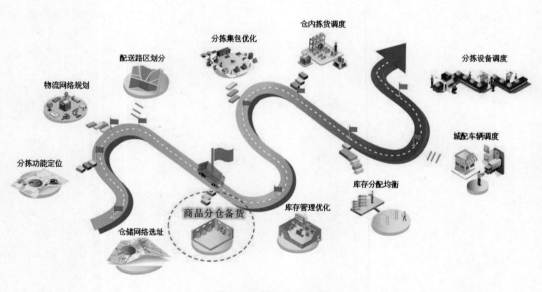

图 9-1　商品分仓备货

现在进入第二阶段，即智能供应链计划篇。在计划篇，首先介绍在入库环节如何决定各个商品应该在哪个仓库中存储，在不超过仓库最大承受力的前提下，降低拆单率并且提高仓容利用率，如图 9-1 所示。

9.1 背景介绍

电子商务迅猛发展，消费者对商品的需求日益多元化，推动了商品供给的爆炸性增长。以阿里巴巴为例，截至 2020 年，其商品 SKU 数就已经突破 10 亿。与此同时，消费者对商品从下单到最终交付的时间要求也日益严苛。因此，如何缩短出库、分拣、配送等全流程的履约耗时，已成为电商企业的核心竞争方向。对于电商企业来说，品类的爆炸性增长带来庞大的存储需求，以及服务体验提升的需求，令企业面临高经营成本的挑战。在这种背景下，越来越多的电商企业选择分仓备货的物流模式，通过商品的分散化存储来抵御集中发货造成的资源紧张和时效降低的风险。

分仓备货是指在某一区域内建设若干仓库来处理商品的存储和销售的问题。分仓备货提高了订单的处理效率，即使在单量激增的促销时期，也能显著地分散单量，减少仓库爆仓的风险，极大地缩短了订单出库的总体耗时。同时，分仓备货在配送方面也具有较高的灵活性，可以实现多商家、多物流企业之间的资源共享。

虽然分仓备货的仓配模式减轻了商品存储压力，提高了出库效率，但也使电商企业面临新一轮的挑战。其中，最大的挑战来源于订单履约的拆单问题。拆单是指在订单履约过程中，将原本一个订单拆分成多个子订单分别进行处理和发货的操作。拆单的出现通常源于以下几个方面的原因：

- 库存分布不均：一个订单中的商品被分散存储在不同仓库中，需要拆分订单以从不同地点发货。
- 配送时间要求不同：一个订单中的商品有不同的交付时间要求，为了满足客户的紧急需求，需要将订单拆分以进行快速配送。
- 商品属性不同：一个订单中的商品具有不同的属性，需要拆分订单以进行分别处理。比如牛奶饮品和宠物生活的商品就需要拆分成不同的包裹进行打包和配送。

拆单的合理运用可以提升时效和订单处理的灵活性。然而，过度拆单也可能导致物流成本增加、订单处理复杂化等问题。对于消费者而言，订单拆单可能会导致多次收货，影响其体验。对于企业而言，订单拆单会带来额外的运营和配送成本，如增加包裹导致的耗材成本、增加分拣操作导致的人力和设备成本、增加配送环节导致的运输成本等。研究表明，拆单会增加电商企业的订单配送成本，具体而言，10%～15%的拆单率会增加 3.75%～6%的配送量。以 Amazon 在公开财报中的配送成本计算，拆单导致的额外配送成本为 2.6～4.2 亿美元。如果能够通过降低拆单率，降低这部分额外的配送成本，那么无疑可以大幅提高企业的利润率，增强企业竞争力。

　　库存分布不均是导致拆单的最主要的因素。图9-2 展示了不同库存商品分仓存储方式下的订单履约情况，其中，商品 A、B、C 的销量和分仓后仓库 1 的产能需求如图9-3 所示。

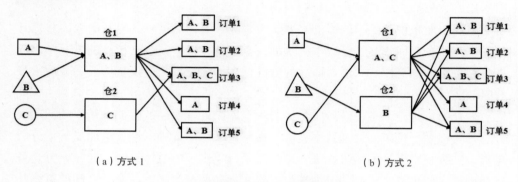

（a）方式1　　　　　　　　　　　　　　　　（b）方式2

图 9-2　商品分仓示例

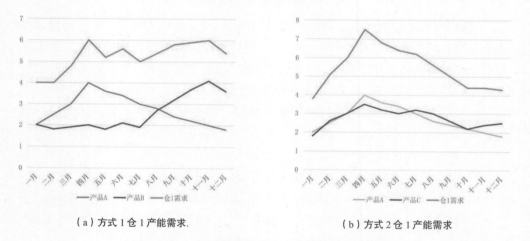

（a）方式1仓1产能需求.　　　　　　　　　　（b）方式2仓1产能需求

图 9-3　不同商品分仓方式下仓1产能需求

　　图 9-3 中的蓝色曲线描述了 A、B 两种商品在全年的销售出库单量情况。可以看出，商品 A 的销量高峰在上半年，商品 B 的销量高峰在下半年，将商品 A 和商品 B 放在同一仓库中，可以实现产能削峰填谷的效果。即，商品 A、B 的销量在上下半年可以互补，使得仓 1 的整体产能在全年每个月份趋于平稳。而对于方式 2 来说，商品 A、C 的销量都在上半年较高，下半年偏低，如果将商品 A 和 C 放在仓 1 中，则会导致仓 1 上半年产能利用率较高，而下半年产能利用率偏

低，导致仓 1 在全年的产能利用率波动较大，造成仓 1 下半年的仓储资源浪费。

从订单拆单的角度对比两种存储方式，在订单 1～订单 5 的订单结构下，若采用方式 1 的分仓方式，商品 A 和商品 B 放在同仓中，则可以使大部分订单由同仓配送，减少拆单带来的配送成本。如订单 1、2、5，如果商品 A、B 放在同仓中，则这些订单都可以由仓 1 发出。在 5 个订单中，按方式 1 的分仓方式，只需要拆成 6 个包裹。但方式 2 需要拆成 9 个包裹进行配送，会导致额外的耗材、运输等成本。因此，无论在资源利用率还是拆单方面，相较于方式 2，方式 1 的分仓方式是更优的。上述案例表明，合理的商品分仓方式可以降低拆单率，同时平衡库存及产能的峰值和低谷，提升仓库利用率、降低爆仓风险。

针对商品分仓决策优化问题，目前主流的思路有两种，一是考虑商品需求特征，二是考虑商品的关联性。考虑商品需求特征的方法可以分为两步：

（1）筛选用户经常购买的高频商品，并分配给每一个仓库。

（2）在仓库的容量约束下分配剩余产品。

考虑商品需求特征的方法也被称为热销品算法，它往往只关注高频销售的头部商品，可以改善包含高消品的拆单情况。但从供给端考虑，将高销品分散在不同仓库中，会增加供货商备货的难度，同时使得仓配系统趋于冗余，不利于仓储运营管理，也易造成仓储资源的浪费。考虑商品关联性的方法，则使用关联性挖掘算法（FP-Growth、FP-Tree 等），获取同一订单下商品的关联信息，优先将关联性高的商品放到同一个仓库中。通过将高频次出现的同一订单中的商品组合尽量放到同一个仓库中来减少拆单。在本章接下来的内容中，将介绍如何通过考虑商品关联性，调整仓群内商品，实现品仓关系优化，减少拆单情况，同时提升资源利用率，达到降本增效的目标。

9.2　问题描述

商品分仓备货主要回答商品应该在哪个仓库中存储的问题，主要包含两个组成元素：商品和仓库。

9.2.1　商品

从最终结果的角度考虑，显然方案的粒度越细，方案越灵活、越精细，例如决策每一个 SKU 去哪个仓库。但由于实际存在的商品 SKU 种类较多，能够达到百万甚至千万的量级，以 SKU 的维度建立优化模型进行决策，从问题规模的角度考虑，势必引入同等量级的决策变量，过大的问题规模将导致较低的求解效率与较差的解。另外，SKU 维度的方案也大大增加了核验方案的难度，因此有必要对商品进行一定程度的提前聚合。

在聚合方面，不同的聚合方式将产生不同的商品集合，如从实际销量的角度出发，商品可以分为高销品、低销品、滞销品等；从实际物理属性的角度出发，商品可以根据一定的标准分为小件型、中件型、大件型等；从消费者的感知出发，通过对需求类别进行分类，不同商品通常被划分为不同的品类。每个 SKU 都可以被划分为一定的品类，如无线耳机可能属于 3C 品类等。根据需要，品类的颗粒度也可以进一步细化，如 3C—数码—耳机等。

之所以选择从商品品类的角度进行分仓决策，是由于从供应商的角度出发，通常同一供应商的品类较为单一。使相同的品类聚合，减小了供应商送货的难度，便于与供应商沟通调整；另外，从实际订单履约的现状出发，分析消费者的消费行为可以发现，一次购物下单同一品类不同品牌 SKU 的情况较多，从品类角度聚合商品本身即可降低订单履约拆单率。目前基于人工经验制定商品分仓方案通常也遵循相同品类集中的原则。

9.2.2　仓库

仓库作为存储商品的物理空间，其上限直接决定了所能容纳商品的多少，通常考虑的上限维度主要包括以下几种：

- 件数储能上限：仓库最多可以存储的商品件数。
- 产能上限：通常分为入库产能上限、出库产能上限。仓库实际出入库能力的上限通常受人力资源、机器产线资源等限制。
- 储位数量上限：仓库拥有的所有货架仓储格位数量。
- SKU 数量上限：仓库所能容纳的总 SKU 种类数量，如果认为一种 SKU 仅占用仓库的一个储位，则对于仓库而言，SKU 数量的上限即等于所拥有的储位上限。
- 体积上限：仓库可用于存放商品的分区总体积上限。

基于上述在仓库运营过程中总结出的上限维度，本章的商品分仓备货问题可以描述为：在考虑不同仓库的上限的前提下，通过对仓群内不同仓库之间的不同商品品类进行重新分配和重新组合，实现不同品类之间产能和储能变化的峰谷匹配，以减少使用仓库的数量，提高同一仓库内品类之间的关联度以降低订单履约的拆单率。

具体而言，对于产能和储能的峰谷匹配，如品类取暖器在冬天所需要的储能和实际的出库产能都相对更高，而品类空调等在夏天的需求量更大，如果两者组合存放在同一个仓库中，那么从仓库整体来看，一年内整体仓库的储能利用率和产能波动曲线都将更为平稳。对于品类关联度，可以通过分析历史订单中不同品类同时出现的频次构建品类关联度矩阵。将高关联度的品类尽量存放在同一个仓库中，使所有同时购买两种品类的订单都可以从同一个仓库履约；反之则至少需要发出两个包裹才能满足订单需求，这样便出现了拆单履约的情况，增加了额外的分拣、打包等环节成本及包装耗材的成本。

9.3 一品一仓的商品分仓模型

9.3.1 参数定义

根据 9.2 节的描述，我们建立运筹学模型求解商品品类与仓库的对应关系，该模型最终需要决策的是品类分别存储在哪个仓库中。首先定义模型要素。

1. 集合

- I：品类的集合。
- J：仓库的集合。
- T：月份的集合。

2. 参数

- P_j：仓库j的上限，可以是储能、产能等常见上限之一或多个的组合。
- p_{it}：品类i在t月存放在仓库中所需要的储能、产能等对应维度的日均占用量。
- $\text{corr}_{i_1 i_2}$：品类i_1和品类i_2的关联度。
- cof：目标函数加权系数。

3. 变量

- y_{ij}：0-1 变量，品类i是否放到仓库j中。
- $y_{i_1 i_2}^{\text{corr}}$：0-1 变量，品类$i_1$和品类$i_2$是否放在一起。
- $y_{i_1 i_2 j}^{\text{corr}}$：0-1 变量，品类$i_1$和品类$i_2$是否都放在$j$仓中。
- u_j：0-1 变量，仓库j是否被使用。

9.3.2   目标函数

1. 使用仓库的数量

该模型通过实现品类间的峰谷匹配，优化仓库储能、产能等的利用情况，尽可能减少仓库的使用数量。目标包含最小化仓库使用数量：

$$\text{obj}_1 = \sum_{j\in J} u_j \tag{9.1}$$

2. 品类关联度

该模型考虑通过品类的重新组合，减少实际订单履约的拆单率。通过分析历史订单，对不同品类出现在同一订单中的频次进行计数，并作为两个品类的关联度。通过考虑不同品类之间的关联度，目的是减少最终订单的拆单率，减少实际履约环节产生的包裹数量，降低环节成本。目标是最大化各个仓库品类组合的总关联度：

$$\text{obj}_2 = \sum_{i_1\in I}\sum_{i_2\in I} \text{corr}_{i_1 i_2} y_{i_1 i_2}^{\text{corr}} \tag{9.2}$$

9.3.3   数学模型

一品一仓商品分仓问题的模型的最终目标函数为

$$\max \sum_{i_1\in I}\sum_{i_2\in I} \text{corr}_{i_1 i_2} y_{i_1 i_2}^{\text{corr}} - 2\text{cof}\sum_{j\in J} u_j \tag{9.3}$$

常数 $\text{cof} = \sum_{i_1}\sum_{i_2}\text{corr}_{i_1 i_2}$ ，当所有品类全部放于同一仓库时，此时目标函数第一项所能取到的最大关联度的值为cof。该系数用于区分目标优先级，在本章中，减少仓库的使用的优先级高于关联度，使品类尽可能集中摆放，提高仓库利用率。

必须指出，本章考虑的商品分仓方案在最终落地执行环节主要通过逐步切换采购单中商品入库的仓库、原仓库内剩余商品自然消耗的方式进行品类的重新分配，执行环节不考虑实物搬仓，因此该模型没有增加实物搬仓造成的成本。在涉及实物搬仓的场景中，这部分成本通常不可忽视。

约束条件：

$$\sum_{j \in J} y_{ij} = 1, \forall i \in I \tag{9.4}$$

$$\sum_{i \in I} y_{ij} p_{it} \leqslant P_j, \forall j \in J, t \in T \tag{9.5}$$

$$y_{i_1 i_2 j}^{\text{corr}} \leqslant y_{i_1 j}, \forall i_1, i_2 \in I, j \in J \tag{9.6}$$

$$y_{i_1 i_2 j}^{\text{corr}} \leqslant y_{i_2 j}, \forall i_1, i_2 \in I, j \in J \tag{9.7}$$

$$y_{i_1 i_2}^{\text{corr}} \leqslant \sum_{j \in J} y_{i_1 i_2 j}^{\text{corr}}, \forall i_1, i_2 \in I \tag{9.8}$$

$$\sum_{i \in I} y_{ij} \geqslant M(u_j - 1) + 1, \forall j \in J \tag{9.9}$$

$$\sum_{i \in I} y_{ij} \leqslant M u_j, \forall j \in J \tag{9.10}$$

其中，式（9.4）表示对于任意的品类，出于便于管理的需要，要求一个品类只允许存储在一个仓库中；式（9.5）表示最终优化结果中仓库摆放的品类在各月份均不超出仓库存储能力的上限，品类 i 在 t 月存放在仓库中所需要的产能和储能等对应维度的日均占用量 p_{it} 通常依赖于预测技术，在此处作为已知参数；式（9.6）～式（9.8）描述任意两个品类是否被存放在了一起，当两个品类被存放在一起时，标志变量 $y_{i_1 i_2}^{\text{corr}}$ 才能取 1；式（9.9）与式（9.10）是仓库是否被使用变量与品仓关系变量的对应关系，对于任意仓库，当品类被分配到该仓库时（左侧项不为 0），标志仓使用的 0-1 变量必须为 1，即当仓库中存放了任意品类时，仓库自然被启用。使用大M法建立线性化约束，M 为一适当大的常数。

综合式（9.3）～式（9.10），建立品类不可分仓的商品分仓完整决策模型如下：

$$\max \sum_{i_1 \in I} \sum_{i_2 \in I} \text{corr}_{i_1 i_2} y_{i_1 i_2}^{\text{corr}} - 2\text{cof} \sum_{j \in J} u_j$$

$$\text{s.t.} \quad \sum_{j \in J} y_{ij} = 1, \forall i \in I$$

$$\sum_{i \in I} y_{ij} p_{it} \leqslant P_j, \forall j \in J, t \in T$$

$$y_{i_1 i_2 j}^{\text{corr}} \leqslant y_{i_1 j}, \forall i_1, i_2 \in I, j \in J$$

$$y_{i_1 i_2 j}^{\text{corr}} \leqslant y_{i_2 j}, \forall i_1, i_2 \in I, j \in J$$

$$y_{i_1 i_2}^{\text{corr}} \leqslant \sum_{j \in J} y_{i_1 i_2 j}^{\text{corr}}, \forall i_1, i_2 \in I$$

$$\sum_{i \in I} y_{ij} \geqslant M(u_j - 1) + 1, \forall j \in J$$

$$\sum_{i \in I} y_{ij} \leqslant M u_j, \forall j \in J$$

上述模型变量包含连续型变量与整数型的 0-1 二元变量两种，约束与目标函数均为线性的，因此上述模型实际为一个混合整数线性规划模型，可以使用 Gurobi 直接进行求解。

分析上述模型的优化结果，部分仓库仍然剩余了较大的空间没有使用，方案整体的空间利用率仍有较大提升空间。这是由于品类的粒度较大，加之不允许品类分仓导致的，尽管目标函数最小化了使用仓库的数量，但实际存在某些特定品类的产能和储能等占用整体偏大，天生需要占用某些较大的仓库，且仓库的剩余空间无法完整地放下其余品类，此时这些仓库的利用率难以进一步提升，整体使用仓库的数量仍有优化空间。

为了解决这一问题，以该模型为基础适当放宽一个品类只能存放在一个仓库中的约束，允许品类进行一定的拆分，通过将大的品类拆分成数份来填仓，提高全局的仓容利用率。因此，下面进一步建立品类可分仓的商品分仓模型。

9.4　品类可分仓的商品分仓模型

9.4.1　参数定义

为了进一步提高仓容利用率，优化使用仓库的数量，下面建立品类可分仓的商品分仓模型。增加如下模型要素：

1. 集合

- J^m：存在主营品的仓库集合。
- I_j^m：仓库 j 的主营品集合。
- I^u：存在分仓数量限制的品类集合。
- I^e：不可以放置在一起的品类集合。
- V：件型集合。
- J^v：存在主件型的仓库集合。

- E_1：不能放在一起的品类与仓的集合。
- E_2：必须放在一起的品类与仓的集合。

2. 参数

- r_{iv}：品类 i 中 v 件型商品的件数占比。
- r_j^w：仓库 j 主件型商品的现状件数占比。
- v_j：仓库 j 的主件型。
- $N_i^{\max}$：品类 i 最大分仓数。
- S：目标系数，全部仓库与全部品类数量的乘积。

3. 变量

- x_{ij}：连续变量，表示品类 i 在仓库 j 中的分配比例。

9.4.2　目标函数

1. 使用仓库的数量

同式（9.1）。

2. 品类关联度

同式（9.2）。

3. 惩罚项

品类可分仓后，仅最大化关联度会导致品类实际分仓数过多。试想一种极端的情况：每个仓库都包含了全部的品类，在仅考虑组合而不考虑实际具体数量及 SKU 的情况下，所有订单的商品品类组合都可以由同一个仓库履约，此时的拆单率自然是最低的。因此必须限制品类分仓数，使得品类仍能尽量集中摆放。通过式（9.11）最小化方案中总的品类分仓数以实现这一要求：

$$p_1 = \sum_{i\in I}\sum_{j\in J} y_{ij} \tag{9.11}$$

从实际执行的角度，推荐的品类摆放方案需要考虑当前仓库的实际库存情况，以减少品类重新组合造成的与当前仓库的实际库存差距过大，需要自然消耗的商品库存过多的情况。本章主要通过考虑不同仓库的主营品类，奖励品类回归主营品类仓库的决策，减少品类随意分配的情况。最大化目标项如式（9.12）所示。

$$p_2 = \sum_{i \in I_j^m} \sum_{j \in J^m} y_{ij} \tag{9.12}$$

9.4.3　数学模型

该模型最终的目标函数如式（9.13）所示。

$$\max \sum_{i_1 \in I} \sum_{i_2 \in I} \text{corr}_{i_1 i_2} y_{i_1 i_2}^{\text{corr}} - 2S\text{cof} \sum_{j \in J} u_j - 2\text{cof} \sum_{i \in I} \sum_{j \in J} y_{ij}$$

$$+ \text{cof} \sum_{i \in I_j^m} \sum_{j \in J^m} y_{ij} \tag{9.13}$$

其中，最小化品类分仓数的系数绝对值需要大于品类关联度项的系数绝对值，避免出现品类过于分散的情况，该模型会优先最小化品类的分仓数，在尽量一品一仓的前提下，再优化品类摆放。该模型的最高优先级仍然是尽可能减少仓库的使用数量，S对应全部仓库数与全部品类数的乘积，节省一个仓库带来的收益（$2S\text{cof}$）总是大于品类分仓的损失。

相比 9.4.2 节一品一仓的商品分仓模型，除（9.6）~（9.10）可直接使用外，剩余约束条件如下：

$$\sum_{j \in J} x_{ij} = 1, \forall i \in I \tag{9.14}$$

$$y_{ij} \geqslant x_{ij}, \forall i \in I, j \in J \tag{9.15}$$

$$1 \geqslant x_{ij} \geqslant 0, \forall i \in I, j \in J \tag{9.16}$$

$$\sum_{i \in I} x_{ij} p_{it} \leqslant P_j, \forall j \in J, t \in T \tag{9.17}$$

$$\sum_{j \in J} y_{ij} \leqslant N_i^{\max}, \forall i \in I^u \tag{9.18}$$

$$\sum_{i \in I} x_{ij} r_{iv_j} p_{it} \geqslant r_j^w P_j u_j, \forall j \in J^v, t \in T \tag{9.19}$$

$$u_{j_1} \geqslant u_{j_2}, \forall j_1, j_2 \in J, j_1 < j_2 \tag{9.20}$$

$$y_{i_1 j} + y_{i_2 j} \leqslant 1, \forall i_1, i_2 \in I^e, j \in J \tag{9.21}$$

$$y_{ij} = 0, \forall (i, j) \in E_1 \tag{9.22}$$

$$y_{ij} = 1, \forall (i, j) \in E_2 \tag{9.23}$$

其中，式（9.14）与式（9.15）是允许品类分仓后，连续变量与离散变量的关系；式（9.16）表示品类分配的比例应当在 0～1 之间；式（9.17）同式（9.5），限制最终方案的品类摆放不超过仓库整体容纳能力；式（9.18）限制了某些特定品类的分仓数；式（9.19）考虑品类与仓库的件型的匹配关系，这里的件型本身是具体到 SKU 维度的概念，对于一个 SKU 的边长、体积，根据一定的标准划分为不同的件型。仓库货架与商品的物理属性需要匹配，如很难将很大的商品放置到全是为小商品准备的储位格里。通过统计各个品类当前的实际件型的库存件数占比，约束优化后各仓库的主要件型的比例需要不低于优化前来尽量减小最终方案带来的库内货架改造的工作量。式（9.20）描述了仓库使用存在的优先级关系，式（9.21）～式（9.23）描述了品类之间及品类与仓库之间的一些特殊关系，分别对应了某些品类不能存放在一起、某些品类不能存放到某些仓库中、某些品类必须存放到某些仓库中。这些约束均对应了实际运营条件的一些限制，如数码类的商品与容易洒漏的液体不能放置在一起，否则可能会增加商品损坏的风险；某些仓库的资质要求导致了其不能或必须存放一些品类。

允许品类分仓的模型由于以最小化使用仓库的数量为第一优先级，允许大的品类拆仓填仓，因此提高了最终方案的仓容利用率；同时通过增加一些实际现场运营条件的约束提高了方案的实际落地性，如模型考虑主营品的目的之一就是减少需要调整的货物数量，在数据处理时就根据品类的当前库存情况给出仓库的主营品信息，主营品往往是某些大部分库存都在这个仓库中的品类。算法推荐这些主营品调整后也存储在该仓库中，尽量减少调整数量，提高算法落地性。但对于方案的最优性评价，在考虑主营品、件型等约束后，一部分品类实际上已经被固定在了某些特定的仓库中，品类的摆放受到了众多现实因素的影响，实际优化空间有所减小。在最终的算法方案中，理想的算法方案与业务认知的现实在某个节点达到了微妙的平衡。事实上，这样的博弈与取舍每时每刻都在发生。算法能力服务业务需求，业务认知反哺算法迭代，在动态的平衡中推动企业信息化、数智化的进程。

9.5　商品分仓备货案例分析

9.5.1　背景描述

某电子商务公司在某一地区拥有 6 个备货仓库，在该地区销售的商品在这 6 个仓库中零散分布，同时六号仓库是刚启用的仓库，当前利用率低，仍需要进行填品。因此，公司决定对每个仓库内的货物进行品类调整，考虑仓库的库存、体积、SKU 数量和产能的上限，利用当前仓库内存放的库存商品信息，通过分析历史订单获得品类关联度信息，优先把关联度高的商品放在一起从而降低订单履约拆单率。

输入数据主要包含仓库上限、品类关联度和库存信息三部分。仓库的上限信息通过规划仓容与历史使用情况得出，包含库存上限、体积上限、SKU 数量上限与产能上限。品类关联度根据历史一个月的销售订单分析同一订单下的商品组合得出，关联度越高，表示两个品类在历史订单中出现在同一个订单下的频次越高。库存信息是仓库当前的实际库存，包含库存、体积、SKU 数量、产能和各件型占比等信息。

下面给出 4、5、6 三个月份的品类信息，其中 5、6 月份的信息通过预测技术获得。同时，业务侧存在一些特定的要求：一号仓库不能放口罩、耳罩/耳包，另外，插座和线缆只能放在二号仓库。仓库的上限信息、品类关联度与库存信息的部分内容如表 9-1、表 9-2 与表 9-3 所示，完整数据见本书的资源文件。

表9-1　仓库上限信息

仓库编码	仓库名称	库存上限（件）	体积上限（m³）	SKU 数量上限（个）	产能上限（单）
1	一号仓库	430000	2600	57000	36000
2	二号仓库	630000	700	43000	34000
3	三号仓库	400000	2500	46000	30000
4	四号仓库	190000	5500	11000	16000
5	五号仓库	110000	900	12000	8000
6	六号仓库	100000	600	10000	10000

表 9-2　品类关联度信息

品类名称 A	品类名称 B	关联度
蜜饯果干	坚果炒货	9109
饼干/膨化	糕点/点心	8837
饼干/膨化	坚果炒货	7794
沐浴露	洗发水	7716
直插充电器	手机	7614
糕点/点心	坚果炒货	7449
牙刷	牙膏	7138
肉干肉脯	坚果炒货	7058
……	……	……
键盘	鼠标	394
扫把簸箕	抹布/百洁布	394
洗衣皂	卫生巾	392

表 9-3 品类维度信息

仓库编码	仓库名称	品类名称	4 月库存（件）	5 月库存（件）	…	B 件型占比	C 件型占比
1	一号仓库	插座	2158	3200	……	0.46	0
1	一号仓库	线缆	707	1046	……	0.14	0
1	一号仓库	机身附件	35	46	……	0	0
1	一号仓库	赠品	108	34	……	0.20	0
1	一号仓库	饮用水	16	14	……	0.75	0
1	一号仓库	5G/4G 上网	68	90	……	0.10	0
…	…	…	…	…	…	…	…
6	六号仓库	剃须刀	6	9	……	0	0
6	六号仓库	加湿器	3	13	……	0	0
6	六号仓库	牛奶乳品	11211	8724	……	0.544	0
6	六号仓库	白酒	1621	1929	……	0.61	0

9.5.2 结果分析

通过问题描述建立数学优化模型，我们将案例表述成一个混合整数规划模型。当需要考虑的品类数量和仓库数量不太多时，这一问题可以直接调用 Gurobi 进行求解。相关案例代码见资源文件中的代码清单 9-1。

该方案优化得到的品类总关联度为 650704，通过对历史七天订单的拆单率进行订单出库的寻源仿真，仓群下七日订单整体拆单率从约 9.2% 降至 8.5%，每周减少包裹约 2940 个，每个包裹的成本按 2 元测算，年降本约 15 万元。图 9-4 显示了优化前后品类数量的情况，该方案平衡了整体品类的分布情况，将关联度高的品类优先存放在一起。

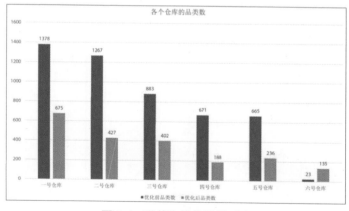

图 9-4 现状和优化结果对比

表 9-4 展示了优化前后各个仓库的库存、产能、SKU 数量与体积的情况。优化方案明显提高了六号仓库的库存利用率，从 30% 左右提升至 70% 左右，其余仓库整体的变化不大，优化后各个仓库的利用率更加均衡，如图 9-5 所示（这里仅保留利用率变化较大的二、四、五、六号仓库）。

表 9-4　仓库优化前后指标对比

	优化前库存（件）	优化前产能（单）	优化前SKU 数量（个）	优化前体积（m³）	优化后库存（件）	优化后产能（单）	优化后 SKU 数量（个）	优化后体积（m³）
一号仓库	296421	8182	30855	1193.62	297173	7692	29407	1259.39
二号仓库	363818	10900	31155	287.76	329446	9503	30867	493.26
三号仓库	274329	8041	24508	1764.21	272232	8702	23839	1788.20
四号仓库	84479	3386	8111	2241.37	86652	3711	7216	1650.48
五号仓库	65200	1075	7134	460.08	76427	1352	8063	779.04
六号仓库	32442	1017	2056	310.89	55346	1670	4501	329.14

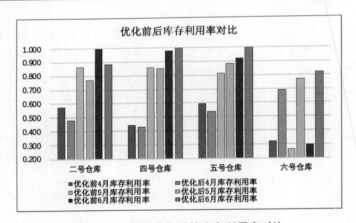

图 9-5　现状和优化后的库存利用率对比

从本案例可以看出，优化商品的布局能够提高仓库内品类关联度，降低整体订单履约拆单率。同时，各个仓库的库存利用率较优化前也更加均衡，在应对库存波动时有明显的优势。

9.6　本章小结

本章针对商品分仓的决策优化问题进行研究，针对仓群内不同仓库与不同商品，决策各个商品最终储存到哪个仓库。通过考虑仓库上限、品类与品仓关系等因素，首先构建了以最小化仓库使用数量、最大化品类关联度为目标的一品一仓商品分仓模型。针对结果中部分仓库的利用率仍然偏低的问题，松弛一品一仓约束，并最小化品类分仓数，进一步提出品类可分仓的商品分仓模型。优化结果表明，最终输出的品类与仓库的匹配关系能够显著提高商品品类聚合度，提高仓库利用率，并通过将高关联的品类摆放在一起降低订单实际履约拆单率。

　　本章中的问题规模与商品实际分类方式有关，在商品分类更为精细的情况下，实际模型变量、约束规模都会成倍增长。在这种情况下，直接使用求解器求解可能较为困难，需要结合一些大规模行列生成算法加速求解。另外，从业务链路的角度来说，仓网规划、仓库选品、库内规划实际上是一个从上到下定仓、定品、定货架、定摆放的完整流程，必须从全局的角度出发考虑各个环节之间的关联与影响，才能获得理想的方案。

第10章

CHAPTER 10

库存：库存管理优化

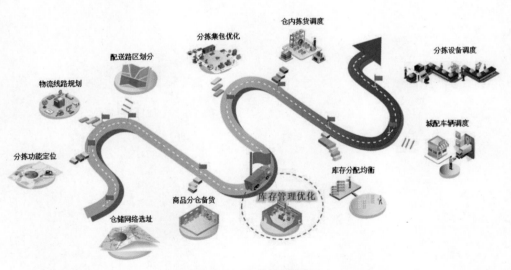

图 10-1　库存管理优化

在制订备货计划之后，紧接着需要关注的是库存管理优化（见图 10-1），即库存补货策略。由于各类商品的补货周期和目标库存水平各不相同，确定合适的补货时间和数量成为库存管理中需要优化的核心问题。

10.1　背景介绍

库存管理是对企业生产、运营过程中所需各种资源进行管理和控制的方法，在满足用户需求的同时，通过持有合理库存来平衡缺货损失和库存成本。有效的库存管理是企业实现"降低成本，快速响应"的有力武器，其重要性在当今高度全球化的产业环境与日益激烈的供应链竞争下显得尤为突出。当下复杂而多变的市场环境为企业的库存管理带来了严峻的挑战。一方面，供应端和需求端具有高度的不确定性；另一方面，日益激烈的市场竞争驱使企业构建以客户需求为中心的供应链管理战略，这对企业的库存管理提出了更高的要求。其中，备件行业的库存管理因持有成本高、备件种类繁多及需求呈间歇性而面临特殊挑战。备件缺货会影响维修效率并损害品牌形象，而过量库存会增加成本，恰当的库存战略对提升服务水平至关重要。

在由工厂—经销商—消费者所组成的供应链中，上游为了及时满足下游的需求，提升下游客户的购买满意度，通常需要在自身节点中保持大量库存。受市场规律波动的影响，节点中的库存可能会因为不能及时出售而成为积压库存，造成极高的持有成本和较大的损失。面对不断波动的市场环境，如何设置和维持合理的库存水平，以平衡存货不足带来的缺货风险和库存冗余所增加的仓储与资金成本，已经成为企业亟须解决的供应链管理难题之一。

对于具有销量低、间歇性需求特征的产品或备件来说，制定合理的周期性库存策略尤为复杂。在机械工业领域，大部分的备件都具有该类特征，例如工程机械备件、汽车备件和工业油漆库存备件等。不同于销售连续、有明显需求特征的消费品，这类产品或备件的销售间隔通常较长。此外，此类备件大多具有高价值的特性，因此其持有成本通常较高，必须维持较低的库存水平。

在实践中，此类备件企业通常采用定期审查库存系统的方式进行库存管理，即以固定周期检查库存水平，决定是否向供应商下达采购订单以维持库存水平。在定期审查库存系统的方式下，传统的库存策略主要包括（r, Q）、（s, S）、（T, S）策略等。其中，（s, S）策略的核心思想如图 10-2 所示。该策略主要基于四个核心参数：补货点s、目标库存水平S、补货周期NRT和提前期VLT。基于（s, S）策略，管理者每隔NRT的时间周期检查一次库存水平，并根据当前的库存水平判断是否进行补货。具体来说，当目前库存水平$y < s$时，补货量为$S - y$，即把库存水平补到S；反之则不补货。

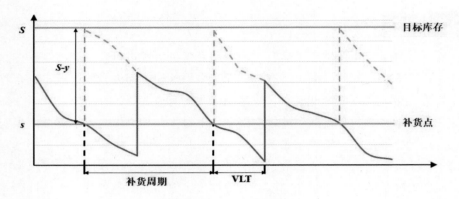

图 10-2 (s, S) 策略

实施（s,S）策略的主要挑战在于根据销量预测确定参数s和S。当前，对于间歇性低销商品尚无一种准确率高、适用范围广泛的需求预测方法。由于间歇性低销商品通常在一段较长的销售期内销量为 0，所以在偶尔发生一次销售行为后，现有的预测模型就会输出未来销量上升的预测信息，这导致（s, S）策略会给出较高的补货量建议，造成企业持有库存过多，增加了企业的库存持有成本。因此，现有的库存策略难以直接应用于低需求、间歇性需求备件的库存管理。

基于上述企业在库存管理实践中的挑战，本章主要讨论如何针对备件行业进行库存策略的重要决策。经过企业真实案例的验证，数智化运营和制定算法策略可以在保证下游需求满足率的基础上，实现库存成本的显著降低。

10.2　问题描述

对于备件经销商而言，库存管理的复杂性在于需要精确预测需求并优化库存水平，以保证对客户需求的及时响应。高位库存会造成资金占用和商品潜在贬值，而库存不足则可能导致客户等待时间延长，进而影响客户对企业的信任与满意度。在传统库存管理模式中，采购人员可能会依赖个人经验和直觉来判断采购时间和数量。这种方法的局限性在于缺乏精确的数据支持和科学的分析，导致企业无法有效平衡库存成本和服务水平。根据历史销售数据、市场趋势和预测模型等因素来引导采购决策，较之依赖个人判断，明显能更合理地把握采购时机和数量。

为了应对这一挑战，采用智能化的（s, S）库存管理系统可以显著提高备件库存的精确性。该系统集成了销售数据、预测模型和库存策略算法，从而为经销商提供了更准确的库存需求预估。它能实时监控备件库存水平，并结合市场需求进行自动化补货。此外，系统的库存报警功能可以及时提醒相关人员在库存水平降至预设阈值以下时进行补货，避免发生缺货。依托先进的库存管理系统，可以观察到备件库存水平得到有效控制，同时，客户需求得到了更迅速和精准的满足，客户满意度显著提升。这一变革不仅优化了客户体验，也为经销企业带来了直接的经济效益，包括但不限于降低库存持有成本、减少资金损耗，同时减轻了因库存过剩而带来的财务风险。

库存管理系统的运行需要依托一套数智化流程，本章所考虑的算法模型和控制策略就是基于该系统流程输出补货方案的。为了提高需求满足率，本章提出一套补货参数推荐模型，求得最优的补货点及目标库存水平。在保证需求满足率后，需要根据实际运营场景给库存运营人员提供更加灵活的策略去影响补货频次、采购单行数等结果。所以接下来将从补货参数推荐和补货频次优化两方面描述问题背景、数学模型，以及应用对应的算法。

10.2.1　补货参数制定困难

随着企业规模的扩大与商品种类的增加，对于 SKU（Stock Keeping Unit，库存单位）的管理也面临高复杂性。企业从管理数千个 SKU 发展到管理数十万个 SKU，这一转变带来了一系列挑战，其中最紧迫的是实现更精细化的运营管理。特别是在确定采购补货模型的参数时，如何高效、精确地管理各类 SKU 成为一个关键问题。

在以往的策略中，可能会提出按类别对 SKU 进行划分，并采用不同的运营手段，再由运营人员手动设定相关的分类参数。然而，这种方式可能无法达到最佳的操作精细度，参数的手动调整过程烦琐且易出错，不利于运营效率的提升。

因此可以设计智能化的决策机制来应对此问题，即可以利用运筹学领域的建模方法，并结合历史销量数据，通过数据建模手段为每个 SKU 确定最优的采购补货参数。这种方法可以实现参数的定时更新，减少人工干预的频率和复杂度，同时得到的参数更能贴合实际数据表现，符合最新的市场动态。

在具体实施库存管理（s,S）策略时，关键参数之一是服务水平 k。将服务水平与运营中的关键绩效指标（如库存周转天数）相结合，不仅为建模带来清晰的约束和目标，还能增强模型的实用性和准确性。为了推进此类机制的实施，本章将介绍一套自动化的库存参数推荐模型。该模型以精确把握问题要点为基础，通过数据分析和模型计算，为每个 SKU 提供科学合理的补货参数推荐，并以此引导采购决策，提升整个企业库存管理的精细度与效率。

10.2.2   补货频次难以控制

在现代企业运营中，库存补货作为一项关键的日常运营活动，其效率和效果对整个供应链的流畅性有着深刻影响。特别是对于业务快速发展的公司，每日需要处理大量 SKU 的补货工作，建立一个高效的补货流程至关重要。在蓬勃发展的企业中，补货运营人员每日可能需处理数千个 SKU 的补货任务。补货系统在为每个 SKU 自动计算出补货点和目标补货水平后，自动生成相应的补货单。该补货单列出了所需补货的商品及相应数量，而补货运营人员的职责在于审核并下发这些补货单。

企业并不是每日都进行补货，例如可以根据休息日的安排将补货频率定为周一至周六每日一次，周日休息。所以一周中不同日期的补货周期（NRT）不同，周一至周五的补货周期为 1 天，而周六的补货周期为 2 天，可以理解为周六需要比平常多补充 1 天的销量来确保周日的需求满足率。因此周六需要处理的补货单量会增加，相应地增加了周六当日运营人员的审批工作量。在补货单下发后，下游的工厂采购人员面临根据补货单所列 SKU 种类和数量进行采购的任务。不规律的补货周期可能导致采购人员的工作效率受到影响，特别是某些畅销 SKU 需要频繁补货而有些长尾品的补货频率则较低。

在现有的（s,S）策略中，补货点s一般等于提前期VLT内的总需求，目标库存S等于提前期加上补货周期NRT内的总需求。对于未来需求的预测，每一天都是不相同的，所以s和S对于每一天都不一样。现有的库存补货信息系统能够根据当日的s、S、期初库存、在途库存给出每日补货建议，指导下游采购人员下发补货单。但下游采购人员并不能通过修改参数有效地调整商品的补货次数。而运营和采购人员一般希望能控制一个商品在一定周期内的补货单数量，例如可能希望一周补一次货即可。

为了解决这些实际运营问题，本章提出了一种方法来根据参数灵活地调节不同 SKU 的补货次数。一方面，优化补货系统以实现一周中每日补货量的均衡，这将有助于降低特定工作日的工作压力。另一方面，引入运营人员对特定 SKU 的补货频率进行调整的机制，既能提高运营人员的参与度，也有利于改善固定补货周期带来的不便，从而提高整体的工作效率。

10.3   补货参数推荐

为了解决补货参数制定困难的问题，可以通过建立运筹优化模型来求解最优的补货参数。本节介绍该补货参数推荐模型涉及的数学符号及数学模型。

10.3.1　方案流程

在库存补货策略中，库存模型的计算需要用到一些参数，例如在计算安全库存（Safety Stock，SS）的时候，需要用到服务水平。其中安全库存的计算公式为

$$SS = Z_k \sqrt{(\mu_{\text{VLT}} + \text{NRT})\sigma_{\text{D}}^2 + \mu_{\text{D}}^2 \sigma_{\text{VLT+NRT}}^2}$$

其中k的取值为[0,1]，Z_k为需求分布的k分位点。例如当$k = 0.95$时，Z_k为需求分布的95%分位点。NRT是补货周期，指的是补货的频率，例如每天都进行库存补货，那么$\text{NRT} = 1$。μ_{VLT}、μ_{D}分别是VLT天数的均值和销量均值，σ_{D}、$\sigma_{\text{VLT+NRT}}$分别是销量标准差和（VLT + NRT）天数的标准差。当VLT 和 NRT天数固定的时候，$\sigma_{\text{VLT+NRT}}$和$\sigma_{\text{VLT+NRT}}$为 0，μ_{VLT}是常数。因此，除了需要对销量的均值和方差进行预测，不同商家对应的最优服务水平也是一个影响安全库存计算的重要参数。目前学界已有多种销量预测方法，这些内容不在本章讨论范围内，而如何确定不同商家的最优的k值是本章要考虑的问题。

目前针对k值的计算，一般采用机器学习预测的方法。此方法存在的问题是，进行模型训练的样本数据包括不同的服务水平（k）及对应的评价指标（未满足率&周转天数），这些数据来自库存仿真。因此模型训练的程度，以及模型预测的精度，受库存仿真结果影响十分严重。如果库存仿真过程出现偏差和错误，则模型的训练与预测结果会进一步放大错误与偏差，导致预测的最优服务水平出现严重偏差，进而计算的安全库存与补货量出现偏差。因此本章不使用库存仿真产生的中间数据，而直接使用原始数据，建立优化模型求解最优库存服务水平k，从而避免预测过程中出现不明原因与不可控制的误差。

图 10-3 所示的是如何求得最优服务水平参数的具体实现流程。首先获取各个商家与商品的基础数据，包括成本数据、库存数据及历史销量。其次是根据基础数据建立非线性规划数学模型，将模型中的非线性约束通过数学变换转化为线性约束，然后采用商业求解器进行求解。最终获得的最优解为针对该商家或者商品的最优服务水平参数。

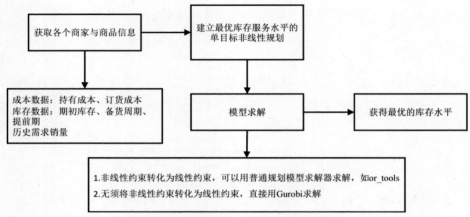

图10-3　求解最优服务水平参数的实现流程

10.3.2　参数定义

1. 集合

- I：商品集合。
- T：周期集合。

2. 常数和参数

- l_i：第 i 种商品的补货提前期。
- n_i：第 i 种商品的补货周期。
- h_i：第 i 种商品的持有成本。
- x_{i0}：第 i 种商品的初始库存。
- d_{it}：第 i 种商品在第 t 天的需求量。
- μ_{it}：第 i 种商品在第 t 天的需求量均值。
- σ_{it}^2：第 i 种商品在第 t 天的需求量方差。
- α：现货率要求。

3. 变量

- x_{it}：第 i 种商品在第 t 期的期末库存量，$x_{it} \geqslant 0$。
- y_{it}：第 i 种商品在第 t 期的缺货量，$y_{it} \geqslant 0$。
- q_{it}：第 i 种商品在第 t 期的补货量，$q_{it} \geqslant 0$。
- z_{it}^o：0-1 变量，表示第 i 种商品在第 t 期是否缺货（out of storage）。
- z_{it}^r：0-1 变量，表示第 i 种商品在第 t 期是否补货（replenish）。

- θ_i：第i种商品的服务水平k的分位数，$\theta_i = \Phi^{-1}(k)$。
- s_i：第i种商品的目标库存，中间变量。
- r_i：第i种商品的补货点，中间变量。

本模型考虑有限周期内的库存模型，旨在优化商品的服务水平；在本模型中，我们假设需求服从正态分布，且正态分布的均值和方差可以通过历史数据求得；在发生缺货时不允许延期交货，而是失去销售机会即失销（lost sales）；优化模型的目标为最小化有限周期内的库存持有成本。

（1）构建目标函数。

该模型以最小化总周期内持有成本为目标，其中h_i是商品持有成本，x_{it}是商品在周期t内的库存。

$$\min \sum_{i \in I} \sum_{t \in T} h_i x_{it}$$

（2）提前期内和提前期外的库存水平约束。

l_i为商品i的补货提前期，当$t \leqslant l_i$时，补货还未到达，所以这个周期内需求满足的约束可以表示为

$$x_{it} - y_{it} = x_{i,t-1} - d_{it}, \forall i \in I, t \leqslant l_i, t \in T \tag{10.1}$$

当$t > l_i$时，补货到达，所以这期间的库存水平需要加上到货量。

$$x_{it} - y_{it} = x_{i,t-1} + q_{i,t-l_i} - d_{it}, \forall i \in I, t > l_i, t \in T \tag{10.2}$$

（3）每一期的期末库存量和缺货量至少有一个为 0，采用大M法换算成线性约束为

$$x_{it} \leqslant M(1 - z_{it}^o), \forall i \in I, t \in T \tag{10.3}$$

$$y_{it} \leqslant M z_{it}^o, \forall i \in I, t \in T \tag{10.4}$$

（4）α为现货率，即缺货的概率小于或者等于$1 - \alpha$。

$$\sum_{i \in I} \sum_{t \in T} z_{it}^o \leqslant |I||T|(1 - \alpha) \tag{10.5}$$

（5）式（10.6）和式（10.7）分别定义了目标库存和补货点。

$$s_i = \mu_i(l_i + n_i) + \theta_i \sigma_i \sqrt{l_i + n_i}, \forall i \in I \tag{10.6}$$

$$r_i = u_i l_i + \theta_i \sigma_i \sqrt{l_i}, \forall i \in I \tag{10.7}$$

（6）本节采用（s, S）策略进行补货，即当现状库存小于补货点时，补货量 q_{it} 为 0；否则，补货量为目标库存水平减去现状库存。可以表示为

$$q_{it} = \begin{cases} 0, & \text{if} \quad x_{it} \geqslant r_i \\ s_i - x_{it}, & \text{otherwise.} \end{cases}, \forall i \in I, t \in T \qquad （10.8）$$

由于该约束是非线性约束，因此针对非线性约束的目标规划模型可以利用大 M 法，将 if-then 结构的非线性约束简化。主要方法如下所示。

引入 0-1 变量 z_{it}^r 和大数 M，则式（10.8）等价于式（10.9）~式（10.11）。

$$r_i - x_{it} \leqslant M z_{it}^r, \forall i \in I, t \in T \qquad （10.9）$$

$$r_i - x_{it} \geqslant M(z_{it}^r - 1), \forall i \in I, t \in T \qquad （10.10）$$

$$q_{it} = z_{it}^r (s_i - x_{i,t}), \forall i \in I, t \in T \qquad （10.11）$$

式（10.9）~式（10.11）用来判断 if 条件是否成立，如果 $z_{it}^r = 0$，则式（10.11）被松弛，$r_i - x_{it} \leqslant 0$、$q_{it} = 0$，式（10.8）的 if 条件成立。如果 $z_{it}^r = 1$，则式（10.10）被松弛，$r_i - x_{it} \geqslant 0$、$q_{it} = z_{it}^r (s_i - x_{it})$，式（10.8）中的 otherwise 条件成立。

综上所述，本章的数学模型可以汇总为

$$\min \sum_{i \in I} \sum_{t \in T} h_i x_{it}$$

s.t.

$$x_{it} - y_{it} = x_{i,t-1} - d_{it}, \forall i \in I, t \leqslant l_i, t \in T \qquad （10.12）$$

$$x_{it} - y_{it} = x_{i,t-1} + q_{i,t-l_i} - d_{it}, \forall i \in I, t > l_i, t \in T \qquad （10.13）$$

$$x_{it} \leqslant M(1 - z_{it}^o), \forall i \in I, t \in T \qquad （10.14）$$

$$y_{it} \leqslant M z_{it}^o, \forall i \in I, t \in T \qquad （10.15）$$

$$\sum_{i \in I} \sum_{t \in T} z_{it}^o \leqslant |I||T|(1 - \alpha) \qquad （10.16）$$

$$s_i = \mu_i(l_i + n_i) + \theta_i \sigma_i \sqrt{l_i + n_i}, \forall i \in I \qquad （10.17）$$

$$r_i = u_i l_i + \theta_i \sigma_i \sqrt{l_i}, \forall i \in I \qquad （10.18）$$

$$q_{it} = \begin{cases} 0, & \text{if} \quad x_{it} \geqslant r_i \\ s_i - x_{it}, & \text{otherwise.} \end{cases}, \forall i \in I, t \in T \qquad （10.19）$$

$$x_{it} \geqslant 0, y_{it} \geqslant 0, q_{it} \geqslant 0, z_{it}^{o}, z_{it}^{r} \in \{0,1\}, \forall i \in I, t \in T \qquad （10.20）$$

$$s_i \geqslant 0, r_i \geqslant 0, \theta_i \in (0,8), \forall i \in I \qquad （10.21）$$

10.3.3　小结

本节针对补货参数推荐这个问题进行了研究，考虑每个 SKU 的需求特异性，设计了在一定现货率约束下最小化库存成本混合整数优化模型，并利用求解器进行求解，进而得到 SKU 的每日目标库存和补货点，并根据库存水平判断何时触发补货，指导运营人员进行库存管理。这种技术手段的应用能够更加精确地控制库存水平，避免库存不足，提高需求满足率，为企业带来稳定和可持续的经营环境。

10.4 补货频次优化

上游库存策略模型给出的补货点和目标库存一般是固定的，下游采购人员只能根据当天计算的补货量和采购单进行商品补货。当上游给出的采购单数量波动很大时，会对下游的稳定运营产生较大的冲击。所以如果能给上游库存策略模型增加一个可供运营人员调整的参数，来达到调整商品的补货次数的目标，那么将会给运营人员进行库存管理提供更加灵活的操作空间。接下来介绍如何通过新增的运营参数来影响最终的补货频次。

10.4.1　参数p的介绍

为了控制补货次数，本章增加一个新参数p。通过调整参数p达到修改补货点、更改补货次数的目的。

现有的(s, S)策略如图 10-2 所示。随着时间的推移，库存水平逐渐下降。当库存水平下降到低于补货点s时，需要进行补货。y表示当前库存水平，补货量为$S - y$。而下发的补货单要经过VLT天才会到货。NRT表示检查周期，可以理解为每过NRT天检查一次库存水平，并根据当前的库存水平判断是否下采购单。

假设采购人员每天都检查一次库存，那么当补货点s和目标库存S越相近的时候，触发补货频率越高。例如，极端情况下补货点=目标库存，那么只要发生一次销售行为，采购人员就需要下发补货单以保证将库存水平提升到目标库存。如果补货点s和目标库存S相差较远，那么补货频率也会相对较低。目前的库存控制系统还未考虑到企业对于补货频率的需求，而是通过输出s和S生成补货建议。采购人员无法自主控制周期内每一天的补货单数量。如果企业希望一周中每一天的总补货次数较为平均，或者希望某一个 SKU 一周只补 1 ~ 2 次货，那么现阶段的库存控制系统还不能满足需求。

所以该补货次数控制方法能够通过新增参数 p 来调整补货点的大小，修改补货点和目标库存的距离，从而增加或降低一周的补货次数。如图 10-4 所示，通过自动调整参数控制补货点的高低，可以达到预设的补货次数，并且不影响目标库存。因为目标库存不变，只影响周期补货次数，所以最后达到的库存总量不变，不影响最后的客户需求满足率。当降低补货次数时，能够减少该企业上游工厂的出库压力和企业仓库的入库压力，提升上下游合作效率。并且可以通过调整不同 SKU 的补货频率，防止入库的时候多种商品积压在仓库门口，提升日均入库效率。

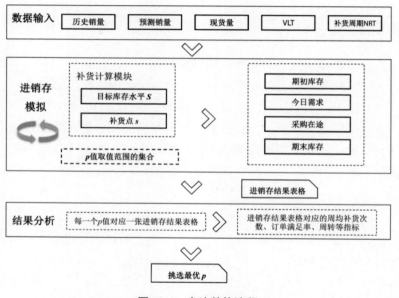

图 10-4　方法整体流程

10.4.2　参数 p 的计算方法

本节将详细介绍参数 p 的定义和计算方法。为了方便理解，假设客户需求是确定的，那么补货点的计算公式可以简化为 $s = \text{VLT} \times d$。其中 VLT 表示提前期天数，d 表示客户需求。根据计算公式，目标库存 $S = (\text{VLT} + \text{NRT}) \times d$，其中 NRT 表示检查周期。为了影响补货点的高低，我们增加参数 p，令补货点 $s = (\text{VLT} + \text{NRT} \times p) \times d$，$p \in [0,1]$。因此调节 p 的大小，就能使得补货点的取值范围为

$[VLT \times d , (VLT + NRT) \times d]$。

如图10-5 所示，目标库存S需要包含NRT + VLT天数内的需求，原始s包含的是VLT天数内的需求。本节通过给s增加$p \times NRT$天数内的需求，使得补货点s的新取值范围为$[VLT \times d, (VLT + NRT) \times d]$，这样就可以通过调整$p$在$[0,1]$的范围，将补货点增高或者降低。

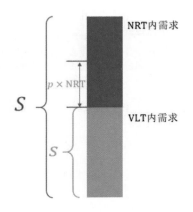

图 10-5　新增参数如何影响补货点大小

10.4.3　进销存模拟流程

为了方便测算补货点的变化对补货次数的影响，需要对进销存进行模拟，统计一段时间内的补货次数。本节对进销存的模拟及各类假设如下所示。

（1）SKU 每日现货计算方式：企业拥有的库存信息系统能够每天记录所有SKU 的在途库存、期初库存、期末库存、到货量（入库量）、销量（出库量）。

在企业每天盘点库存的时候，今日现货库存=期初库存+今日到货量。

因此今日期末库存=今日现货库存–今日销量。

其中，今日期初库存=昨天期末库存。

（2）补货量计算：当现货库存<补货点s的时候，触发补货，向上游发送采购单。补货量=目标库存水平S–现货。

（3）在途库存：如果今日下发了补货单=100 件，那么对于这个 SKU 来说，在未来的VLT天数内，每天都会存在在途库存=100 件。直到VLT天数后，货物到达，在途库存=0 件。如果在VLT期间，该 SKU 依然下发采购单，则将新补货量加到在途库存中，直到到货后减除。

（4）需求满足假设：拆单按件数满足——如果一个订单里的需求量为 10，但是库存中仅有 6 件商品，那么企业仍将这 6 件商品用于满足客户需求。

（5）缺货假设：如果当天的期初库存<客户需求，那么就会损失这个需求，第二天也无须补充损失的客户需求数的商品量。

信息系统中保存的进销存记录表如表 10-1 所示。每天的补货点s和目标库存水平S都是在库存计算模块中当VLT = 3时的值，4 月 1 日下发的补货单=15 将在 3 天后 4 月 5 日到达，成为到货量。

表10-1　进销存记录表

日期	销量（件）	期初库存（件）	期末库存（件）	补货量（件）	到货量（件）	在途库存（件）	week
2021/4/1	2	0	0	15	0	0	13
2021/4/2	2	0	0	1	0	15	13
2021/4/3	2	0	0	0	0	16	13
2021/4/4	0	0	0	0	0	16	13
2021/4/5	1	0	15	0	15	1	14
2021/4/6	1	15	15	1	1	0	14
2021/4/7	3	15	12	3	0	1	14
2021/4/8	1	12	11	1	0	4	14
2021/4/9	1	11	10	1	0	5	14

表10-1 为举例说明进销存的数据存储格式。通过模拟进销存流程，根据销量、期初库存、到货量等计算期末库存；通过计算的目标库存和补货点计算补货量和在途库存。其中 week 表示当前日期是全年的第几个自然周。

10.4.4　p值的计算和选取

p值的计算流程如图 10-6 所示，需要采用进销存仿真的方式，从p值的取值范围中遍历出使得仿真结果最符合运营人员预期的p值，并将该p值作为固定参数沿用在之后的日常运营中。该流程可以每个月定期执行一次，更新最优的p值。

上一节已经解释了如何通过参数p来调整补货点的高低。当p越大时，补货点越接近目标库存，补货频次有增高的趋势；当p值越小时，补货点越小，补货频次也会有降低的趋势。假设采购人员期望某一 SKU 的周平均补货次数是 2次，那么需要找到一个参数p，使得在模拟补货的周期内该 SKU 的周平均补货次数为 2 次。

步骤一：获取参数集合P。首先由于p的取值范围是[0,1]，因此可以将遍历的步长设置为 0.1，这样p值的离散集合为[0,0.1,0.2,…,0.9,1.0]，如果想要遍历得更细，可以将遍历的步长设置为 0.01。

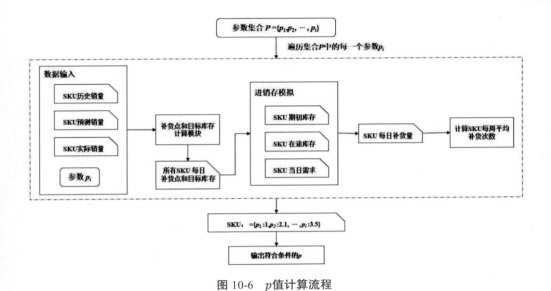

图 10-6　p 值计算流程

步骤二：获取历史数据。可以取历史一个月的时间段作为仿真周期，比如 2022-04-01 到 2022-05-01。取这段时间的销量作为"实际销量"，仿真周期开始前的销量作为"历史销量"，如果企业有预测数据，则可以作为预测销量。如何计算 s 和 S 不是本节的重点，本节中 s 和 S 的计算主要由 10.3.1 节中的计算公式得来。

步骤三：进销存模拟。从参数集合 P 中取出一个 p，计算每天的补货点和目标库存水平。有了期初库存、提前期、NRT，就可以进行每天的入库/出库计算。

步骤四：计算补货次数。有了日期和每日补货量，再根据自然周的打标，以及补货量是否大于 0，就可以知道该 SKU 在每一周补货了多少次。接着就可以计算出该 SKU 在一段时期内的周平均补货次数。如表 10-1 所示，在 13 周的时候补货 2 次，在 14 周的时候补货 4 次，所以周平均补货次数是 3 次。

步骤五：重复步骤一到步骤四，获取每个 p 所对应的进销存表格。如果设置不同的参数 p，则可以计算出不同的补货点 s。当补货点越接近目标库存水平时，补货次数越频繁。所以通过遍历参数 p，比如取遍历范围为 [0.1, 0.2, …, 0.8, 0.9, 1]，就可以得到 10 个不同的补货点及对应的周平均补货次数。

步骤六：挑选符合业务场景的参数 p。如果对于某个 SKU，运营人员对它的限制是一周补 2 次货，那么就找出离 2 最近的周平均补货次数所对应的 p 作为最优参数。在之后的每日运营中，依照这个参数去计算补货点，就可以达到运营人员所期望的补货次数。例如，p = 0.1 时周平均补货次数是 1，p = 0.2 或 0.3 时周平均补货次数是 2，$p = 0.4$ 及以上时周平均补货次数为 3 及以上。由于工厂的产能等实际因素的影响，每周的补货次数不能超过 2，但是企业又希望保持货物的充足及下游客户的满足率。所以此时可以将 p 设置为 0.3，这样就可免去企业运营人员校验和修改系统出具的补货建议的重复工作量。

10.4.5　小结

在自动补货系统中增加一个用户可输入的参数，根据下游采销的订货能力或者下游工厂的生产能力，来平衡一段周期内商品的补货次数，这样能防止因为触发频繁补货而导致下游产能崩溃的问题。运营人员可以将 SKU 的期望补货次数填写在用户输入表格中，作为数据输入上传到自动补货系统。而自动补货系统会根据入参计算出每一个 SKU 对应的 p 值，然后修改对应的补货点。该方法可以有效解决之前系统总补货建议条数波动大、单品补货次数不均衡的问题。综上所述，企业应致力于开发更为灵活和高效的补货系统，不仅能简化工作流程，还能提升供应链效率，促进运营环境更加稳定和可预测。

10.5　库存管理优化案例分析

10.5.1　背景描述

某公司运营着一个庞大的库存系统，涵盖了百万级别的 SKU（库存单位）。由于 SKU 数量庞大，传统的人工决策方式已无法满足高效补货的需求，且容易受到主观判断的影响，导致现货率和需求满足率难以得到有效保证。为了解决这一问题，公司迫切需要一套自动化的库存优化模型，该模型能够基于数据分析和科学计算，为每个 SKU 自动计算出 (s,S) 策略下的最优补货点（s）和目标库存水平（S）。这一策略的实施，旨在通过精确的库存控制，提升现货率，确保客户需求得到及时满足，同时优化库存水平，减少过剩库存带来的成本负担。

为了简化问题，假设仓库的提前期是 3 天，只介绍单个 SKU 的 (s,S) 策略参数求解。其中每个 SKU 需要一段时间内的历史销量和对未来销量的预测来计算补货点与目标库存，SKU 的输入信息如表 10-2 所示。其中 SKU 的历史销量和预测销量均随机生成，服从[0,100]区间的离散均匀分布。根据生成的过去 60 天历史销量和未来 60 天预测销量，得到每日的历史销量列表和预测销量列表，用于后续算法计算。其他可以供客户指定的参数，本节设置为目标现货率=0.6、目标库存周转天数= 20、期末库存=100。

表10-2　SKU 相关信息

日期	历史销量	SKU 编码	仓库	销量（件）	预测销量
2024/4/1	[72, 81, 75,…, 42, 12, 47]	sku1	wh1	47	[72, 81, 75,…, 10, 42, 12]
2024/4/2	[80, 24, 48…, 12, 47, 3]	sku1	wh1	3	[80, 24, 48,…, 51, 5, 15]
2024/4/3	[51, 54, 55,…, 37, 3, 99]	sku1	wh1	99	[51, 54, 55,…, 15, 81, 47]
2024/4/4	[60, 87, 21,…, 3, 99, 44]	sku1	wh1	44	[60, 87, 21,…, 76, 7, 97]
2024/4/5	[60, 88, 34,…, 99, 44, 46]	sku1	wh1	46	[60, 88, 34,…, 82, 55, 80]
2024/4/6	[27, 3, 29,…, 44, 46, 54]	sku1	wh1	54	[27, 3, 29,…, 90, 12, 67]
2024/4/7	[34, 90, 11,…, 46, 54, 55]	sku1	wh1	55	[34, 90, 11,…, 11, 3, 40]
2024/4/8	[29, 52, 56,…, 54, 55, 40]	sku1	wh1	40	[29, 52, 56,…, 63, 100, 10]
2024/4/9	[64, 35, 9,…, 55, 40, 10]	sku1	wh1	10	[64, 35, 9,…, 63, 45, 24]
2024/4/10	[2, 40, 31,…, 40, 10, 55]	sku1	wh1	55	[2, 40, 31,…, 20, 7, 70]

10.5.2　结果分析

本节为案例结果分析，相关案例代码见资源文件中的代码清单 10-1。上述模型某一次的测算输出的最优解实例如表 10-3 所示，包括了重要决策变量的最优值。其中 k_best 是模型计算的该 SKU 在当前给定的历史周期中最优的服务水平参数，s_list 和 r_list 展示的是在样例数据的 10 天中，每天的目标库存和补货点应该是多少。可以看出在此样例数据中，前期补货较多，足以满足需求，所以后期无须补货。同时模型也输出了其他相关指标以供分析，由 out_stock_num_list 可以看出在最优情况下每日的缺货数量都为 0，由 end_stock_list 可以获得每日期末库存。通过本节的服务水平优化模型，可以根据 SKU 的历史销售情况获得该 SKU 的最优参数——服务水平 k，今后运营人员可以通过固定周期测算最优参数，并输入库存模型去计算未来几天的补货点和目标库存水平。

表10-3　最优解实例

sku_id	sku1
store_id	wh1
vlt	5
init_stock	264.005
theta	1.65
k_best	0.95052853
demand_list	69,22,65,26,82,51,6,10,8,19
mean_list	33,69,41,23,65,47,52,30,50,48
std_list	29,28,28,31,30,27,29,28,28,31

续表

q_list	125,229,0,0,163,0,0,0,0,0
q_x_list	1,1,0,0,1,0,0,0,0,0
is_out_stock_list	0,0,0,0,0,0,0,0,0,0
end_stock_list	195,173,108,82,0,74,298,288,280,424
out_stock_num_list	0,0,0,0,0,0,0,0,0,0
s_list	310,518,354,254,507,000,000,000,000,000
r_list	310,518,354,254,507,000,000,000,000,000

优化前的现实情况和优化结果对比如图 10-7 所示，通过引入服务水平优化模型到库存管理系统中，优化前比优化后的需求满足率平均提高了 6.9%，每日期末库存降低了 20%。

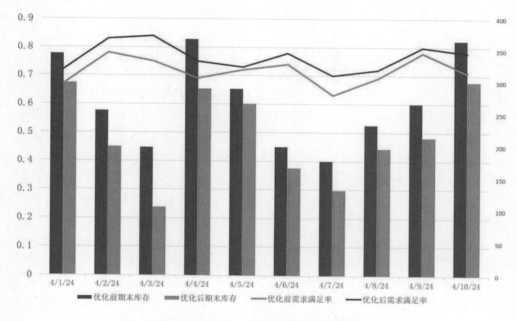

图 10-7   优化前的现实情况和优化结果对比

从本案例可以看出，企业能够通过优化补货时机和库存水平，确保有足够的库存来满足客户的即时需求；通过精确计算补货点和目标库存，避免过剩库存，减少资金占用和仓储成本。

10.6 本章小结

　　针对上述库存管理问题，我们采用了不同的思路来解决问题。对于参数推荐的问题，我们采用了运筹的方式对连续补货的过程进行建模，根据历史数据及预测的需求数据推导出最佳的参数，这样既使用了历史数据的特征也兼顾了未来的趋势，推荐的参数具有一定的健壮性，不至于偏离实际很多。而对于补货频次优化的问题，我们采用数据分析的方式，通过引入一个额外的参数来控制补货频次。在面对不同的问题时，要根据不同的情况进行不同的处理，尤其是面对库存管理中的问题，实际操作环节很多，各个环节有不同的诉求，如何在不降低整体 KPI，比如不降低现货率的情况下，同时兼顾不同环节的诉求，如补货频次、最低补货箱数如何确定等。库存管理还面临诸多挑战，未来我们将继续对这些问题进行探讨。

第11章
CHAPTER 11

包裹：分拣集包优化

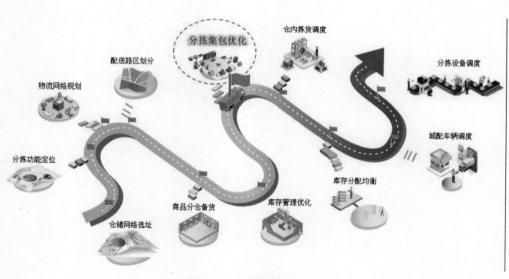

图 11-1　分拣集包优化

　　商品出库后会转变为包裹，经历一系列中转环节，最终送至客户手中。在物流网络中，为了节省运输开支，包裹的运输过程可能涉及多次转运。本章探讨如何通过小件集包策略，提升包裹中转效率，实现分拣集包优化（见图11-1）。

11.1 背景介绍

目前国内大多数物流公司多使用轴辐射网络结构，以一级区域枢纽分拣中心为核心，通过辐射状线路连接各个分拣中心、仓库和终端网点。在轴辐射网络结构下，小件包裹往往需经过若干次中转才能成功送达客户手中，对于同城收寄的小件包裹，整个流转过程仅需要经过一个分拣中心；对于偏远地区的小件包裹，为了降低干线车辆空载率，大概率会经过多个中转分拣中心。我们往往将小件包裹流转经过的分拣中心个数称为中转次数，目前国内小件包裹的中转次数为 10 次以内。

包裹在经过分拣中心时，需要经过卸车、扫描、集包、装车等过程，如图 11-2 所示。其中，扫描是指使用扫描设备读取每个包裹上的条形码或二维码，将包裹的位置和时间信息录入系统便于用户查看，同时将包裹的目的地传送给传送带等设备；分拣机根据包裹的目的地，通过传送带将其送到指定的出口或装载区域，方便下一步装车。

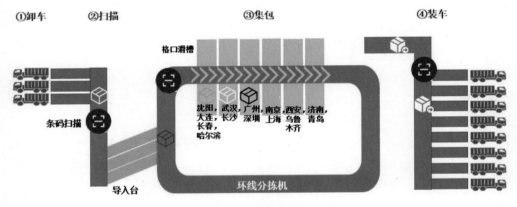

图 11-2 包裹在分拣中心的处理流程

在轴辐射网络结构下，小件包裹可能经过多个分拣中心，不同包裹会在一个分拣中心相遇，共同经过一段或者几段运输后，在另一个分拣中心分离。这种特点有点像人们乘坐地铁，两人在某个地铁站相遇，共同乘坐一段路程之后，在另一个地铁站分开，前往各自的目的地。不同的是，包裹在每个分拣中心都需要经过卸车、扫描、集包、装车等操作。试想，若人们经过每个地铁站都需要重新安检，地铁站将会拥堵不堪，安检员也会"压力山大"。因此，根据包裹这种时而相遇时而分离的特点，当前物流企业普遍采用集包作业模式以尽可能减少扫描次数。集包作业模式是指将目的地类似的包裹放在一个集包袋里，在经过分拣中心中转时，这个集包袋里的包裹将被看作一个整体，只扫描一次。显然，集包作业模式提高了装卸和扫描效率，降低了分拣中心的工作压力。

与集包作业模式相关的作业有建包和拆包。建包是指在集包点，比如营业部、接货仓或分拣中心，对于同一流向的小件包裹以集包袋盛装。拆包是建包的逆过程，是将建包后的集包袋拆分成原来的小件包裹，以便根据各自目的地进行分拣和重新建包。

小件包裹经过的分拣中心顺序被称为走货路径，而走货路径中需要建包操作的场地顺序被称为建包路径。建包路径越短，对包裹的拆包、重新建包等操作越少，分拣的效率越高。一般情况下，包裹在出发时，其走货路径就已经由路由系统确定，所以包裹的建包路径取决于分拣中心的建包规则。极端情况下，包裹只在首分拣建包，在末分拣拆包，集包袋中所有包裹的建包次数为 2 次。这意味着，一个目的地就需要建一个集包，这样一方面会导致每个集包流向中的包裹数量过少；另一方面要求分拣中心扩大面积，配备大量的分拣格口。显然，这违背了集包模式的初衷。因此，包裹在首分拣完成建包后，在中间场地仍需要拆包和重新建包。通过设计合理的集包规则，平衡分拣格口数量和包裹集包次数，降低分拣中心的分拣、扫描次数，提升分拣中心的处理能力，便是本章要解决的问题。

11.2　问题描述

本章主要优化的作业环节为分拣中心内部的集包作业。所有小件包裹在始发或中转分拣中心一般需要进行出港分拣，即根据每个包裹的下一站分拣中心进行分拣并集包，小件包裹根据转运出港发货线路到达目的地分拣中心后再拆包、分拣，实现"包进散出"。由于仓库或者营业部的自动化程度低、分拣能力较差，没有能力根据包裹的目的地建包，所以从仓库或者营业部出发的小件包裹一般直接建包至首分拣，再由首分拣按照后续的发运方向进一步划分。对于目的分拣中心而言，建包后直接发往对应的营业部，优化空间较小。因此，本章的研究对象选定为在分拣中心→分拣中心中流转的小件包裹。

集包作业本质上是使用上游的资源为下游环节省钱，若仅站在某个场地或某个小件包裹流向的角度看问题，则会陷入局部最优，造成全网资源的浪费。从小件包裹的维度看，集包成本最优的方式就是在始发分拣中心建包，在目的分拣中心拆包，所有途径的中间场地仅进行过包操作，但场地的资源是有限的，并非所有的始发场地都有能力建成品包；从场地的维度看，仅需要建尽可能少的包就可以满足集包成本最低的要求，但这样会在全网范围内造成浪费。一个小件包裹往往需要经过多个分拣中心进行中转，下游分拣中心需进行集包作业的小件包裹量受到上游场地建包规则的影响，各场地的建包规则存在耦合关系。因此，必须同时考虑所有场地资源和小件包裹流向，全网一起进行求解。

因此我们将设计一套高效复杂的建包规则，使得全网所有小件包裹的总集包成本最低，本章称之为**集包优化问题**。也就是说，集包优化问题是指在一个已有的小件包裹流转的物流网络中，考虑集包作业特异性、现有小件包裹的走货路径和分拣中心产能及分拣设备的使用规则，为每个包裹的流向选择一个建包路径，即生成一个更小的集包网络，使得全网集包成本最低。简单来说，我们要解决的是：在哪里建包，建包到哪里，以及用什么建包，是机器建包还是人工建包？要想解决这个问题，我们需要综合考虑上述各种现实因素的约束。

11.2.1　走货路径与建包路径

降低物流成本的关键是充分利用企业已经投入的自动化分拣设备资源，所以本章忽略厂房设备等固定资产成本，仅考虑运营成本。全网综合物流运营成本可分为运输成本（即线路发运车辆成本）和分拣成本（即分拣中心内所有环节的作业成本），且运输成本远高于分拣成本。集包作业属于分拣作业的一部分，显然运输成本也远高于集包成本。若因为建包规则的调整，影响小件包裹的走货路径，进而影响车辆的发运，则往往不符合一线运营习惯。**因此，本章的第一个重要约束为所有小件包裹的走货路径维持不变。**

显然，我们可以基于每个小件包裹的走货路径，枚举出所有的候选建包路径。为了帮助读者更好地理解这个问题，下面通过一个简单的案例进行展示（见图11-3），其中黑色节点表示分拣中心，黑色连线表示小件包裹的实际走货路径，蓝色连线表示所有可能的建包路径。对于一个从岳阳发往茂名的小件包裹，其走货路径为岳阳→长沙→广州→茂名。若仅考虑建包成本最低，即在始发场地建包到目的场地拆包，则对于从岳阳发往茂名的小件包裹而言，需要在始发场地岳阳直接建包至目的地茂名，即产生的建包路径为岳阳→茂名，建包次数为 2 次。若每个场地都拆包和建包，则对于岳阳场地而言，目的地为茂名的所有小件包裹需要建包并在长沙场地拆包，其他场地类似，则产生的建包路径为岳阳→长沙→广州→茂名，建包次数为 4 次。以此类推，可以产生的建包路径为岳阳→长沙→茂名和岳阳→广州→茂名。与走货路径相对应，一个小件包裹只能选择一个走货路径，一个小件包裹也只能有一个建包路径。**因此，本章的第二个重要约束**

为只能在每个走货路径生成的若干建包路径中选择一个。

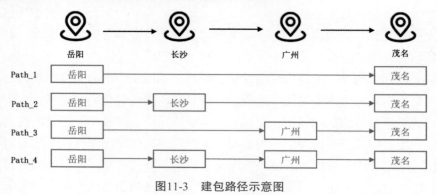

图11-3   建包路径示意图

11.2.2   建包业务运营规则

在解决集包优化问题的过程中，如何设计建包规则是一大难点，结合实际运营情况，我们提炼出以下两条重要的建包规则。

（1）同一流向不拆分原则。

每个分拣中心需要发出的小件包裹流向有很多个，由于场地资源有限，一般无法为每一个小件包裹流向都单独建立成品包（尤其是小件包裹量相对较小的流向），因此可能存在将两个或者多个小件包裹流向合并在一起的情况，并为它们建立混包，发往其走货路径都经过的某个相同的场地。当合并小件包裹流向时，不应当把属于同一流向的小件包裹分离开来，分别与不同的其他小件包裹流向合并，纳入几个不同的混包中。这是我们必须考虑的第一条建包规则，我们暂且称之为**"同一流向不拆分原则"**，即起终点相同的流向的建包路径必须一致。

（2）流向接续归并原则。

在建立混包后，一个混包中会包含多个流向信息。走货路径较长（或者经过的分拣中心较多）的流向自然就需要适配走货路径较短的流向，在所有流向都需要经过的最近分拣中心进行拆包，然后各自继续前行。对于拆包场地不是最终目的场地的流向，其包含的小件包裹会与从该场地发出且具有相同目的场地的其他流向的小件包裹进行合并，后续建包路径相同。这是我们需要考虑的另一条建包规则，我们暂且称之为**"流向接续归并原则"**，即对于一个场地而言，目的地相同的小件包裹的下一个拆包场地必须一致。

11.2.3   场地集包资源限制

场地集包资源限制是最重要的约束之一，我们仅考虑使用现有的集包资源

（包括人工和分拣设备）。对于不同的集包方式，资源的约束限制也不一致。

对于人工集包而言，人工的效率参差不齐，我们往往采用最大建包流向数来表示资源限制，即当前场地所有处理的人工建包流向数不超过历史处理的最大人工建包流向数，其中人工建包流向数为当前场地所有人工建包流向的个数。

对于机器集包而言，分拣机的格口数量是有限的，即机器集包占用的总格口数量不超过当前场地分拣机的格口数量之和。格口数量越多，可以处理的小件包裹和流向就越多。分拣机的格口的使用个数与小件包裹量、流向个数等许多因素有关，具体内容见第 15 章。本章重点在于全网建包规则的制定，因此采用仅考虑流向小件包裹量的简化算法，若场地 i 每个格口最多可以处理的最多包裹量为 α_i 个，则处理一个包量为 x 的流向需要占用 $y = \left\lceil \dfrac{x}{\alpha_i} \right\rceil$ 个格口。若场地 i 每个格口最多可以处理的最多包裹量为 144 个，则小件包裹量不超过 144 个的流向仅占用一个格口，小件包裹量在 144～288 个之间的流向占用两个格口。

11.3　问题抽象与建模

11.3.1　问题抽象

物流网络问题往往可以抽象为多商品网络流问题的一个变种。在集包优化问题中，我们已知所有小件包裹的起终点和走货路径，网络中所有分拣中心的分拣机设备情况，以及历史上实际发生的建包情况。对于每个小件包裹而言，需保证其走货路径维持不变，在其途经的分拣中心必须进行集包作业，且集包作业严格按照标准完成。对于分拣中心而言，用于集包的资源有限，其中人工场地最多处理的流向数不能超过现状流向数，而有自动化设备的场地最多可以处理的小件包裹不能超过现有格口的最大处理量。因此，我们需要在综合考虑上述各种因素的前提下，构建集包优化模型来为全网设计一套建包规则，充分合理地利用自动化设备能力进行集包，均衡各场地集包资源，使得全网集包成本最低。

11.3.2　参数定义

基于图论理论，集包网络可以定义为 $G = \{S, P\}$，其 S 是分拣中心的集合，基于每个小件包裹流向 (o, d) 的走货路径可以生成所有可能的建包路径集合 P_{od}，其中 $od \in U$，U 是小件包裹流向的集合。为了构建数学模型，首先需要定义集合、业务参数及决策变量，如下所示。

1. 数据集合

- U：小件包裹流向的集合。
- S：分拣中心的集合。
- S^a：没有自动化分拣机的分拣中心（即人工场地）的集合，$S^a \subseteq S$。
- P_{od}：流向(o,d)的候选建包路径的集合，$od \in U$。
- P_{ij}^{od}：流向(o,d)建包路径中包含从场地i建包到场地j的建包路径的集合，$i,j \in S$。

2. 参数

- f_i：场地i可以人工建包的流向数，$i \in S$。
- β_i：场地i的格口总数，$i \in S$。
- α_i：场地i每个格口可以处理的最多包裹量，$i \in S$。
- c_i^a：场地i采用人工建包时每个包裹的集包成本，$i \in S$。
- c_i^m：场地i采用机器建包时每个包裹的集包成本，$i \in S$。
- q_{od}：流向(o,d)的包裹量，$od \in U$。

3. 决策变量

- $x_{od,p}$：0-1 变量，表示是否为流向(o,d)选择建包路径p，$p \in P_{od}$。
- u_{ijd}：0-1 变量，表示在场地i是否将目的地为场地d的小件包裹建包至场地j，$i,j,d \in S$。
- y_{ij}：0-1 变量，表示在场地i是否对流向(i,j)进行建包操作，$i,j \in S$。
- y_{ij}^a：0-1 变量，表示在场地i是否对流向(i,j)采用人工建包，$i,j \in S$。
- y_{ij}^m：0-1 变量，表示在场地i是否对流向(i,j)采用机器建包，$i,j \in S$。
- g_{ij}^m：整数变量，表示当在场地i对流向(i,j)采用机器建包时所需要的格口数量，$i \in S$，$j \in S$。
- z_i^a：整数变量，场地i采用人工建包的总小件包裹量，$i \in S$。
- z_i^m：整数变量，场地i采用机器建包的总小件包裹量，$i \in S$。
- w_{ij}^a：整数变量，表示在场地i对流向(i,j)采用人工建包的包裹量，$i,j \in S$。
- w_{ij}^m：整数变量，表示在场地i对流向(i,j)采用机器建包的包裹量，$i,j \in S$。

11.3.3   目标函数

集包作业中包含粗分拣、拆包作业和建包作业。粗分拣是所有小件包裹都必须经过的作业流程，建包规则的改变对这部分成本的变化没有影响。本章中涉及的集包成本仅考虑拆包作业和建包作业的成本。

本章以总集包成本最低为优化目标，总集包成本为人工集包成本（人工建包总小件包裹量×人工集包的单位成本）和机器集包成本（机器建包总小件包裹量×机器集包的单位成本）之和，对应的目标函数的表达式如下所示。

$$\min \sum_{i \in S}(z_i^a c_i^a + z_i^m c_i^m)$$

11.3.4　数学模型

集包优化问题的混合整数规划模型如式（11.1）~式（11.15）所示。

$$\min \sum_{i \in S}(z_i^a c_i^a + z_i^m c_i^m) \tag{11.1}$$

$$\text{s.t.} \quad \sum_{p \in P_{od}} x_{od,p} = 1, \forall od \in U \tag{11.2}$$

$$\sum_{j \in S} u_{ijd} \leqslant 1, \forall i, d \in S \tag{11.3}$$

$$u_{ijd} \leqslant y_{ij}, \forall i, j, d \in S \tag{11.4}$$

$$x_{od,p} \leqslant u_{ijd}, \forall od \in U, i, j \in S, p \in P_{ij}^{od} \tag{11.5}$$

$$y_{ij}^a + y_{ij}^m = y_{ij}, \forall i, j \in S \tag{11.6}$$

$$\sum_{od \in U} \sum_{p \in P_{ij}^{od}} q_{od} x_{od,p} - M(1 - y_{ij}^a) \leqslant w_{ij}^a, \forall i, j \in S \tag{11.7}$$

$$\sum_{od \in U} \sum_{p \in P_{ij}^{od}} q_{od} x_{od,p} \geqslant w_{ij}^a, \forall i, j \in S \tag{11.8}$$

$$\sum_{j \in S} w_{ij}^a \leqslant z_i^a, \forall i \in S \tag{11.9}$$

$$\sum_{od \in U} \sum_{p \in P_{ij}^{od}} q_{od} x_{od,p} - M(1 - y_{ij}^m) \leqslant w_{ij}^m, \forall i, j \in S \tag{11.10}$$

$$\sum_{od \in U} \sum_{p \in P_{ij}^{od}} q_{od} x_{od,p} \geqslant w_{ij}^m, \forall i, j \in S \tag{11.11}$$

$$\sum_{j \in S} w_{ij}^{m} \leqslant z_{i}^{m}, \forall i \in S \tag{11.12}$$

$$\sum_{j \in S} y_{ij}^{a} \leqslant f_{i}, \forall i \in S \tag{11.13}$$

$$g_{ij}^{m} = \left\lceil \frac{w_{ij}^{m}}{\alpha_{i}} \right\rceil, \forall i, j \in S \tag{11.14}$$

$$\sum_{j \in S} g_{ij}^{m} \leqslant \beta_{i}, \forall i \in S \tag{11.15}$$

其中，式（11.1）表示总集包成本最低；式（11.2）表示每个流向的小件包裹都需要选择且只能选择一条建包路径；式（11.3）表示对于每个场地而言，目的场地相同的流向需要选择相同的建包路径；式（11.4）表示若目的场地为 d 的小件包裹在运输到场地 i 后选择建包至场地 j（即 $u_{ijd}=1$），则场地 i 至场地 j 存在建包操作；式（11.5）表示若目的场地为 d 的小件包裹在运输到场地 i 后不能建包至场地 j（即 $u_{ijd}=0$），则包含从场地 i 建包到场地 j 的建包路径不能被选择；式（11.6）表示对于每个分拣中心的每个流向而言，若建包只能选择人工建包或者只能选择机器建包，则不能二者兼有；式（11.7）~式（11.9）表示各个场地需要人工建包操作的每个流向的包裹量等于各场地所有人工建包流向的小件包裹量之和，其中一个人工建包流向的小件包裹量等于选中的包含该建包路径的所有小件包裹量之和；式（11.10）~式（11.12）表示各个场地需要机器建包操作的每个流向的包裹量等于各场地所有机器建包流向的小件包裹量之和，其中一个机器建包流向的小件包裹量等于选中的包含该建包路径的所有小件包裹量之和；式（11.13）表示各个分拣中心的人工建包流向数小于或等于现有的人工建包流向数；式（11.14）表示每个流向的包裹量占用分拣机的格口数量；式（11.15）表示对于每个场地而言，所有需要机器处理的小件包裹量所需格口数量不超过当前场地设备现有的格口数量。

11.4 集包案例分析

11.4.1 案例描述

为了更好地解释本章需要解决的问题，我们将现实中复杂的物流网络简化为一个包含 8 个分拣中心和 8 条有向线路的有向图（见图 11-4），其中 A 和 B 为供给节点，F、G 和 H 为需求节点，其余节点为中转节点。该物流网络需要完成供给节点向需求节点共 6 个流向的小件包裹运输，且包裹在此网络中必须以集包的方式进行流转。因此，我们需要决策每个流向的包裹在途经节点上是否进行拆包和建包操作还是仅过包。

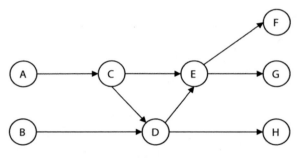

图 11-4　简化物流网络示意图

尽管所有流向的走货路径和包裹量都是已知的（见表 11-1），但是每条走货路径可能存在多种建包路径方案。具体来说，建包路径是一个包含走货路径输入节点和输出节点的子路径，即在走货路径的起点和终点一定存在建包行为，而中转节点的建包行为则需要进行决策。以走货路径 A→C→E→G 为例，其相应的建包路径有 A→G、A→C→G、A→E→G、A→C→E→G 四条。其中建包路径 A→G 代表从 A 点输入的包裹在 A 点建包并在 C 点和 E 点过包，最终在 G 点再建包并输出。

表 11-1　各流向走货路径及包裹量信息表

供给点	需求点	包裹量（个）	走货路径
A	F	8000	A→C→E→F
A	G	12000	A→C→E→G
A	H	10000	A→C→D→H
B	F	9000	B→D→E→F
B	G	5000	B→D→E→G
B	H	12000	B→D→H

合理地建包、拆包和再建包能够对物流网络上的包裹进行有效集散，充分发挥物流的规模效应，降低运营成本、提高分拣容错率。但是，建包也意味着相应成本的增加，同时，建包也必然受到分拣中心规模、人力水平和自动化水平等因素的限制。在本问题中，各个分拣中心的资源限制和单位成本如表 11-2 所示。

表 11-2   分拣中心的资源限制和单位成本

	人工建包的流向数（个）	分拣机的格口数量（个）	格口可以处理包裹量（个）	人工建包的单位成本（元/个）	机器建包的单位成本（元/个）
A	2	150	100	0.8	0.4
B	2	120	100	0.8	0.4
C	1	150	150	0.8	0.6
D	1	100	100	1.0	0.4
E	3	160	150	1.0	0.6
F	2	150	150	0.8	0.6
G	2	-	-	1.0	-
H	2	150	150	1.0	0.4

（1）情景一：现需要为每条走货路径选择一条合理的建包路径，在满足分拣中心资源限制的同时，使总的建包成本最小。

（2）情景二：现计划对分拣中心 E 进行自动化升级，升级期间 E 点的人工流向数最多为 1，机器建包的格口只开放 40 个，求此时成本最低的建包方案。

11.4.2　模型结果

本节为案例结果分析，相关案例代码见资源文件中的代码清单 11-1。使用 Gurobi 对情景一模型进行求解得到的最优解如表 11-3 所示，此时人工建包的包裹量为 81000 个，建包成本为 68200 元；机器建包的包裹量为 49000 个，建包成本为 25000 元，总成本为 93200 元。

表 11-3   案例结果

走货路径	建包场地	拆包场地	建包方式	包裹量（个）	建包成本（元）
A→C→E→F	A	C	人工	8000	6400
	C	E	人工	8000	6400
	E	F	人工	8000	8000
A→C→E→G	A	C	人工	12000	9600
	A	E	人工	12000	9600
	E	G	机器	12000	7200
A→C→D→H	A	C	人工	10000	8000
	A	D	机器	10000	6000
	D	H	机器	10000	4000
B→D→E→F	B	E	人工	9000	7200
	E	F	人工	9000	9000

续表

走货路径	建包场地	拆包场地	建包方式	包裹量（个）	建包成本（元）
B→D→E→G	B	E	人工	5000	4000
	E	G	机器	5000	3000
B→D→H	B	H	机器	12000	4800
总成本					93200

此时，该网络的集包配送方案如图 11-5 所示，其中来自分拣中心 A 和 B 的货物在分拣中心 E 进行拆包并再次建立两个分别流向于 F 和 G 的大包，且由于受到分拣资源限制（E 点人工流向数最多为 3 个，机器建包的包裹量最多为 24000 个），两个流向分别采用人工建包和机器建包。

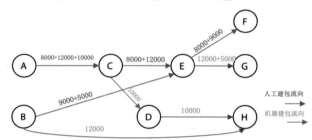

图 11-5　情景一最优方案实例

在情景二中，分拣中心 E 进行升级改造期间，其资源限制更改为人工流向数最多为 1 个，机器建包包裹数量最多为 6000 元。

将数据带入集包优化模型中使用 Gurobi 求解得到此时的最优方案如图 11-6 所示。此时来自 A 点的货物将在 E 点直接过包，而来自 B 点的货物因为满足 E 点资源限制而在 E 点进行拆包和再建包。此时的人工建包成本为 36200 元，机器建包成本为 15800 元，总成本为 52000 元。

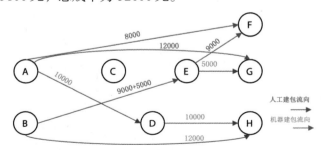

图 11-6　情景二最优方案实例

对比两个方案可以发现，情景二下的方案不仅成本更低，而且可以释放一个分拣中心 C，如图 11-7 所示。但是，情景二下的方案有三个流向都需要从始发场地直接建包到目的场地，而情景一下只有一个流向需要从始发场地直接建包到目的场地。事实上，过多的运输线路尤其是并行线路并不利于发挥物流的规模效应，以降低包裹的运输成本和丢失破损率。因此，集包成本和线路的数量是本问题需要重点权衡的关键因素。

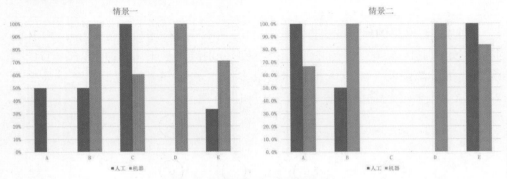

图 11-7   最优方案的集包利用率

11.5   本章小结

本章研究了小件包裹在各个分拣中心内的流转过程，针对集包作业环节提出了集包优化问题。即在一个多商品流转的物流网络中，考虑集包作业特异性、现有小件包裹走货路径、分拣中心产能、分拣设备使用规则，为每个包裹的流向选择一个建包路径，为每个场地制定建包规则，使得全网集包成本最低。基于多商品网络流的基础模型、非线性约束线性化和混合整数规划等运筹学理论知识，对集包优化问题建模，构建了一般化的集包优化问题模型。在所有小件包裹走货路径不改变的前提下，枚举所有可能的建包路径，主要考虑所有分拣中心资源限制、建包流向唯一和建包路径唯一等约束条件，构建了以总集包成本最低为目标函数的混合整数规划模型。使用商用求解器 Gurobi 直接求解混合整数规划模型，将得到的最终结果用于指导实践生产。

在实际网络大规模调整的场景中，我们也可突破走货路径不改变的前提，同时考虑优化小件包裹的走货路径和建包路径来构建双层网络问题，这样虽然会增大问题的求解难度，但如果能得出可行的落地方案，那么也会降低更多的成本。此外，对于更大规模的物流网络，问题规模会呈指数级规模增加，如果直接使用求解器求解，则会出现耗时较长、计算效率低等问题，可以考虑设计启发式算法或大规模分解算法，加速模型求解过程。

智能供应链执行篇

第12章

CHAPTER 12

人：仓内拣货调度

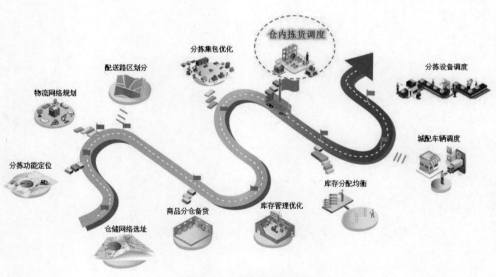

图 12-1　仓内拣货调度

下面进入供应链具体的执行过程。本章以仓内拣货调度（见图 12-1）为例，介绍如何设计优化模型和算法，降低工人的工作强度、提高仓内的拣货效率。

12.1 背景介绍

从消费者网上下单到实际收到商品，中间往往经历了多个物流环节，包括下传（订单下发到仓库）、拣货、复核、打包等。其中拣货是指根据订单或出库单的要求，将物品从其所在储存位置拣选出来的过程。根据相关数据统计，拣货是仓储作业中劳动密集程度最高、成本最高的活动，其成本约占仓库总运营成本的55%以上，作业量占仓库所有作业量的 40%以上。因此订单的拣选方案对降低仓储运营成本、提高订单拣选效率和服务质量至关重要。

订单分批（Order batching）是一种提高拣货效率的有效方法，对保障订单履约时效具有重要意义。订单分批通过将需求商品相同的订单，以及需求商品所在存储位置相近的订单集中起来，一次性进行拣选，从而有效节约拣货员的行走距离和时间，大幅提高拣货效率。

图 12-2 为基于订单分批方法的商品出库流程。在实际工作中，大型仓库往往分为多个拣货区，每个拣货区独立运行，互不打扰。在此背景下，订单分批首先将多个订单组合成一个集合单（Batch），然后根据商品所在的拣货区不同，进一步将集合单拆分为一或多个拣货任务单（Picking list）。特别地，如果集合单包含多个拣货任务单，则需要将各个区域的货品进行汇总再送至打包台（即合流），因此称之为"合流集合单"；如果集合单仅包含一个拣货任务单，则无须商品合流，称之为"非合流集合单"。

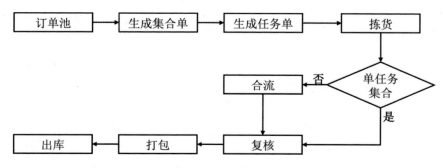

图12-2　基于订单分批方法的商品出库流程

拣货任务生成后，将订单信息推送至拣货员，拣货员领取拣货车，按设备提示，依次前往待拣货商品位置，下架指定数量商品并放入拣货车。商品拣选完毕后，如果为非合流集合单，则直接把商品送到打包台；如果为合流集合单，则需要将商品先送到合流区，待集合单内所有商品拣选完成后再统一将这些商品推送至打包台。

有关研究与实践显示，集合单的拣货路径长度对拣货效率有显著影响，拣货时间=领取任务及拣货车时间+拣货走路时间+任务推送商品下架时间，其中拣货走路的耗时最久。因此提升仓内拣货效率，需要解决如下问题：订单实时下发库房，如何自动生成高质量集合单，使得拣货任务平均路径最短，拣货效率最高。

在传统模式下，仓库设置调度员岗位并提供订单筛选、排序和选择功能。在这种模式下，调度员选择集合单时需要考虑的因素众多，如商品属性、集合单难易程度、订单出库时间、拣货区域分散状况等。

传统方式的缺点在于，筛选合适的订单并生成集合单的过程中过于依赖调度员的经验。调度员的水平将决定仓库的生产效率，影响仓库出库节奏。同时缺少组合优化逻辑，容易导致最终拣货路径较长。当调度员离职时，工作经验无法沉淀到系统中，新手调度员接手后会导致仓库效率明显下降，需要数周的培养及磨合，仓库效率才能逐步提升。

近些年，随着新一代信息技术的普及和应用，数智化转型成为物流企业的重要战略，通过仓内拣货调度算法，沉淀员工的历史操作经验，减少人工的不确定性，并实现拣货时间的最优化。

12.2　问题描述

针对仓内拣货调度问题，主要考虑仓库布局和订单明细两类主要元素。

1. 仓库布局

仓库为室内场景，无法使用经纬度标注商品位置，也无法使用导航软件计算两个位置点的距离。需要自定义定位体系，用于标定货架中每个货格的位置，估计拣货距离等。图12-3为某个仓库部分货架示意图。

下面将仓库拣货区划分为3级子区域来定位商品位置。

第1级：储区。储区有1个主通道及多个相同规格的货架，拣货员拣货时从主通道进入储区（如图 12-3 中箭头所示）。图 12-3 中左侧地堆货架是一个储区，右边隔板货架是一个储区。

第2级：巷道。一个储区包含多条巷道，从储区的主通道进入巷道，巷道两侧是2排货架，货架上摆放商品。

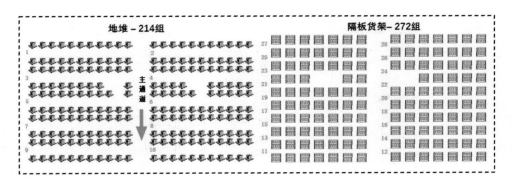

图12-3　货架布局示意图

第 3 级：储位。1 个货架有多个储位，商品存放在储位中。

订单到达仓库后，根据订单的商品信息和每个储位的商品信息，确定订单商品的拣货位置和拣货件数。

为了提高仓库存储能力，巷道宽度一般只有 60～80 厘米，拣货员将拣货车放在主通道，人进入巷道拣货。若拣货员双向通过主通道，则容易导致拥堵。如图 12-3 所示，给每条巷道规定一个拣货顺序，拣货员按照拣货顺序从小到大拣货，例如需要到顺序为 1、7、10、20、26 的巷道拣货时，推荐拣货员按顺序依次前往每条通道，这样每个人按相同方向拣货，通过效率更高。

2. 订单明细

客户下单的订单以子订单的形式下发到仓库中，其中每条子订单会包含多条订单明细，即针对不同商品、不同储位的一条记录。当订单有多个商品时，至少包含两条订单明细。

在订单明细中，包含商品重量、商品体积、商品件数、商品定位的储区编码、巷道编码、巷道顺序及储位编码等信息。通过订单明细可以明确商品属性信息和商品拣货位置信息。

基于上述业务元素，本章的仓内拣货调度问题可以描述为：给定一定数量的客户订单，以及订单内商品在仓库内的分布情况，如何将客户订单集成为一个或几个订单集合，使得商品拣选效率更高，如图 12-4 所示。仓内拣货调度主要解决依靠人工生成集合单效率低下、拣货路径长的问题。人工生成集合单完全依赖调度员进行筛选，没有组合优化逻辑，容易导致最终拣货路径较长。本章旨在建立运筹优化模型，以单拣货区仓库为例介绍仓内拣货调度问题。确定每个集合单中应该包含哪些订单，使得拣货员的拣选距离之和最小，拣货效率最高。

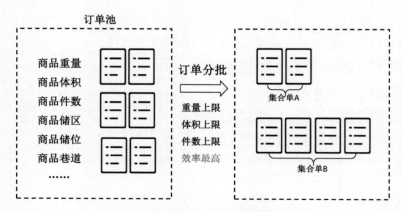

图 12-4　仓内拣货调度问题描述

12.3 │ 问题抽象与建模

12.3.1　参数定义

仓内拣货调度建模过程中涉及的数据主要包括订单信息、仓库布局等，通过整理归纳得到如下集合、参数及决策变量。

1. 集合

- I：订单明细集合。
- J：订单集合。
- B：集合单集合，b_0 为虚拟集合单编号，表示未被成功分配的订单所组成的集合单。
- DO_j：订单 j 对应的订单明细集合。
- S：储位集合。
- DS_s：储位 s 下的订单明细集合。
- L：巷道顺序编号集合。
- DL_l：巷道 l 下的订单明细集合。
- A：储区集合。
- DA_a：储区 a 下的订单明细集合。

2. 参数

- O_i：订单明细 i 对应的订单，$i \in I$，$O_i \in J$。

- Q_i：订单明细i对应的商品件数，$i \in I$。
- W_i：订单明细i对应的商品重量，$i \in I$。
- V_i：订单明细i对应的商品体积，$i \in I$。
- U_Q：集合单的件数上限。
- U_V：集合单的体积上限。
- U_W：集合单的重量上限。
- U_O：集合单的单量上限。
- S_i：订单明细i对应的储位，$i \in I$，$S_i \in S$。
- L_i：订单明细i对应的巷道顺序编号，$i \in I$，$L_i \in L$。
- A_i：订单明细i对应的储区，$i \in I$，$A_i \in A$。
- $L_{\max}$：全仓最大巷道编号，$L_{\max} \in L$。

3. 决策变量

- x_i^b：0-1 变量，订单明细i是否分配到集合单b。
- u_j^b：0-1 变量，订单j是否分配到集合单b。
- v_s^b：0-1 变量，集合单b中是否包含储位s。
- p_l^b：0-1 变量，集合单b中是否包含巷道l。
- q_a^b：0-1 变量，集合单b中是否包含储区a。
- $l_{\min}^b$：连续变量，集合单b中最小巷道顺序编号，$l_{\min}^b \in L$。
- $l_{\max}^b$：连续变量，集合单b中最大巷道顺序编号，$l_{\max}^b \in L$。

12.3.2　目标函数

　　仓内拣货调度问题的优化目标是保证拣货总时间成本最低，而拣货时间受到诸多因素的影响。一个选择是计算拣货总距离，距离不受外界干扰，但传统仓库很难采集准确的地图数据，而且采集后，布局发生变化，数据部门无法知晓，最终数据质量无法保证。

　　因此需要通过剖析拣货流程，挖掘拣货时间的影响因素，一步步构建基于拣货时间的目标函数。拣货时的操作流程如下：

　　（1）领取一个集合单的拣货任务。

　　（2）根据拣货设备提示，按巷道拣货顺序，将拣货车停靠拣货巷道入口，拣货员进入巷道内，到储位旁下架指定数量的商品，并放入拣货车，然后继续前往下一巷道，直到所有任务单中的商品下架完毕。

（3）拣货员将拣货车送到复核台或者合流区。

基于以上流程，影响拣货时间的核心因素包括：

- 行走时间：主要包括拣货员在主通道内行走时间和巷道内行走时间，受到**主通道内行走距离**和**巷道内行走距离**的影响。

- 下架时间：主要指拣货员在储位旁下架商品的时间，这个时间受到储位数量和下架商品数量的影响。

综上分析，选取集合单中储区数量、巷道数量、跨巷道数、储位数量和拣货件数作为刻画拣货时间的特征。基于仓内积累的实际拣货数据，可以训练出拣货时间相对于储区数量、巷道数量、跨巷道数、储位数量和拣货件数的函数：

$$T(\sum_{s \in S} v_s^b, \sum_{l \in L} p_l^b, L_{\max}^b - L_{\min}^b + 1, \sum_{a \in A} q_a^b, \sum_{i \in I} x_i^b Q_i)$$

其中 $\sum_{s \in S} v_s^b$、$\sum_{l \in L} p_l^b$、$L_{\max}^b - L_{\min}^b + 1$、$\sum_{a \in A} q_a^b$、$\sum_{i \in I} x_i^b Q_i$ 分别表示有效集合单 b 内的储区数量、巷道数量、跨巷道数、储位数量和拣货件数。跨巷道数使用集合单中的最大巷道数与最小巷道数的差值来描述。基于求解方式的不同，函数 T 的形式会有差异，这部分将在 12.4 节具体分析。

同时，为了保证更多的订单被分配，需要添加未被分配订单的惩罚项，即：

$$\sum_{j \in J} u_j^{b_0}$$

最终，集合单问题的目标函数包含所有有效集合单的拣货时间成本和未被分配订单惩罚两部分，M 是惩罚项的权重系数，即：

$$\min \sum_{b \in B \setminus b_0} T(\sum_{s \in S} v_s^b, \sum_{l \in L} p_l^b, L_{\max}^b - L_{\min}^b + 1, \sum_{a \in A} q_a^b, \sum_{i \in I} x_i^b Q_i) + M \sum_{j \in J} u_j^{b_0}$$

12.3.3 数学模型

因此，仓内拣货调度问题的混合整数规划模型如式（12.1）~式（12.13）所示。

$$\min \sum_{b \in B \setminus b_0} T\left(\sum_{s \in S} v_s^b, \sum_{l \in L} p_l^b, L_{\max}^b - L_{\min}^b + 1, \sum_{a \in A} q_a^b, \sum_{i \in I} x_i^b Q_i\right) + M \sum_{j \in J} u_j^{b_0}$$

$$\text{s.t.} \qquad \sum_{b \in B} x_i^b = 1, \forall i \in I \qquad\qquad (12.1)$$

$$x_{i_1}^b = x_{i_2}^b, \forall i_1, i_2 \in I, O_{i_1} = O_{i_2}, b \in B \tag{12.2}$$

$$u_j^b \geqslant x_i^b, \forall j \in J, \forall i \in \mathrm{DO}_j, b \in B \tag{12.3}$$

$$\sum_{i \in I} x_i^b Q_i \leqslant U_Q, \forall b \in B \backslash b_0 \tag{12.4}$$

$$\sum_{i \in I} x_i^b V_i \leqslant U_V, \forall b \in B \backslash b_0 \tag{12.5}$$

$$\sum_{i \in I} x_i^b W_i \leqslant U_W, \forall b \in B \backslash b_0 \tag{12.6}$$

$$\sum_{j \in J} u_j^b \leqslant U_o, \forall b \in B \backslash b_0 \tag{12.7}$$

$$v_s^b \geqslant x_i^b, \forall s \in S, i \in DS_s, b \in B \backslash b_0 \tag{12.8}$$

$$p_l^b \geqslant x_i^b, \forall l \in L, i \in DL_l, b \in B \backslash b_0 \tag{12.9}$$

$$q_a^b \geqslant x_i^b, \forall a \in A, i \in DA_a, b \in B \backslash b_0 \tag{12.10}$$

$$l_{\max}^b \geqslant l_{\min}^b, \forall b \in B \backslash b_0 \tag{12.11}$$

$$l_{\max}^b \geqslant x_i^b L_i, \forall i \in I, b \in B \backslash b_0 \tag{12.12}$$

$$l_{\min}^b \leqslant x_i^b L_i + (1 - x_i^b) L_{\max}, \forall i \in I, b \in B \backslash b_0 \tag{12.13}$$

其中，式（12.1）约束每个订单明细 i 只能分配到一个集合单 b 中。式（12.2）约束当订单明细 i 属于相同订单时，必须分配到相同的集合单中。该约束是为了保证，订单通过合流操作后可以被分配到同一个打包复核台下整单发出。式（12.3）刻画订单与集合单的关系，即当订单明细 i 分配到集合单 b 中时，该订单明细对应的订单 j 也分配到该集合单 b 中。式（12.4）~式（12.7）分别约束集合单内订单明细的总件数、总体积、总重量和总单量不超过约束上限。需要注意的是，只有有效集合单才需要进行约束，虚拟集合单在目标里已经进行过单量的惩罚。式（12.8）~式（12.10）分别约束有效集合单内的储位数量、巷道数量和储区数量的关系，用于目标函数中拣货时间成本的计算。式（12.11）~式（12.13）约束有效集合单内的最大巷道顺序编号和最小巷道顺序编号，用于计算拣货时间成本中跨巷道数的特征。

12.4 算法方案

本节分别介绍求解仓内拣货调度问题的精确解求解算法和自适应大规模邻域搜索算法。精确解求解算法的收敛速度慢，在时效要求较高的出库作业中，可以使用收敛快、但效果差一些的自适应大规模邻域搜索算法替代精确解求解算法。

12.4.1 精确解求解

SCIP（Solving Constraint Integer Programs）是当前混合整数规划（MIP）和混合整数非线性规划（MINLP）最快的非商业求解器之一，具有较高的性能，且具备较强灵活性和可扩展能力，可以作为约束整数规划、branch-cut-and-price算法的框架。本节使用 SCIP 对仓内拣货调度问题的精确解进行求解。

对于求解器来说，求解线性问题的难度要低于非线性问题，因此为了提高求解效率，需要建立线性形式的拣货时间函数 T。这里使用多元线性回归模型，基于历史数据，训练拣货时间与储区数量、跨巷道数、巷道数量、储位数量和件数特征的关系。线性回归后的拣货时间函数可以写作式（12.14）：

$$\sum_{b\in B\backslash b0} T\left(\sum_{s\in S} v_s^b, \sum_{l\in L} p_l^b, L_{\max}^b - L_{\min}^b + 1, \sum_{a\in A} q_a^b, \sum_{i\in I} x_i^b Q_i\right) =$$

$$\lambda_1 \sum_{b\in B\backslash b_0}\sum_{s\in S} v_s^b + \lambda_2 \sum_{b\in B\backslash b_0}\sum_{l\in L} p_l^b + \lambda_3 \sum_{b\in B\backslash b_0}\left(L_{\max}^b - L_{\min}^b + 1\right) +$$

$$\lambda_4 \sum_{b\in B\backslash b_0}\sum_{a\in A} q_a^b + \lambda_5 \sum_{b\in B\backslash b_0}\sum_{i\in I} x_i^b Q_i \tag{12.14}$$

其中，λ_1、λ_2、λ_3、λ_4、λ_5 为拟合得到的线性化参数，分别代表储位数量系数、巷道数量系数、跨巷道数系数、储区数量系数和件数系数。

以某图书仓 400 个订单划分 6 组集合单的问题为例，使用精确求解算法对订单进行分配，在该规模下的求解时间和与最优解的 gap 如图 12-5 所示。

对于仓内的生产节奏，期望能在形成订单池后 10 秒内返回较好的组单方案，但此时的 gap 为 29867%。在计算 1 分钟后，目标函数距离最优解的 gap 为17200%，延长时间到 20 分钟，gap 仍在 10000% 以上。因此，使用求解器的精确解求解，获取优质解的计算时间很长，无法满足业务需求，因此转向元启发算法。

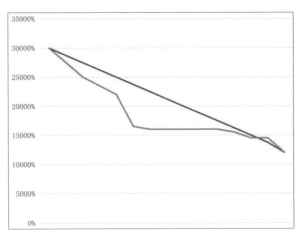

图12-5　gap与时间关系

12.4.2　自适应大规模邻域搜索算法

自适应大规模邻域搜索（Adaptive Large Neighborhood Search，ALNS）是一种强大的元启发算法，它结合了局部搜索和大邻域搜索的优点，可以动态地调整搜索邻域的大小和结构来获取最优解。目前已经广泛适用于求解旅行商、车辆路径规划等组合优化问题，并具有不错的表现效果。

ALNS 有 2 类重要算子——破坏算子（destroy）和重建算子（repair）。破坏算子删除当前解的元素，重建算子增加当前解的元素。为了更好地求解，实际会设计多个破坏算子和重建算子。给定当前解后，每次选择一个破坏算子和重建算子，先执行破坏算子，再执行重建算子，即可得到一个新的方案。

基于 ALNS 求解仓内拣货调度问题主要分为如下四步：目标函数拟合→获取初始解→执行破坏算子→执行重建算子。其中的核心在于破坏算子与重建算子的设计。破坏算子删除集合单中的部分订单，重建算子将未被分配的订单加入已生成的集合单。

1. 目标函数

使用启发式算法后，可以选取非线性函数更好地拟合拣货时间与储区数量、跨巷道数、巷道数量、储位数量和件数特征的关系。本节使用 XGBoost（eXtreme Gradient Boosting）对拣货时间进行训练。

XGBoost 是一种高效的机器学习算法，适用于解决回归分析、分类、预测等问题。它使用并行计算、剪枝等手段，实现了更快的训练速度和更好的性能。XGBoost 的灵活性和高性能使得它成为解决大规模、高维度数据集的理想选择，同时在小规模数据集上也有优异的表现。

网上有丰富的 XGBoost 使用教程，本书不再赘述。在 XGBoost 模型中输入储区数量、跨巷道数、巷道数量、储位数量和件数特征数据和拣货时间，输出非线性的拣货时间函数$T^\wedge$。

2. 破坏算子

给定集合单列表和未被分配的订单池，破坏算子需要把集合单中已分配的部分订单移除并放入未被分配的订单池。在执行破坏算子步骤时，需要决策每个集合单中被移除的订单数量，以及移除的订单明细。

定义变量w_{B_k}表示集合单B_k中被移除的订单数量，如式（12.15）所示。

$$w_{B_k} = \text{int}(kr + 0.5) \tag{12.15}$$

其中k为集合单B_k被破坏前的订单个数，r为随机生成的随机数。

下面给出 5 种可以在仓内拣货调度中使用的破坏算子。

（1）随机破坏算子（Random Destroy）。

对于集合单列表中任意一个集合单B_k，将订单随机打乱顺序，移除最前面的w_{B_k}个订单。

（2）单侧破坏算子（Single End Destroy）。

集合单列表中所有集合单按照最小巷道顺序进行排序。生成一个 1,0 序列，即(1,0,1,0,1,0,…)，与排序后的集合单相对应。

将每个集合单B_k中的订单按照最小巷道顺序进行排序，如果B_k的序列值等于 1，则移除B_k最右端的w_{B_k}个订单，如果等于 0，则移除最左端w_{B_k}个订单。

（3）双端破坏算子（Double End Destroy）。

集合单列表中所有集合单按照最小巷道顺序进行排序。

将集合单列表中任意一个集合单B_k中的订单按照最小的货架顺序排序。依次移除B_k中最左端和最右端的 1 个订单，直到移除的订单数量到达w_{B_k}个。

（4）储区破坏算子（Zone Destroy）。

对于集合单列表中任意一个集合单B_k，若B_k中的订单储区均相同，则切换到其他破坏算子，否则继续使用储区破坏算子。

将集合单中的订单按照订单储区对订单进行分组。例如某集合单有 20 个订单，分为 3 个组，储区 A1 有 5 个订单，储区 A2 有 5 个订单，储区 A3 有 10 个订单。不同的组按照订单数量从小到大进行排序，相同的组按照订单最小巷道顺序进行排序。最后移除排序靠前的w_{B_k}个订单。

（5）目标最优破坏算子（Goal Best Destroy）。

对于集合单列表中任意一个集合单B_k，每次尝试移除B_k中的一个订单。

对于B_k中的每个订单j，使用拣货时间函数$T^\wedge$计算移除订单j后新集合单的拣货总时长；对新拣货时长进行排序，将新拣货时长最短的订单进行移除。持续操作w_{B_k}次后，共移除w_{B_k}个订单，得到最终结果。

3. 重建算子

给定集合单和未被分配的订单池，重建算子需要将未被分配订单尽量多地分配到集合单中。重建算子需要考虑 2 个问题：

（1）订单加入集合单后，是否满足集合单约束条件？

（2）如何将订单分配到集合单中？

检查订单是否可以加入集合单需要校验所有约束条件，这也是核心耗时操作之一。在算法中可以提前缓存状态信息，例如当前集合单的总件数、总体积。这样判断集合单最大件数约束时，只需对比当前集合单件数、待分配订单件数、集合单最大件数即可。集合单发生变化后，立即更新状态信息，可以减少计算时间。

决策如何将订单分配到集合单中需要构造增益函数$f(B_k, j)$，表示订单j被分配到集合单B_k中产生的增益。若订单因违反约束，无法加入集合单，则为无效增益。已知增益函数后，重建算子算法的流程如表 12-1 所示。

表12-1　重建算子算法的流程

算法 1：重建算子算法的流程
输入：集合单$B = \{B_1, B_2, \ldots, B_n\}$，其中包含已分配订单、待分配的订单$J^\wedge$、增益函数$f$
步骤 1：计算所有有效增益$f(B_k, j), B_k \in B, j \in J^\wedge$，存储为增益集合$F$
步骤 2：判断是否存在有效增益，如果存在有效增益，即$\exists f(B_k, j) > 0, \forall f(B_k, j) \in F$，则执行步骤 2，否则执行步骤 7
步骤 3：选取增益最大的增益对，即计算$\max_{B_k, j} f(B_k, j)$，将订单j加入集合单B_k，在集合F中删除与订单j相关的增益
步骤 4：更新集合单B_k和待分配订单$J^\wedge$：$B_k = B_k \cup j, J^\wedge = J^\wedge \backslash j$
步骤 5：更新增益集合F
步骤 6：重新执行步骤 2
步骤 7：返回重建后的集合单和待分配订单

当增益函数不同时，得到的重建算子也不同，这里给出两种重建算子的构建方式。

（1）目标最优重建算子（Goal Best Repair，gbr）。

通过拣货时间函数$T^\wedge$分别计算集合单B_k的预估拣货时间、订单j的单订单集合单拣货时间、将订单 j 加入集合单 B_k 后的拣货时间。定义增益函数 gbr：

$$\text{gbr}(B_k, j) = T^{\wedge}(B_k) + T^{\wedge}(j) - T^{\wedge}(B_k \cup j)$$

（2）巷道覆盖重建算子（Aisle Cover Repair，acr）。

集合单 B_k 中每个订单 j 的最小巷道顺序与最大巷道顺序分别是 $\lambda_j^{\min}$ 和 $\lambda_j^{\max}$。定义集合单巷道覆盖率（Aisle Cover，ac)，如式（12.16）所示，其中 n 是集合单 B_k 下的订单数。

$$ac = \frac{\sum_{j \in B_k}(\lambda_j^{\max} - \lambda_j^{\min} + 1)}{(\max_j \lambda_j^{\max} - \min_j \lambda_j^{\min} + 1)n} \tag{12.16}$$

集合单巷道覆盖率描述了集合单中的订单在巷道维度上的一致性。当集合单中所有订单的最大与最小巷道顺序相同时，ac 等于 1；当集合单中所有订单的巷道顺序差异很大，且相互没有交集时，ac 倾向于 0。为了减少拣货过程中的跨巷道数，集合单的巷道覆盖率越高越好。因此进一步定义巷道覆盖增益函数 acr，如式（12.17）所示。

$$\text{acr}(B_k, j) = \text{ac}(B_k \cup j) - \text{ac}(B_k) \tag{12.17}$$

4. 构造初始可行解（初始解）

使用种子算法（Seed Algorithm）构造初始解，如表 12-2 所示。

表 12-2　种子算法构建初始解的流程

算法 2：种子算法构建初始解的流程
输入：集合单 $B = \{B_0, B_1, ..., B_n\}$，其中集合均为空、待分配的订单为 $J^{\wedge}$，增益函数为 f
步骤 1：计算所有有效增益 $f(B_k, j), B_k \in B, j \in J^{\wedge}$，存储为增益集合 F
步骤 2：判断待分配订单是否为空，如果待分配订单为空，即 $J^{\wedge} = \emptyset$，则执行步骤 7，否则执行步骤 3
步骤 3：判断是否存在有效增益，如果存在有效增益即 $\exists f(B_k, j) > 0, \forall f(B_k, j) \in F$，则执行步骤 6，否则执行步骤 4
步骤 4：判断是否存在空的集合单，如果存在空的集合单即 $\exists B_k = \emptyset, \forall B_k \in B$，则执行步骤 5，否则执行步骤 6
步骤 5：从 $J^{\wedge}$ 中选取种子订单分配给一个空集合单 B_k，更新 B_k、B、$J^{\wedge}$、F，返回并执行步骤 2
步骤 6：计算增益最大的增益对，即 $\max_{B_k, j} f(B_k, j)$，将订单 j 加入集合单 B_k，更新 B_k、B、$J^{\wedge}$、F，返回并执行步骤 2
步骤 7：返回集合单和待分配订单作为初始解

12.5　案例分析

12.5.1　背景描述

某个图书仓有 240 个订单，共 503 条订单明细，最多生成 6 个集合单。集合单中最多有 40 个订单，280 件商品，最大体积为 2000dm³，最大重量为 1000kg。测试数据部分订单明细如表 12-3 所示。

表 12-3　测试数据部分订单明细

订单号	商品编码	储区编码	巷道编码	储位编码	巷道顺序	商品件数	商品体积（mm³）	商品重量（kg）
s985	614	C	CV	4CV163	2472	2	100023	0.1
s881	359	C	CR	4CR032	2468	38	1562880	0.1
s628	864	E	EL	4EL683	2532	1	675000	0.62

拟合得到的 $\lambda_1 = 1$、$\lambda_2 = 1$、$\lambda_3 = 1$、$\lambda_4 = 1$、$\lambda_5 = 1$，代入式（12.14）中求解精确解模型，设置最大计算时间为 120 秒，使用 SCIP 求解得到核心决策变量 x_i^b 的值，即订单 i 是否分配给集合单 b。

12.5.2　结果分析

本节为案例结果分析，相关案例代码见资源文件中的代码清单 12-1。

计算 120 秒后，计算得到的目标函数 = 2109，gap = 277.66%。

最终全部 240 个订单均被分配，生成 6 个集合单，集合单总跨巷道数量=1495，总储位数量=355，巷道数量=217，储区数量=42。SCIP 求解 2 分钟的计算结果如表 12-4 所示。

表 12-4　SCIP 求解 2 分钟的计算结果

集合单	单量	件数	储位数量	巷道数量	跨巷道数量	储区数量	体积（dm³）	重量（kg）
1	40	197	44	28	200	5	273.15	85.36
2	40	129	73	42	238	7	68.08	48.41
3	40	280	61	39	320	9	117.31	75.82
4	40	180	54	34	214	7	398.58	218.30
5	40	275	67	43	302	9	359.13	96.73
6	40	176	56	31	221	5	82.70	59.04

延长计算时间到 30 分钟，随着时间变化，gap 的变化如图12-6 所示。

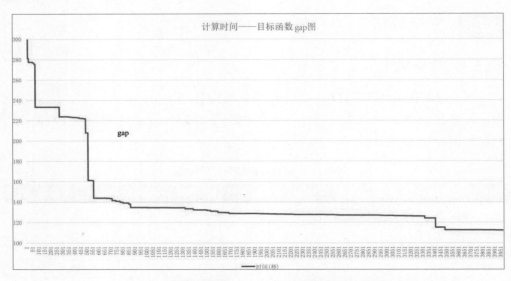

图 12-6   目标函数 gap（百分比）与计算时间关系图

计算 30 分钟后，计算得到目标函数=1631，gap=112.41%，相对 2 分钟的计算结果，目标函数继续下降 77.34%，但是 gap 仍然较大。

240 个订单均被分配，生成 6 个集合单，集合单总跨巷道数量=1018，总储位数量=362，巷道数量=218，储区数量=33，SCIP 求解 30 分钟的计算结果表 12-5 所示。

表 12-5   SCIP 求解 30 分钟的计算结果

集合单	单量	件数	储位数量	巷道数量	跨巷道数量	储区数量	体积（dm³）	重量（kg）
1	40	218	52	32	191	6	261.41	210.36
2	40	278	62	37	117	4	174.56	51.23
3	40	179	51	36	275	8	237.71	79.63
4	40	176	74	39	117	4	139.71	35.01
5	40	231	46	30	66	3	340.76	134.81
6	40	155	77	44	252	8	144.79	72.61

继续使用自适应大规模邻域搜索算法计算求解，用时为 1.5 秒，最终 237 个订单被分配，生成 6 个集合单，剩余 3 个订单。第一个集合单包含 37 个订单，件数为 278 件，由于最大件数上限，剩余 3 个订单已经无法加入集合单。

集合单总跨巷道数量=804，总储位数量=379，巷道数量=258，储区数量=28，自适应大规模邻域搜索算法的计算结果如表 12-6 所示。

表 12-6　自适应大规模邻域搜索算法的计算结果

集合单	单量	件数	储位数量	巷道数量	跨巷道数量	储区数量	体积（dm³）	重量（kg）
1	37	278	53	39	68	3	270.34	96.32
2	40	225	58	33	71	3	192.24	81.65
3	40	126	72	52	207	7	310.24	76.33
4	40	232	71	50	198	6	173.32	98.20
5	40	197	64	45	153	5	230.26	164.37
6	40	152	61	39	107	4	47.52	44.19

　　自适应大规模邻域搜索算法得到的求解结果中集合单的储区数量和跨巷道数量更少，拣货员拣货范围更小，比较契合仓库的作业习惯。尽管自适应大规模邻域搜索算法得到拣货的储位数量要稍多于精确算法，但考虑到求解速度，前者可以在数秒内输出较优结果，而后者需要数十分钟，因此在实际应用中采用自适应大规模邻域搜索算法解决集合单问题更优。

12.6　本章小结

　　本章针对仓储出库环节订单的拣选优化提出了仓内拣货调度算法，在考虑仓储布局、集合单拣选复杂程度的基础上，以优化拣货时间成本为目标构建了具有多约束的集合单优化模型，并针对该模型提出了精确解和启发式两种求解方式。其中精确解获取最优解的时间较长，无法满足仓内实时生产的需求，因此转为使用自适应大规模邻域搜索的算法。最后详细介绍了自适应大规模邻域搜索的算法流程和算子设计方法。基于仓内拣货调度算法，可以减少拣货员拣货过程中往返的时间成本，提升拣货效率。

　　本章给出的拣货调度算法是基于仓内实时下单进行集单优化的，在实际的应用场景中，还可以通过憋单的方法，进一步提升拣货效率的优化效果。

第13章

CHAPTER 13

货：库存分配均衡

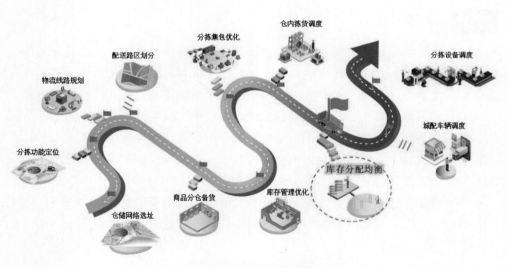

图 13-1　库存分配均衡

　　随着供应链进入执行阶段（见图 13-1），由于消费需求偏离预测，仓库内的商品分布会出现不均衡的情况。库存分布不均会给企业带来各种问题，如增加日常运营成本、不能及时满足发货需求等。如何均衡仓间库存、在满足供需关系的前提下避免无效调拨，是本章要解决的重要问题。

13.1 背景介绍

全球化市场的扩张和供需关系的不断演变，给企业带来了前所未有的库存管理难题。如何通过有效的库存分配和均衡策略来提升履约效率和降低库存成本，成为企业的重要挑战之一。企业在生产销售中，一般会租用或自建仓库进行商品货物的存储。这些仓库一般分布在不同区域，用于支持各区域中客户的订单需求。当客户下单后，一般会就近选择有商品的仓库为客户履约发货，通过第三方承运商或自有物流送到客户手中。如何确保每个地区的仓库（门店）都有足够的库存来满足客户需求是一个重要挑战。例如，每个地区是保有等量的库存，还是将更多的库存运送到热销地点？每个地区的仓库中应保留多少库存才能满足该地区的需求？如果经营者所持有总货量不足以满足所在地区各仓库的总需求量，那么商品又该在各地区之间如何分配？当某几个特定地点的库存太多或太少时，如何在保证企业盈利的情况下在不同的仓库之间进行库存的重新分配？这些决策强调了鲁棒的库存分配及库存均衡策略的重要性。适当的库存分配及库存均衡策略可以降低仓库存储成本，加快订单履约速度，并最终带来更高的盈利能力。

库存分配是将商品从生产地或供应商分配到各个仓库或销售点的过程，通过就近存储提高商品的及时性和可用性，减少运输成本和库存持有成本。库存均衡则是在不同仓库之间调动库存以满足需求变化的行为，通过合理配置资源，降低库存积压，提高资金周转率，从而减少库存成本和降低高库存风险。综合而言，库存分配与均衡作为连接生产和消费环节的关键环节，协调资源分配和信息流动，直接影响商品的及时供应、客户满意度，以及企业的运营成本和竞争力。

实际生产经验告诉我们，库存不均衡会给企业带来各种问题。一方面，高库存会占用大量的资金，并增加企业的经营成本。此外，高库存还可能导致商品过期、损坏或过剩，进一步增加企业的损失。另一方面，低库存会降低所在仓库的订单满足率，无法及时满足消费者的需求，导致订单延迟和客户流失。

通过有效的库存分配，企业能够保证商品及时地分配到各个销售点，满足客户的需求，避免订单延误或损失的情况发生。此外，良好的库存分配还能够优化库存布局，使得商品存储更加合理和高效，从而降低持有成本，提高资金周转率。库存均衡通过调拨仓库中的存货，优化库存水平，避免库存过剩和不足的情况发生，从而减少资金的占用和销售机会的损失，有效提高企业的库存利用率，使得存货更加灵活地流动。库存分配与库存均衡流程如图 13-2 所示。

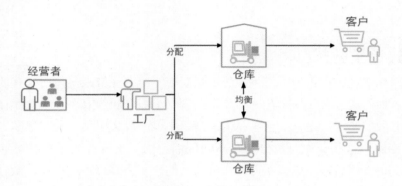

图13-2   库存分配与库存均衡流程

13.1.1   库存分配及库存均衡应用的场景

首先定义库存分配的场景。在经营者采购或者生产一定的商品后，需要将商品运输到全国各区域的仓库中，客户下单后，商品一般会从客户所在区域的仓库发货，然后通过承运商送到客户手中。在总采购量一定的情况下，为了保证各仓库需求与库存水平的一致性以减少后期的库存均衡，进行有效的库存分配是必要且有效的。

库存均衡是指分配的库存被消耗一段时间后可能会发生的行为。库存计划本身就具有不确定性。市场状况的变化可能会使需求发生变化，从而导致各仓库库存过剩或库存不足，进而出现单个仓库的商品发生供需不均的情况。

例如，某商品在 A 仓库库存不足，在 B 仓库却发生了库存积压。当 A 仓库周围的客户下单购买该商品时，A 仓库由于缺货无法履约配送，则要么客户无法购买该商品，销售机会丢失，企业损失销售利润；要么客户成功下单，但商品从距离更远的 B 仓库发货，从而造成更长的履约时间和更高的运输配送费用。

为了降低供应链的运输配送成本，提升履约配送时效，防止销售机会损失，增加销售利润，我们希望在仓库出现库存不足或过剩之前，通过仓间调拨实现多个仓库之间的库存均衡。特别是在电商领域，商品种类繁多，供需失衡的情况时有发生，为了降低企业运营成本，合理的库存分配及库存均衡计划有其必要性和合理性。

13.1.2   库存分配及库存均衡面临的挑战

对于经营者而言，库存分配及库存均衡是一项复杂而重要的任务，需要综合考虑多种因素。首先，确保库存管理系统能够实时跟踪公司供应链中的库存水平至关重要。如果公司缺乏对库存的实时监控，就难以做出准确的决策。在没有准确了解分配多少库存能够满足未来需求的情况下，可能会导致库存过多或过少分配到错误的区域，进而产生不必要的持有成本。

其次，库存分配和库存均衡都涉及对未来需求的预测，需要一个专门的需求预测团队负责对各区域的需求进行预测。预测需要综合考虑市场趋势、季节性变化、促销活动等因素，以便准确地预测各个区域的需求量。需求预测的结果直接影响库存分配和库存均衡策略的制定，因此建立高效准确的需求预测系统至关重要。

此外，库存分配和库存均衡还需要考虑供应链的灵活性和响应能力。在市场需求变化时，及时调整库存分配以满足新的需求是至关重要的。这可能涉及快速调动资源、调整运输计划及重新安排生产计划等方面。因此，企业必须具备灵活的供应链管理能力，能够快速响应市场变化，以确保库存分配和库存均衡的及时性和准确性。

综上所述，库存分配及库存均衡不仅涉及库存管理系统的完善和需求预测的准确性，还需要企业具备灵活的供应链管理能力，以应对市场的变化和挑战。只有在这些方面都做到位的情况下，企业才能实现有效的库存均衡，避免无效的商品调拨。

13.2　问题描述

13.2.1　库存分配

对经营者而言，采购或生产商品后，需要将商品从工厂或仓库等商品集中地分配到下游各个需求仓库，以满足下游各个仓库的需求量，各仓库的需求量通常是由仓库覆盖区域的客户需求决定的。我们需要基于各个仓库的需求特点决定商品的分配量，最终实现各个仓库的库存均衡。一种典型的库存分配方式如图 13-3 所示，企业将商品送到就近仓库或直接从工厂分货，系统下传分配指令，将库存分配到目的需求仓。

库存分配场景中需要考虑各种影响要素，比如成本预算、仓库库存、仓库最低保有量、整箱、销量等因素。成本主要包括运输成本、出入仓成本、转运成本等，库存包括现货库存、在途库存。仓库最低保有量是仓库为了保障库存供给设置的最小库存。商品在出厂时不是按照件数发货，通常都有箱规，需要根据箱规发货，所以在考虑分配数量时，需要根据箱规对发货数量进行转化，要避免拆箱发货。

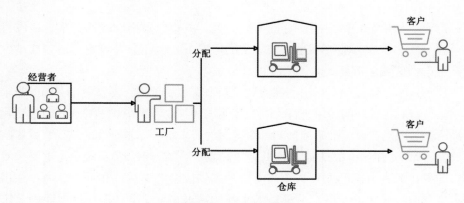

图 13-3　库存分配流程

　　分配均衡是指工厂或上游仓库将商品分配到下游各个仓库时，应根据各个仓库的库存、需求量，保证各个仓库的分配量相对均衡，不能厚此薄彼。衡量指标可以使用库存满足率，库存满足率需要考虑仓库的现货库存、在途库存、目标库存，计算公式是：

$$库存满足率 = \frac{现货库存 + 在途库存 + 分配量}{目标库存}$$

　　本地库存满足率是指当仓库所覆盖的区域内的客户发出订单需求时，库存中该订单包含的所有商品能够立刻满足客户需求的比值，当本地仓库无法满足订单需求时，只能通过其他区域的仓库跨区满足。理想状况是不同区域仓库的本地库存满足率绝对相等，这样所有需求均由本地仓库满足，而不会出现跨区满足的情况，这样可以最小化配送成本。当不同区域本地库存满足率偏差较大时，由于许多需求需要跨区配送，增加了配送成本。因而在考虑其他约束的情况下，我们以各个仓库的库存满足率偏差最小为目标进行商品分配。比如，工厂的可分配量是100 件，下游仓库分别是 A、B，A 的现货是 10，在途库存是 20，目标库存是50，B 的现货是 0，在途库存是 0，目标库存是 80，为了分配均衡，则工厂分配给 A 的数量是 20，分配给 B 的数量是 80。

　　目标库存的计算依赖于库存策略，一般需要先计算安全库存，然后在安全库存的基础上，考虑补货周期、提前期等。以（T,S）补货策略为例，目标库存计算如下：

$$SS = Z_k\sqrt{(\mu_{VLT} + NRT)\sigma_D{}^2 + \mu_D{}^2\sigma_{VLT+NRT}{}^2}$$
$$S = SS + \mu_D\mu_{VLT} + \mu_D NRT$$

其中，$\sigma_D{}^2$ 等于从当前时间算起，过去一段时间的实际历史销量的方差，VLT 表示客户从确认订单需求，到收到货物之间的时间——有效提前期，NRT指客户下单周期，μ_{VLT} 表示客户历史有效提前期的均值，μ_D 等于商品在未来 1 至 μ_{VLT} + NRT时间内的平均销量。

实践中，配送场景是复杂多样的，包括商品多样性、运输网络流限制等。多商品库存分配是指工厂或上游仓库可配送的是多种商品，每种商品都有自己的可配送量、箱规等，相比一种商品，多商品库存分配增加了库存分配过程中的难度。例如，A、B 两个工厂同时生产两种商品，分别直接给仓库 C、D 直接发货，候选线路包括 A→C、A→D、B→C、B→D，但是开通工厂到仓库的运输线路都需要固定成本，为了节省成本，应该避免开通所有 4 条线路。运输网络流限制是指在配送过程中配送货量会受到线路运输量、车辆、运输节点处理能力等因素的限制，这些约束也增加了分配过程的复杂度。

13.2.2　仓间调拨

在进行库存分配后，由于不同区域客户的需求可能不同，各个仓库可能会发生供需不均的情况。对于需大于供的区域，本地仓库无法完全满足需求，需要其他仓库跨区满足，增加了配送成本；对于供大于需的区域，本地仓库库存高企，增加了资金的占用和仓库面积占用，增加了仓库运营成本。仓间均衡从根本上说是为了平衡库存供给和消耗。

首先，各个仓库的均衡需求是已知的，如果仓库 A 的均衡需求大于 0，则说明该仓库需要被配入货量，是配入仓，配入仓 A 的配入需求等于其均衡需求；如果仓库 A 的均衡需求小于 0，则说明该仓库可以配出货量，是配出仓，配出仓 A 的可配出量等于负的均衡需求。

库存均衡的流程如图 13-4 所示。依据实际各仓库的均衡需求，我们可以确定配入仓集合和配出仓集合，假设配入仓集合={仓库 2，仓库 3，仓库 4，仓库 6，仓库 7}，配出仓集合={仓库 1，仓库 5}。我们要把仓库 1 和仓库 5 的商品配送到仓库 2、3、4、6、7，通过计算总配出量和总配入量，我们可以判断配入仓的需求能否被完全满足，当配入仓需求不能被完全满足时，我们要求将货量尽量均衡地分配到各配入仓，在进行商品分配时，我们要考虑各配入仓的需求。此外，还要求配入仓配入后的库存不应低于该仓库要求的最小保留量。因此模型给出的均衡方案应该首先满足仓库的最小保有量需求。其次应该满足尽量均衡分货的要求，在此基础上，在进行仓间均衡时，应尽量选择有效提前期较小的两个仓库进行配送，同时尽量减少仓间均衡次数。比如当 A 仓库和 B 仓库都可以为 C

仓库配送时，如果 A 仓库到 C 仓库的有效提前期为 4，B 仓库到 C 仓库的有效提前期为 5，则应该选择 A 仓库为 C 仓库配送，因为 A 仓库到 C 仓库的有效提前期更短。当总配入需求量<总配出需求量时，所有配入仓的配入需求均可 100% 满足，此时要求配出仓配出库存后的剩余库存差距尽量接近，不能偏差太大。

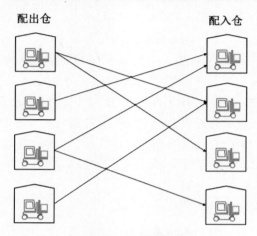

图 13-4　库存均衡流程

13.3　库存分配模型

13.3.1　参数定义

根据 13.2 节的描述，我们定义商品分配模型的参数，主要包括以下三个方面，一个是工厂、仓库实体信息，通过一些集合符号表示；二是计算过程使中用的参数信息，如费用、库存等；三是需要决策的指标，这些在计算前无法获知的具体数值被称为"决策变量"。

1. 数据集合

- I：工厂。
- J：仓集合。

2. 参数

- t_j：仓库目标库存。
- h_j：仓库现货与在途库存之和。
- m_j：仓库的最低保有量。

- b_i：工厂可配出量。
- c_{ij}：开通工厂i到仓库j的固定成本。

3. 决策变量

- $z_j^{\min}$：0-1 变量，$z_j^{\min}=1$ 表示仓库j分配后的库存不满足最低保有量；$z_j^{\min}=0$ 表示仓库j分配后的库存满足最低保有量。
- x_{ij}：工厂i到仓库j的运输量。
- y_{ij}：0-1 变量，工厂i是否分配给仓库j。
- p_j：仓库j分配后的满足率。
- $\bar{p}$：所有仓库分配后的满足率均值。
- s：最低满足率。
- d_j：仓库j满足率与满足率均值的距离。

13.3.2　目标函数

1. 分配均衡

仓库分配均衡首先是要提高所有仓库的满足率，避免木桶效应，即不能只满足部分仓库的需求，而忽略了其他仓库的需求。定义所有仓库的最低满足率，目标是使其最大化：

$$\max s$$

$$\sum_{i \in I} x_{ij} + h_j - t_j p_j = 0, \forall j \in J$$

$$p_j \geqslant s, \forall j \in J$$

提升所有仓库的最低满足率能够在一定程度上实现分配均衡，但是如果工厂的分配量不足以给每个仓库分配，无论怎么分配都不能提升最低满足率，那么这时这个方法就会失效，比如下游三个仓库 A、B、C 的现有满足率一样，而工厂的库存只能分配给其中两个仓库，此时通过这种方式得到的结果是工厂将所有的库存都分配给了其中一个仓库。

为了解决这个问题，可以增加另外一个指标，使各个仓库分配后的满足率的绝对偏差尽量小，定义方式如下：

$$\min \sum_{j \in J} d_j$$

$$d_j = |p_j - \bar{p}|, \forall j \in J$$

$$\bar{p} = \frac{1}{|J|} \sum_{j \in J} p_j$$

这两种方式的结合可以满足大部分情况下分配均衡的要求，两种方式结合得到如下均衡逻辑：

$$\min \sum_{j \in J} d_j - s$$

$$\sum_{i \in I} x_{ij} + h_j - t_j p_j = 0, \forall j \in J$$

$$p_j \geqslant s, \forall j \in J$$

$$d_j = |p_j - \bar{p}|, \forall j \in J$$

$$\bar{p} = \frac{1}{|J|} \sum_{j \in J} p_j$$

2. 运输成本

对于工厂—仓库的单层网络结构，成本主要是运输成本、开线固定成本。对于工厂—分拣中心—仓库的多层网络结构，成本包括运输成本、转运成本等。对于单层网络结构，其成本表示为

$$\min \sum_{i \in I} \sum_{j \in J} c_{ij} y_{ij}$$

对于多层网络结构，需要根据其特定的网络结构，考虑网络中的中间节点所需成本。

3. 最低保有量

最低保有量是防止缺货的一个重要措施，在实际运营中，库存分配首先需要满足各个仓库的最低保有量。最低保有量的具体数值通常根据业务经验进行设置。可以通过在目标约束中增加最低保有量来限制。

$$\min \sum_{j \in J} z_j^{\min}$$

$$\sum_{i \in I} x_{ij} + h_j - m_j \geqslant -M z_j^{\min}, \forall j \in J$$

13.3.3 数学模型

库存分配模型最终的目标函数为

$$\min \sum_{j \in J} d_j + \sum_{j \in J} z_j^{\min} - s + \sum_{i \in I} \sum_{j \in J} c_{ij} y_{ij}$$

目标函数包括多个优化目标，包括均衡各个仓库的满足率、满足各个仓库的最低保有量、降低仓间运输成本、减少调拨次数四个方面。

约束条件：

$$x_{ij} \leqslant b_i y_{ij}, \forall i \in I, j \in J \tag{13.1}$$

$$\sum_{j \in J} x_{ij} - b_i \leqslant 0, \forall i \in I \tag{13.2}$$

$$\sum_{i \in I} x_{ij} + h_j - m_j \geqslant -M z_j^{\min}, \forall j \in J \tag{13.3}$$

$$\sum_{i \in I} x_{ij} + h_j - t_j p_j = 0, \forall j \in J \tag{13.4}$$

$$p_j \geqslant s, \forall j \in J \tag{13.5}$$

$$d_j = |p_j - \bar{p}|, \forall j \in J \tag{13.6}$$

$$\bar{p} = \frac{1}{|J|} \sum_{j \in J} p_j \tag{13.7}$$

$$x_{ij} \geqslant 0, y_{ij} \in \{0,1\}, z_j^{\min} \in \{0,1\}, \forall i \in I, j \in J \tag{13.8}$$

其中，式（13.1）表示从工厂 i 到仓库 j 的配入量不超过工厂 i 的可配出量，式（13.2）表示工厂的配出总量不超过可配出量，式（13.3）定义了各个仓库是否满足最低保有量这一条件，式（13.4）定义了分配后各个仓库的满足率计算公式，式（13.5）定义了满足率下界，式（13.6）定义了各个仓库满足率与满足率均值的绝对偏差，式（13.7）定义了各个仓库满足率的均值，式（13.8）为各变量的基本约束。

13.4 仓间调拨模型

13.4.1 参数定义

根据仓间调拨的问题描述，仓间调拨模型的参数主要包括以下三个方面，一个是可配出仓、可配入仓信息，通过一些集合符号表示；二是计算过程中使用的参数信息，如配入需求量、可配出量、现货、最低保有量等；三是需要决策的指标。

1. 数据集合

- J：可配出仓集合。
- N：可配入仓集合。

2. 参数

- v_{ij}：从配出仓i到配入仓j的有效提前期，$i \in J$，$j \in N$。
- $v_{\max}$：$v_{\max} = \max\{v_{ij}, i \in J, j \in N\}$。
- d_j^{in}：配入仓j的配入需求量，$j \in N$。
- d_i^{out}：配出仓i的可配出量，$i \in J$。
- M_z：$M_z = \max\left\{\sum_{j \in N} d_j^{\text{in}}, \sum_{i \in J} d_i^{\text{out}}\right\}$。
- M_y：$M_y = \max\{d_j^{\text{in}}, \forall j \in N\}$。
- s_j^{spot}：仓库j的现货，$j \in J, N$。
- s_j^{min}：仓库j的最低保有量，$j \in J, N$。

3. 决策变量

- x_{ij}：从配出仓i配出到配入仓j的商品件数，$i \in J$，$j \in N$，为整数决策变量。
- y_{ij}：配出仓i是否给配入仓j配出库存，$i \in J$，$j \in N$，$y_{ij} \in \{0, 1\}$。
- z_j^{min}：配入仓j配入商品后库存是否低于最低保有量，$j \in N$，$z_j^{\text{min}} \in \{0, 1\}$。
- $p_{j_1 j_2}^{\text{in}}$：配入仓j_1和j_2的均衡目标库存的满足率差距绝对值，$j_1, j_2 \in N$，$j_1 \neq j_2$。
- $p_{i_1 i_2}^{\text{out}}$：配出仓i_1和i_2配出库存后的剩余库存差距绝对值，$i_1, i_2 \in J$，$i_1 \neq i_2$。
- z^{in}：所有配入仓库的配入需求是否完全满足，$z^{\text{in}} \in \{0, 1\}$。
- z^{out}：所有配出仓库的配出需求是否完全满足，$z^{\text{out}} \in \{0, 1\}$。

13.4.2　目标函数

1. 最低保有量

在多个目标项中，满足各配入仓的最低保有量是第一优先级。最低保有量是防止缺货的一个重要措施，在实际运营中，仓间调拨首先需要满足各个配入仓的最低保有量，即要求配入仓现货+配入该仓的总货量>该配入仓的最低保有量。最低保有量的具体数值通常根据业务经验进行设置。可以通过在目标约束中增加最低保有量来限制。当存在无法满足配入仓最低保有量的情况时，就会给目标函数施加较大权重的惩罚。

$$\min \sum_{j \in J} z_j^{\min}$$

$$s_j^{\mathrm{spot}} + \sum_{i \in J, i \neq j} x_{ij} - s_j^{\min} \geqslant -M_z z_j^{\min}, \forall j \in N$$

2. 调拨均衡

仓间调拨需要尽量均衡各配入仓的满足率，我们分别定义配入仓和配出仓的仓间满足率偏差 $p_{j_1 j_2}^{\mathrm{in}}$ 和 $p_{i_1 i_2}^{\mathrm{out}}$。其中 $p_{j_1 j_2}^{\mathrm{in}}$ 是配入仓 j_1 和配入仓 j_2 均衡目标库存的满足率差距绝对值，$p_{i_1 i_2}^{\mathrm{out}}$ 是配出仓 i_1 和配出仓 i_2 配出库存后的剩余库存差距绝对值。具体定义方式如下：

$$\left| \frac{s_{j_1}^{\mathrm{spot}} + \sum_{i \in J, i \neq j_1} x_{ij_1}}{s_{j_1}^{\mathrm{spot}} + d_{j_1}^{\mathrm{in}}} - \frac{s_{j_2}^{\mathrm{spot}} + \sum_{i \in J, i \neq j_2} x_{ij_2}}{s_{j_2}^{\mathrm{spot}} + d_{j_2}^{\mathrm{in}}} \right| = p_{j_1 j_2}^{\mathrm{in}}, \forall j_1 \neq j_2 \in N$$

$$\left| \frac{s_{i_1}^{\mathrm{spot}} - \sum_{j \in N, j \neq i_1} x_{i_1 j}}{\max_i s_i^{\mathrm{spot}}} - \frac{s_{i_2}^{\mathrm{spot}} - \sum_{j \in N, j \neq i_2} x_{i_2 j}}{\max_i s_i^{\mathrm{spot}}} \right| = p_{i_1 i_2}^{\mathrm{out}}, \forall i_1 \neq i_2 \in J$$

基于仓间满足率偏差的定义，我们在目标函数中要求配入仓满足率偏差之和与配出仓满足率偏差之和最小。在进行优化模型求解时，优先实现配入仓均衡，其次考虑配出仓均衡。

$$\min \sum_{j_1 < j_2 \in N} p_{j_1 j_2}^{\mathrm{in}} + \sum_{i_1 < i_2 \in J} p_{i_1 i_2}^{\mathrm{out}}$$

3. 调拨成本

在进行仓间调拨时，要考虑的成本包括运输成本、开线固定成本。由于无法获取准确的成本数据，我们用仓间调拨次数及发生调拨时两个仓间的有效提前期来代指仓间调拨成本，默认有效提前期越长，运输成本越高；有效提前期越短，运输成本越高。该目标项表示如下：

$$\sum_{i \in I} \sum_{j \in J} y_{ij}$$

用 0-1 变量 y_{ij} 表示仓库 i 和仓库 j 之间是否发生调拨，在以最小化目标项作为优化目标时，优化模型会倾向于让有效提前期较长的 OD 对不发生调拨，从而实现运输成本的优化。

13.4.3　数学模型

仓间调拨模型最终的目标函数为

$$\min_{\substack{x,y,p \\ z^{in},z^{out}}} \sum_{j \in N} w_1 z_j^{min} + \sum_{j_1 < j_2 \in N} w_2 p_{j_1 j_2}^{in} + \sum_{i \in I} \sum_{j \in J} w_3 y_{ij} + \sum_{i_1 < i_2 \in J} w_4 p_{i_1 i_2}^{out}$$

仓间调拨模型目标函数包括四个优化目标，分别为满足配入仓的最低保有量、配入仓满足率均衡、运输成本最小、配出仓满足率均衡。依据四个目标优先级的不同，设置了不同的权重参数，满足配入仓的最低保有量的优先级最高，配出仓满足率均衡的优先级最低，具体表示为 $w_1 > w_2 > w_3 > w_4$。

模型约束条件如下：

$$s_j^{spot} + \sum_{i \in J, i \neq j} x_{ij} - s_j^{min} \geqslant -M_z z_j^{min}, \forall j \in N \tag{13.9}$$

$$\sum_{j \in N, j \neq i} x_{ij} \leqslant d_i^{out}, \forall i \in J \tag{13.10}$$

$$\sum_{i \in J, i \neq j} x_{ij} \leqslant d_j^{in}, \forall j \in N \tag{13.11}$$

$$x_{ij} \leqslant M_y y_{ij}, \forall i \in J, j \in N \tag{13.12}$$

$$\sum_{i \in J} d_i^{out} - \sum_{(i,j) \in JN} x_{ij} \leqslant M_z z^{out} \tag{13.13}$$

$$\sum_{j \in N} d_j^{in} - \sum_{(i,j) \in JN} x_{ij} \leqslant M_z z^{in} \tag{13.14}$$

$$z^{in} + z^{out} \leqslant 1 \tag{13.15}$$

$$\left| \frac{s_{j_1}^{\text{spot}} + \sum\limits_{i \in J, i \neq j_1} x_{ij_1}}{s_{j_1}^{\text{spot}} + d_{j_1}^{\text{in}}} - \frac{s_{j_2}^{\text{spot}} + \sum\limits_{i \in J, i \neq j_2} x_{ij_2}}{s_{j_2}^{\text{spot}} + d_{j_2}^{\text{in}}} \right| = p_{j_1 j_2}^{\text{in}}, \forall j_1 \neq j_2 \in N \qquad (13.16)$$

$$\left| \frac{s_{i_1}^{\text{spot}} - \sum\limits_{j \in N, j \neq i_1} x_{i_1 j}}{\max\limits_i s_i^{\text{spot}}} - \frac{s_{i_2}^{\text{spot}} - \sum\limits_{j \in N, j \neq i_2} x_{i_2 j}}{\max\limits_i s_i^{\text{spot}}} \right| = p_{i_1 i_2}^{\text{out}}, \forall i_1 \neq i_2 \in J \qquad (13.17)$$

$$x_{ij} \in [0, +\infty), p_{ii}^{\text{out}}, p_{jj}^{\text{in}} \in [0,1], y_{ij}, z_j^{\min}, z^{\text{in}}, z^{\text{out}} \in \{0,1\}, \forall (i,j) \in JN \qquad (13.18)$$

其中，式（13.9）表示配入仓的现货+配入量是否超过其最低保有量，式（13.10）、（13.11）分别为配出仓配出量约束和配入仓需求量约束，要求各配出仓的配出总货量不能超过该仓库的可配出量，同样，各配入仓的配入总货量不能超过该仓库的配入需求量。式（13.12）定义了配出仓 i 到配入仓 j 的分配量与两个仓库是否发生调拨之间的关系。式（13.13）~ 式（13.15）表示不允许在配出仓还有可配出货量的情况下，配入仓有未满足的需求，其中，z^{in}、z^{out} 均为0-1 变量，分别表示所有配入仓库的配入需求是否完全被满足，所有配出仓库的可配出量是否完全配出。当 $z^{\text{in}} = 1$、$z^{\text{out}} = 0$ 时，表示配出仓可配出量完全配出，但是配入仓需求量未完全被满足；当 $z^{\text{in}} = 1$、$z^{\text{out}} = 1$ 时，表示配入仓需求量完全被满足，但是配出仓可配出商品还有余量；当 $z^{\text{in}} = 1$、$z^{\text{out}} = 0$ 时，表示配入仓需求量完全被满足，且配出仓可配出量完全配出。式（13.16）定义了两个配入仓均衡目标库存的满足率差距绝对值，式（13.17）定义了两个配出仓均衡目标库存的满足率差距绝对值，式（13.18）为各变量基本约束。

13.5　案例分析

13.5.1　背景描述

某传统零售公司为了方便在全国范围内高时效履约，在全国西北、西南、东北、华北、华中、华南、华东七个大区分别设了 1 个仓库，当七个仓库的库存现货不均衡——即部分仓库的库存相较其所在大区的需求而言偏多，而部分仓库库存相较其所在大区的需求而言偏少时，为了保证七个大区内的订单需求都能由本地仓库履约，避免跨区履约，需要进行仓间调拨。

首先，各个仓库的均衡需求是已知的，如果仓库 A 的均衡需求大于 0，则说明该仓库需要被配入货量，是配入仓，配入仓 A 的配入需求等于其均衡需求；如果仓库 A 的均衡需求小于 0，则说明该仓库可以配出货量，是配出仓，配出仓 A 的可配出量等于负的均衡需求。每个仓库的信息如表 13-1 所示，包括仓库名称、仓库的最小保有量、现货及均衡需求。

表13-1　仓库信息

仓库名称	仓库的最小保有量（件）	现货（件）	均衡需求（件）
沈阳仓	5	3	2
北京仓	10	22	-12
上海仓	5	17	-12
武汉仓	5	2	3
西安仓	5	4	1
成都仓	5	3	2
广州仓	5	3	2

依据表 13-1 各个仓库的均衡需求，我们可以分别确定，配入仓集合={沈阳仓，成都仓，武汉仓，广州仓，西安仓}，配出仓集合={北京仓，上海仓}。我们要把北京仓、上海仓的商品配送到沈阳仓、成都仓、武汉仓、广州仓、西安仓这五个仓库。在进行库存均衡时，要求配入仓配入后的仓库库存不应低于该仓库要求的最小保留量，在此基础上，在进行仓间均衡时，应尽量选择有效提前期较小的两个仓库进行配送，同时尽量减少仓间均衡次数，仓—仓之间的 VLT 信息如表 13-2 所示。优化目标是希望配出仓配出库存后的剩余库存均衡，同时配入仓被配入库存后的库存尽量均衡。

表 13-2　VLT 信息

配入仓	配出仓	有效提前期（天）
上海仓	沈阳仓	4
成都仓	北京仓	5
沈阳仓	成都仓	4
上海仓	广州仓	6
成都仓	武汉仓	5
武汉仓	西安仓	4
西安仓	北京仓	5
广州仓	沈阳仓	6
沈阳仓	北京仓	4
西安仓	成都仓	4
广州仓	武汉仓	6

续表

配入仓	配出仓	有效提前期（天）
上海仓	武汉仓	6
沈阳仓	广州仓	5
北京仓	西安仓	5
上海仓	成都仓	5
广州仓	北京仓	6
沈阳仓	西安仓	4
北京仓	沈阳仓	5
西安仓	沈阳仓	4
武汉仓	沈阳仓	5
上海仓	西安仓	4
武汉仓	上海仓	4
北京仓	成都仓	5
成都仓	广州仓	5
广州仓	西安仓	6
武汉仓	北京仓	5
武汉仓	广州仓	6
成都仓	沈阳仓	4
北京仓	广州仓	7
武汉仓	成都仓	4
西安仓	上海仓	4
北京仓	上海仓	5
成都仓	西安仓	4
沈阳仓	武汉仓	4
西安仓	广州仓	6
上海仓	北京仓	4
广州仓	成都仓	4
沈阳仓	上海仓	4
成都仓	上海仓	5
西安仓	武汉仓	4
北京仓	武汉仓	5
广州仓	上海仓	6

13.5.2　结果分析

本节为案例结果分析，相关案例代码见资源文件中的代码清单 13-1。优化后模型的测算结果如表 13-3 所示，包括配出仓、配入仓及分配数量。该模型在综合考虑仓间有效提前期、配出仓可配出量、配入仓需求、配入仓现货的情况下，最终给出的方案为：上海仓→武汉仓：3；上海仓→西安仓：1；北京仓→沈阳仓：2；北京仓→成都仓：2；北京仓→西安仓：2。

表 13-3　模型最优解实例

配出仓	配入仓	分配数量（件）
上海仓	武汉仓	3
上海仓	西安仓	1
北京仓	沈阳仓	2
北京仓	成都仓	2
北京仓	西安仓	2

我们基于库存均衡分配方案、目标库存及仓库现货，计算模型优化前后的库存满足率指标（满足率=仓库现货/目标库存），具体结果如表 13-4 所示。

表 13-4　优化前后满足率对比

仓库名称	最小保有量（件）	现货（件）	目标库存（件）	优化前库存满足率	优化后库存满足率
沈阳仓	5	3	5	0.6	1
北京仓	10	22	10	2.2	1.6
上海仓	5	17	5	3.4	2.6
武汉仓	5	2	5	0.4	1
西安仓	5	4	5	0.8	1.2
成都仓	5	3	5	0.6	1
广州仓	5	3	5	0.6	1

通过观察图 13-5 可以看出，优化后各个仓库的库存满足率与优化前的库存满足率相比，仓间库存更加均衡，满足率差距更小。其中，优化前满足率的方差为 1.29，优化后满足率的方差为 0.36，优化后库存在全国七个大区的分布更加均衡。

从本案例可以看出，企业能够通过优化仓间库存调拨数量，在考虑运输距离的情况下，实现配出仓、配入仓的仓间均衡，从而避免过剩库存，降低跨区履约率，提升本地仓库满足率，有效减少配送成本。

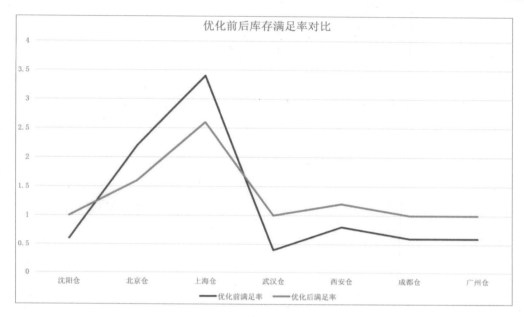

图 13-5　现状和优化结果对比

13.6　本章小结

　　本章针对商品分配和仓间调拨的决策优化问题进行研究，商品分配和仓间调拨在时间维度上存在先后关系，首先进行商品分配，将商品分配到各个仓库，在库存日常消耗过程中，可能会产生各个仓库库存过多或过少的问题，此时需要进行仓间调拨。在进行商品分配和仓间调拨时，需要决策工厂→仓库或仓库→仓库的分配量，最终实现在考虑运输成本的基础上均衡库存，以达到有效提升各个地区的订单满足率的目的。本章综合考虑了运输成本、满足率和均衡性等多个方面的因素，基于已有的有效提前期、配入需求量、可配出量、现货、最低保有量等参数，分别构建了库存分配模型和仓间调拨模型，在构建模型过程中详尽考虑了最低保有量需求、调拨均衡等约束目标。所构建的模型不仅能够保证各个仓库的库存满足最低要求，还能够在满足这一要求的基础上尽可能地均衡调拨，优化供应链运作，降低成本，提高效率，还能够提升整体供应链的运作水平，为客户提供更好的体验。

第14章
CHAPTER 14

车：城配车辆调度

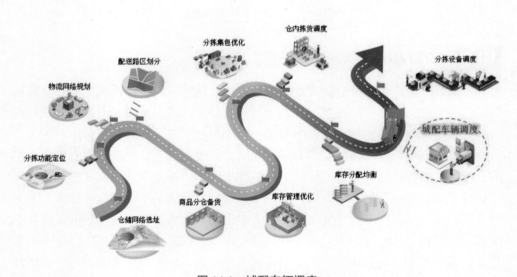

图 14-1　城配车辆调度

将货物配送到门店需要经过车辆运输，然后才能由快递员将商品送达客户。货物货量、期望到达时间千差万别。如何合理地安排车辆和行驶路线是运营过程中要解决的重要问题，本章将介绍城配车辆调度（见图 14-1）的过程。

14.1 背景介绍

我国数字经济的蓬勃发展和新零售模式的快速兴起，城市物流配送（城配）行业正经历着一场智能化和数字化的转型。城配是指在城市范围内，货物从仓库或分拣中心出发，通过车辆配送至营业部和门店的过程。城配车队提供点对点、短距离的货运服务，是城市经济社会运行的重要支柱。

城配业务具有小批量、多品种、高频率和近距离的特点，服务场景多样且复杂，难以形成统一的服务标准。由于城市间在区域面积、人口、经济和消费习惯等方面存在差异，城配业务特征也呈现出地域性差异，使得标准化服务方案难以实现。此外，客户需求的碎片化和差异化，以及城配物流需求在城市中的不规则分布，使得城配企业面临一系列经营挑战。城配行业目前面临的三大痛点包括：

（1）运输需求的不确定性：客户订单的不稳定性使得货量难以预测，增加了车辆调度和路线规划的难度。不同的客户对收货时间有不同的要求，配送路线的规划必须考虑这些时间窗的限制。此外，城市内不同的配送点有着不同的卸货条件和要求，这要求快递员具备多样化的服务能力。

（2）运力资源的管理复杂性：在配送高峰期，运力可能不足，需要跨区域支援，增加了运力管理的复杂度。不同城市对车型的装载限制不同，加上线路招标中的多类型合同，使得费用结构复杂。

（3）路径规划面临的挑战：城市交通路况的复杂性和变化性要求配送路线能够动态调整。在途数据的实时监控困难，配送过程中的数据标准化程度低，影响运营效率。司机对线路的熟悉程度和工作量、收入的不均衡也是增加路径规划复杂性的因素。

这些痛点严重影响了城配的效率，提高了物流成本，并且增加了资源调度的复杂性。传统的人工调度方法已难以满足需求，城配行业迫切需要引入智能算法来提升调度的稳定性和效率。

14.2 问题描述

城配算法涉及运筹学、地理信息系统（GIS）、人工智能和数据分析等多个领域，其优化成果直接影响物流成本、配送效率和客户满意度。

利用调度算法优势，能够有效提高生成调度方案的效率，提高整体的城配调度能力，降低人力成本等。城配的调度场景主要有三种：零担调度、整车调度、整车串点。根据不同的调度场景，需要调用不同的算法。这些算法的执行流程和相应的建模求解方案也各有差异。例如，在整车调度场景中，通常采用基于贪心算法的方法；在零担调度场景中，则多采用整数规划方法，并可能结合元启发式算法进行求解；而在处理整车串点问题时，一般会使用车辆路径问题（Vehicle Routing Problem，VRP）的相关算法。现对以上三种场景下的算法进行详细介绍：

（1）零担调度：零担调度指的是小货量货物可以承包给地方承运商进行运输，并基于重量和体积付费。但是也可以通过将多个零担订单整合到一个车辆上进行配送，也就是通过零担转整车来降低配送成本。整车的价格往往比零担便宜，通过零担转整车的方式，可以将单个、多个订单拆单或者合并，根据价格最优然后转整车，达到降本的目的，如图14-2所示。

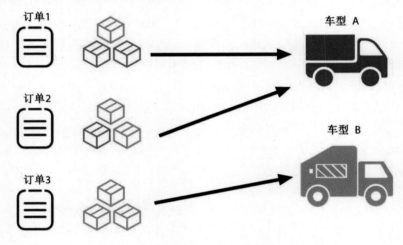

图 14-2   零担转整车

（2）整车调度：针对需要使用整车的场景，客户下单的车型有时往往不合理，或者不选定车型，所以本方案的目的是在满足货物体积和重量要求的情况下，选择成本最低的车型（降车型），达到降本的目的，图 14-3 为整车降车型的示意图。

图14-3   整车降车型

（3）整车串点：整车串点即对一定范围内的单客户/多客户订单进行提货段和送货段的订单分配与路径规划，这是典型的 VRP 问题。通过优化车辆串点路径，在满足货物配送时效要求的前提下，降低运输成本。图 14-4 为整车串点示意图。

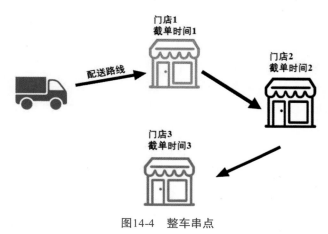

图14-4　整车串点

针对不同场景的优化策略不同，可以通过**零担转整车、整车降车型、整车串点**的方式实现不同场景下的成本优化。对于整车调度和整车串点的算法，仅介绍算法逻辑，本章主要对零担调度算法的模型进行详细说明。除了场景介绍，还需要了解优化场景所关联的评价指标，也就是我们优化的目标项是什么。此外，还需要了解整个城配主要涉及哪几个关键环节，哪些因素会影响指标的变化。

14.2.1　选取评价指标

城配调度算法的评价指标体系对于衡量算法性能至关重要，它不仅关注运算效率和成本节约，还需要综合考虑服务质量、可靠性和可扩展性。评价指标应全面反映运输、仓储和管理成本，同时涵盖准时率、货物损坏率和客户满意度等服务质量维度。此外，城配调度算法的执行速度、资源消耗、面对异常气候的稳定性及适应不同规模业务的能力也是评价的关键因素。综合这些指标能够准确评估城配调度算法的综合性能，助力算法的持续优化和效率提升。本章主要聚焦于成本维度的优化。

14.2.2　明确核心问题

城配调度算法面临的核心业务问题主要集中在如何高效、经济且可靠地管理和优化货物的运输。这类算法需要处理多个复杂且相互关联的问题，其核心挑战如下：

（1）路径优化与路线规划：为运输车辆找到最优路径，以减少运输时间和成本，通常需要解决旅行商问题（TSP）和车辆路径问题（VRP）。在这一过程中，需要考虑路线长度、交通状况、司机工时等因素，以确保路径规划的合理性，避免额外的燃油消耗和时间浪费。

（2）货物调度与分配：如何有效地将不同客户的货物合理地分配和合并到同一车辆或同一路线上，以提高装载率和减少运输成本。合理的货物合并不仅减少运输成本，还可以提高客户满意度，因为它有助于保证货物按时到达。

（3）动态调度和实时反应：在面对突发事件时，如交通拥堵、天气变化或紧急订单，动态调度和实时反应能力显得尤为重要。城配调度算法必须能够快速响应这些变化，实时更新路线和计划，以保持服务的可靠性和及时性，这对于维护客户关系和企业声誉至关重要。

（4）成本控制与效率提升：物流企业应持续追求成本控制与效率提升，在保障服务质量的同时减少运输和操作成本，不断提升竞争力和利润率，实现效率与成本的最佳平衡。

（5）提升客户服务质量和满意度：确保货物安全和及时到达是物流行业的核心任务，它直接关系到客户服务的质量。通过提供可靠的物流服务，企业能够在客户心中建立起信任感，从而促进品牌声誉的提升和客户忠诚度的增强。

14.3 零担调度（零担转整车）

14.3.1 问题抽象

目前主要有两种运输方式，即零担和整车。物流企业有自营的车辆可以提供整车运输需求，但是物流企业需要承担整车的固定费用，包括司机成本、油耗、装卸成本等，导致费用很高。零担主要承包给第三方承运商，货物会和其他企业的货物一起运输，最终以体积和重量结算。因此，零担调度需要通过货物的拆车和合车，评估是不是整车运输比零担运输的成本更低，具体什么货物需要放到哪辆车上，与货物的包裹数量、货物本身的体积和重量，以及车辆的体积重量上限有关。下面介绍具体的建模过程。

14.3.2　模型建立

1. 参数定义

在构建模型之初，我们需要知道在零担转整车过程中有哪些订单、哪些备选车辆；针对多包裹订单，每个订单有几个包裹，如何尽量满足一个订单中的包裹尽量在同一辆车上。在零担调度的过程中，还应该了解车辆的最大容纳体积、最大重量上限、成本计算方式等。另外，还需要知道零担和整车的计费方式，才能方便地比较零担是否适合转整车。相关参数的定义如下：

- O：订单集合。
- K：车辆的集合。
- O_i：第i个订单中的包裹集合。
- V_k：第k辆车的体积限制。
- W_k：第k辆车的重量限制。
- FC_k：使用第k辆车的固定成本。
- $\text{ucost}(O_i)$：订单i中的包裹不在同一辆车上的惩罚成本。
- $\text{cost}_k(w, v)$：第k辆车使用零担的计费方式的成本函数，输入重量w和体积v，该函数可以输出采用零担方式的成本。
- v_{ij}：订单i中包裹j的体积。
- w_{ij}：订单i中包裹j的重量。

2. 决策变量

零担转整车要解决的问题是零担订单的拆单、合单，以及订单的包裹应该放到哪辆车上，以达到成本最低的目标。因此，需要设定 0-1 变量y_k、x_{ijk}和z_i，其中y_k代表第k辆车是否被使用，x_{ijk}代表第i个订单中的第j个包裹被分配到第k辆车上。除此之外，还需要标识使用了哪种计费方式。这里，设置计费方式的目的是区别整车和零担到底哪种方式更合适。零担调度模型的所有决策变量如下：

- y_k：第k辆车是否被使用。
- x_{ijk}：第i个订单中的第j个包裹被分配到第k辆车上。
- z_i：订单i中的包裹是否在同一辆车上，$z_i = 1$表示订单i中的包裹不在同一辆车上。

3. 目标函数

零担转整车的目标是根据零担和整车的价格比较，找到最优价格组合方式，具体如下所示。

不同车型有固定的使用成本FC_k，而且根据车辆内的订单不同，有不同的计费规则。选零担还是选整车，需要对比零担和整车产生的费用，其中选用零担的运输方式而产生的计费成本可以表示为

$$\text{cost}_k \left(\sum_{i \in O} \sum_{j \in O_i} x_{ijk} v_{ij}, \sum_{i \in O} \sum_{j \in O_i} x_{ijk} w_{ij} \right)$$

cost_k是一个计算函数，输入相应包裹数量后，可以输出对应零担的价格。选用整车的费用可以表示为$FC_k y_k$。一般同一个订单只能选取一种运输方式，至于选用哪种运输方式，需要选取整车运输和零担运输成本的最小值，即

$$r_k = \min \left(\text{cost}_k \left(\sum_{i \in O} \sum_{j \in O_i} x_{ijk} v_{ij}, \sum_{i \in O} \sum_{j \in O_i} x_{ijk} w_{ij} \right), FC_k y_k \right)$$

同理，在一个订单中，可能包含多个包裹。如果同一个订单中的包裹被分配到多个车辆中，则会造成客户体验感变差。所以可以在目标函数中增加一个惩罚项，在保证成本最小的情况下，尽可能让同一个订单中的包裹放到一个车上，提升客户体验感。因此，同一个订单归属于不同包裹带来的惩罚成本可以表示为$\text{ucost}(z_i)$。综上所述，零担转整车的目标函数可以表示为最小化运输成本并尽可能让同一个订单中的包裹归属于一辆车上。

$$\min \sum_{k \in K} r_k + \sum_{i \in I} \text{ucost}(z_i)$$

4. 数学模型

根据上述分析，零担转整车的成本优化问题可以表示为混合整数规划模型，目标函数可以表示为

$$\min \sum_{k \in K} r_k + \sum_{i \in I} \text{ucost}(z_i)$$

$$\text{s.t.} \quad \sum_{k \in K} x_{ijk} \leqslant 1, \forall i \in O, j \in O_i \tag{14.1}$$

$$\sum_{i \in O} \sum_{j \in O_i} x_{ijk} v_{ij} \leqslant V_k y_k, \forall k \in K \tag{14.2}$$

$$\sum_{i \in O} \sum_{j \in O_i} x_{ijk} w_{ij} \leqslant W_k y_k, \forall k \in K \tag{14.3}$$

$$z_i = \begin{cases} 0, & \sum_j x_{ijk} \geqslant |J|, \exists k \in K \\ 1, & \text{else} \end{cases}, \forall i \in O \tag{14.4}$$

$$y_k, z_i, x_{ijk} \in \{0,1\}, \forall i \in O, j \in O_i, k \in K \tag{14.5}$$

其中，式（14.1）限制了每个包裹只能被分配到一辆车上；式（14.2）和式（14.3）表示货物的总量不能超过车辆的体积和重量的上限，式（14.4）表示订单i中的包裹是否被分配到一辆车上，式（14.5）限制决策变量y_k、x_{ijk}为 0-1 变量。

14.3.3　算法设计

在进行算法设计过程中，需要先对数据进行预处理，比如需要对哪些订单进行零担转整车，所以要对订单先进行分组，明确优化对象。之后，根据问题规划进行算法设计。最后，对算法结果进行进一步阐释和后处理，方便运维人员解读。

1. 预处理

订单分组：在零担场景下，首先算法对截单时间之前的订单进行计算，例如设置下午 6 点为截单时间，那么客户前一天下午 6 点到当天下午 6 点之间下的订单可以作为一个调度波次进行计算。另外可以根据业务需求是否允许"跨区或者跨天"进行分组计算，即将地址所属区域相同并且预约送货时间在同一天的订单作为一个组进行计算。

是否拆单：对订单是否允许拆单进行判断，包括：业务要求是否能拆单，例如仓配订单不拆；如果订单是单一包裹，也就不需要拆单了，已经是最细粒度了；如果订单上没给出包裹信息，那么默认也是不拆单的。

拆单粒度：确定拆单粒度，一种最简单的方案将每个包裹都拆成虚拟订单，但由于一个订单的包裹数可能达到上千个，而且该优化问题是一个 NP-hard 问题，所以如果按照该粒度对订单进行拆单，那么从算法性能上来说是很难在规定的时间内求解的。所以可以按照所有入参订单的总包裹数除以算法可处理的最大单量作为拆单粒度。

拆单规则：具体拆单策略是按照拆单粒度，将订单基于体积和重量均分的规则进行拆单。

2. 算法求解

首先，构建一个无限装载容量（将体积、重量等限制设置为一个极大值）的虚拟车辆，并且规定这辆虚拟车是以零担结算的。通过"在车辆池中添加一个装载无限的虚拟车辆放置零担"的建模技巧，从而将两类优化问题转化成单一的建模问题。

其次，将前一步预拆单处理后的所有虚拟订单分配给这一辆虚拟车辆作为初始解，即初始解是订单以零担计费的。在之后的计算策略中，都按照虚拟车辆使用零担方式进行计费，而真实车辆使用整车方式进行计费的原则。

然后，以体积、重量作为硬约束，同时通过增加"预拆的虚拟订单所属原订单尽量分配在一辆车中"的软约束策略来避免"过拆单"的问题（过拆单示例：A 的 100 立方米（方）拆成 50 方的 A1 和 A2，B 的 100 方拆成 50 方的 B1 和 B2，然后 A1 和 B1 组成一车，A2 和 B2 组成一车，但实际上 A 和 B 分别存放在一辆车上就行，没必要拆单，拆单增加了线下流程的操作难度）。

最后，优化求解。既可以基于列生成等精确算法求解，也可以基于元启发式求解，考虑到求解空间较大、计算耗时要求比较严格的原因，本方案采用 ALNS 的元启发式算法。ALNS 在邻域搜索的基础上增加了对算子作用效果的衡量，使算法能够自适应选择好的算子对解进行破坏与修复，从而加速产生更好的解方案。在邻域搜索算法中，如果搜索的邻域过于狭窄，那么即便引入了启发式技术，算法仍然可能难以避免陷入局部最优解。如果采用大型的邻域搜索策略，则可以显著增加算法在解空间中的探索范围。然而，这种方法在应用各种算子时往往缺乏针对性，导致需要遍历所有可能的邻域结构，这不仅效率低下，而且可能忽略了一些有价值的启发式信息。为了解决这一问题，ALNS 提供了一种有效的解决方案。ALNS 不仅允许在单次迭代中探索多个不同的邻域，而且能够根据算子的历史表现和使用频率来智能选择下一次迭代中使用的算子。通过这种方式，ALNS 能够在算子之间建立一种竞争机制，从而更有针对性地生成当前解的邻域结构。这种方法不仅提高了搜索效率，而且大大增加了找到更优解的可能性。

ALNS 不断"调整部分订单归属的车辆"的邻域操作，每调整一次都去评估这次调整后整体的运输成本，如果成本整体更优，则接受该解，如果成本略微低于调整前的，则以一定概率接受该解。然后一直循环，直到达到规定的求解时间或者求解次数，或者解的质量在一定时间内没有变得更好，则跳出循环。以循环内找到的最好的解作为最终结果输出。

在邻域操作中，以车型交换举例，一辆车的多个订单和另外一辆车的多个订单交换，两个车辆的订单合并等。在本方案中由于涉及的计费方式不同，所以邻域操作增加了虚拟车辆和整车的车型互换，且算子权重设置较高，目的是更好地判断成本计算优劣。

14.4 整车调度（整车降车型）

对于整车下单的场景，客户下单的时候往往不合理，或者因为对所选车型的装载能力不太了解导致所选车型偏大、成本偏高。对于这种情况，可以通过算法来调整相应车型，在满足货物装载能力的前提下，实现成本最低的目标。

该优化方案较为简单，可以根据日常业务逻辑，用启发式的方式设计并求解。具体流程如下：

首先根据起始城市、目的城市、客户、承运商查询价格表获取相应车型的价格，将所有车型的价格表作为车辆资源池（可认为每种车型有无限车辆），如果价格表查询为空，则使用客户下单的车型，或者在入参的资源池中查找相应的合适车辆，如果价格查询非空，则查找满足装载要求的价格更便宜的车辆。详细逻辑如下：

- 对于无下单车型，则根据优先级在价格车辆池中查找满足装载要求的价格最小的车辆，如果没找到，那么再在入参车辆池中找到满足装载要求的最小车型，如果装载不满足要求，则查找最大车型。
- 对于有下单车型，如果下单车型无匹配价格，则直接返回下单车型，如果有价格则进行价格比较。具体流程如图14-5所示。

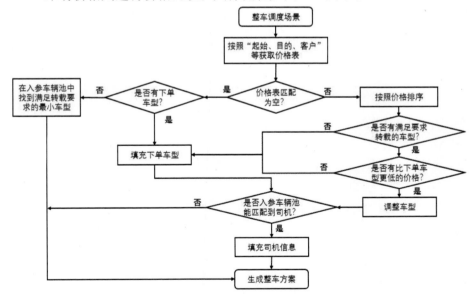

图 14-5 整车调度算法流程

整车降车型有两种求解方式：一种是贪心算法方式，针对每个订单遍历所有车型，找到能够装下该订单中货物的价格最优的车辆，可以认为每种车型的车辆资源是无限的。另一种是 KM 算法方式，在车辆资源有限的情况下，基于订单i分配到车辆j的成本得分，使用 KM 算法找到成本最优的方案。

14.5　整车串点

14.5.1　问题抽象

整车串点有多种细分场景，并根据不同的细分场景，有不同的规划方案。针对同一提货点的场景，整车串点过程中只需要规划配送路径（一个仓出发，多个目的地配送）；针对多提货点的场景，采用先取后送的规划方式。所以该问题可以被建模为一个 VRP 问题，本章采用自适应大邻域搜索算法（ALNS）进行求解。

14.5.2　模型建立

1. 参数定义

整车串点的主要目标为优化车辆路径，在不晚于要求到达时间的情况下，使得串点的路径距离最短。如果把整车串点看作一个网络，那么订单中的目的地就是网络中的节点，车辆路径就是网络中的边。我们需要知道节点及边的信息，才能设计出每辆车的最短路径。具体参数包括：

- N：节点集合。
- K：车辆集合。
- l_i：节点i的最晚期望到达时间。
- t_i：车辆到达节点i的时间。
- s_i^k：车辆k在节点i的服务时长。
- d_{ij}：弧(i,j)之间的距离。
- r_k：车辆k的行驶速度。

决策变量

整车串点是在车辆中的货物已经确定的前提下，优化车辆路径。因此，需要知道每辆车的具体路径。涉及的决策变量如下：

- x_{ij}^k：车辆k是否经过弧(i,j)。

2. 目标函数

整车串点的优化目标为最小化总的运输距离。如果希望每辆车在配送完所有订单的前提下，经过的距离是最短的，那么减少配送距离的目标函数可以表示为 $\sum_{k\in K}\sum_{i\in N}\sum_{j\in N}d_{ij}x_{ij}^{k}$。如果希望同时优化成本和距离，则可以建立一个多目标优化问题，并需要配置相应的权重，均衡成本和距离的关系。本节聚焦于距离的优化，完整的目标函数可以表示为

$$\min \sum_{k\in K}\sum_{i\in N}\sum_{j\in N}d_{ij}x_{ij}^{k}$$

3. 数学模型

为了满足运输距离最小的目标，需要满足多种约束条件，包括车辆路径限制、时间窗限制等。

结合以上目标函数，该问题可以建模为

$$\min \sum_{k\in K}\sum_{i\in N}\sum_{j\in N}d_{ij}x_{ij}^{k}$$

$$\text{s.t.} \quad \sum_{j\in N}x_{ij}^{k}-\sum_{j\in N}x_{ji}^{k}=0, \forall i\in N, k\in K \tag{14.6}$$

$$\sum_{k\in K}\sum_{i\in S}\sum_{j\in S(i\neq j)}x_{ij}^{k}\leqslant |S|-1, \forall S\subseteq N, 1\leqslant |S|<|N| \tag{14.7}$$

$$x_{ij}^{k}\left(t_{i}+s_{i}^{k}+\frac{d_{ij}}{r_{k}}-l_{j}\right)\leqslant 0, \forall i,j\in N, i\neq j, k\in K \tag{14.8}$$

其中，式（14.6）表示节点 i 的流平衡，式（14.7）的作用是防止出现独立子环，式（14.8）为时间窗限制，要求车辆必须在最晚期望到达时间之前到达。其中，t_{i} 表示车辆到达节点 i 的时间，s_{i}^{k} 表示车辆 k 在 i 节点的服务时长，$\frac{d_{ij}}{r_{k}}$ 表示车辆从 i 到 j 的路径时长，l_{i} 表示节点 i 的最晚期望到达时间。为了满足客户的需求，对于节点 j 来说，车辆到达 j 的时间必须早于最晚期望到达时间，可以表示为式（14.8）。

14.6　城配案例分析

14.6.1　零担调度

某分拣中心的截单时间为每天早上 6 点。在 4 月 28 日截单时间前，该分拣

中心接收了需要发往甲地的 15 个订单，每个订单包含 1～5 个包裹不等。

该分拣中心对包裹实行标准化管理，将不同体积和重量的包裹划分为四个等级，其相应的标准如表 14-1 所示。

表 14-1 包裹等级标准

等级	$0.001m^3$	$0.01\ m^3$	$0.1m^3$	$0.5\ m^3$
1.0kg	A	A	A	B
5.0kg	A	B	B	C
20.0kg	B	C	C	D
100.0kg	C	D	D	D

4 月 28 日发往甲地的订单包裹详情如表 14-2 所示（每个包裹的体积和重量按照其所在等级的上限计算）。

表 14-2 订单包裹详情

订单号	包裹等级	订单号	包裹等级
订单 1	AAAC	订单 9	AABBB
订单 2	BBCD	订单 10	ADD
订单 3	BBDD	订单 11	ACD
订单 4	ABBD	订单 12	AACCC
订单 5	AAAAB	订单 13	ABBCC
订单 6	BBCCC	订单 14	ADD
订单 7	ABBBC	订单 15	ACDD
订单 8	CCDD		

每个订单可以选择零担运输或整车运输：零担运输会将该订单外包给专业物流公司进行运输并按照订单包裹总重量进行收费（收费标准为 5 元/kg）；整车运输是使用分拣中心的自有车辆进行运输，受到体积和重量的限制，以整车为单位计算成本。该分拣中心可以调配的运输车辆有三种规格，每种规格的数量和资源限制如表 14-3 所示。

表 14-3 每种规格的数量和资源限制

车型	体积上限（m^3）	承重上限（kg）	数量	整车成本（元）
小型	1.0	200	2	400
中型	1.5	300	2	500
大型	2.0	400	1	700

选用合适的调度方案，在满足订单全部配送的情况下，既确保同一订单包裹在同一辆车上，又能使总运输成本最小。

14.6.2 结果分析

本节为案例结果分析，相关案例代码见资源文件中的代码清单 14-1。使用 Gurobi 对上述模型进行求解，得到的最优解如表 14-4 所示，此时方案的总成本为 4510 元。

表 14-4 案例模型最优解

	零担	整车				
		小型 0	大型 0	中型 1	小型 1	中型 0
订单 1		AAAC				
订单 2			BBCD			
订单 3				BBDD		
订单 4		ABBD				
订单 5			AAAAB			
订单 6					BBCCC	
订单 7				ABBBC		
订单 8			CCDD			
订单 9			AABBB			
订单 10	1					
订单 11					ACD	
订单 12						AACCC
订单 13				ABBCC		
订单 14	1					
订单 15						ACDD

观察最优解可以发现，此时有两个订单选择了零担的方式，其他订单全部采用整车的方式，这是由于零担的成本往往较高，在整车资源满足的情况下，分拣中心总会优先选择整车配送。我们可以尝试降低零担的单位成本来观察方案的变化，当零担成本为 2 元/kg 时，最优方案如表 14-5 所示，方案成本为 3126 元。

表 14-5 案例模型零担成本为 2 元/kg 时的最优解

	零担	整车		
		大型 0	中型 1	中型 0
订单 1		AAAC		
订单 2		BBCD		
订单 3	1			

续表

	零担	整车		
		大型 0	中型 1	中型 0
订单 4	1			
订单 5		AAAAB		
订单 6	1			
订单 7			ABBBC	
订单 8				CCDD
订单 9		AABBB		
订单 10	1			
订单 11	1			
订单 12			AACCC	
订单 13				ABBCC
订单 14			ADD	
订单 15		ACDD		

此时的最优解中，有五个订单都选择了零担的方式，而且整车的方式只用到了三辆车。

上述方案均不存在分单行为，这是因为模型的目标函数中对同一订单的不同包裹使用不同整车会进行非常大的惩罚，因此优化的中心被转移到避免分单上面。

当我们将目标函数中的惩罚项去掉时，可以得到下面的结果，如表 14-6 所示。

表 14-6　去除惩罚项的模型最优解

	零担	整车				
		中型 0	大型 0	中型 1	小型 1	小型 0
订单 1		AAA	C			
订单 2		BC	BD			
订单 3		B	B	D	D	
订单 4	1					
订单 5	1					
订单 6	1					
订单 7		AB	BBC			
订单 8			CC	D	D	
订单 9		AABBB				
订单 10		AD				D
订单 11		ACD				
订单 12	1					
订单 13	1					

	零担	整车				
		中型 0	大型 0	中型 1	小型 1	小型 0
订单 14		A	D	D		
订单 15		AC	D			D

　　此时，方案的成本只要 4015 元，降低了 11%，但是当进行整车调度时，大部分订单的包裹都被分到了不同的车上，这无疑为包裹的分拣和配送增加了难度。

　　因此，运输成本和订单的分单率很难同时达到最优，需要进行权衡并在目标函数中对其进行合适的设计。

14.7　本章小结

　　本章针对供应链城配的运输问题进行优化研究，城配问题可分为三个阶段，"零担转整车"明确了哪些订单可以放到一辆车上；"整车降车型"进一步在车型使用上降低了成本；"整车串点"对装车之后的线路进行了优化。通过这三个阶段，将城配场景下零担和整车的调度优化问题都进行了降本处理。本章讲解的方案还考虑了客户体验（同一个订单的包裹尽量不分车）、时效保证（在客户期望到达时间之前完成送货）等因素，并针对不同阶段，设计了相应的适配算法，求解不同的优化模型，旨在保证客户体验和时效要求的前提下降低车辆使用成本和运输成本。

第15章
CHAPTER 15

场：分拣设备调度

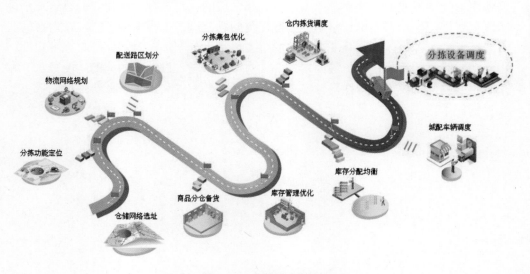

图 15-1　分拣设备调度

经过长途的跋涉，恭喜您到达了本次旅途的最后一站分拣设备调度，如图 15-1 所示。本章讲解在场地方面如何优化分拣设备的格口排布及数量，才能提高分拣中心的产能。

15.1 背景介绍

　　分拣是供应链中的关键环节之一，它直接影响着商品的流动和交付速度。在现代的供应链中，商品的生产和销售往往是全球化的，而分拣环节需要确保商品能够在不同地区之间快速、准确地移动。传统的分拣中心都依赖于人工分拣，作业人员根据包裹上的标签，通过肉眼识别和手动搬运，将包裹按照特定的分类标准和不同的目的流向进行分拣和打包。显然，人工分拣的作业方式需要大量的人力，这对物流企业而言是巨大的成本投入，并且在效率和准确性上人工分拣也存在很明显的弊端。每一个被错分的包裹都需要花费额外的成本纠正错误，不仅如此，这对包裹的履约时效和客户体验都有着直接的负面影响。

　　引入自动化分拣设备旨在提高分拣中心的工作效率和准确性，同时优化整个物流网络的运作流程。这将为物流企业带来以更低的成本提供更高效、更优质的物流服务的机会。本章将专注于分拣场景，介绍各种常见的分拣设备和自动化技术，分析影响分拣效率的关键因素，并提出相应的智能决策解决方案。通过应用智能决策技术，提升分拣中心的运营效率和生产能力，同时确保了供应链的持续稳定运行。

　　目前分拣中心主流的自动化分拣设备有三种。

　　环形交叉带分拣机：由一个或多个环形输送带组成，可以将货物在环形轨道上循环运行。货物通过扫描器或传感器被识别并分配到正确的格口。这种分拣机的优势在于可以同时处理多个货物，单小时的产能可以达到 20000pph[5]，分拣准确率达到 99.99%，适用于中大型场地的小件分拣，其示意图如图 15-2 所示。

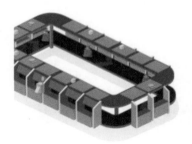

图15-2　环形交叉带分拣机

5　pph：Products Per Hour 的缩写，每小时生产的商品数量，这是一个常见的生产效率指标，通常用于衡量生产线或工厂的生产速度和能力，这里指分拣机每小时处理的包裹数量。

　　直线分拣机：由一个或多个直线输送带组成，货物沿直线移动并通过扫描器或传感器进行识别和分拣。这种分拣机通常适用于处理较大尺寸或重量的货物，可以灵活布局，运用在多种分拣场景中，其示意图如图 15-3 所示。

　　窄带细分线：用于卸车后实现自动化验货和自动分拣一体的自动化设备，提高卸车和分拣效率，其示意图如图 15-4 所示。

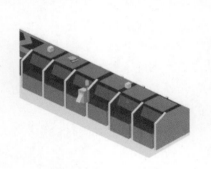

图15-3　直线分拣机　　　　　　　　　　图15-4　窄带细分线

　　要充分发挥这些自动化分拣设备的效能，还需要智能软件系统的高度配合，让包裹高效、快速、准确地流转并分发到目的格口。以小件环形交叉带分拣机为例，其硬件部分主要包含导入台、条码扫描区、小件环线传送带和格口滑槽区，如图 15-5 所示。

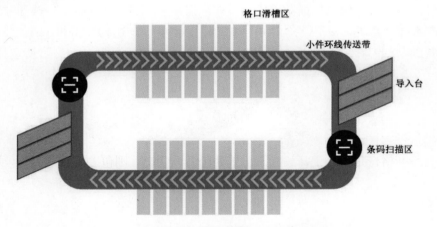

图15-5　小件环形交叉带分拣机俯视布局图

　　导入台是作业员供包的位置，所谓供包就是对上一环节流转过来的包裹进行人工识别和判断，如果是不超重、不易泄漏、不易破损且形状规则的小件包裹，则将其放到小件分拣设备上进行集包（将若干小件包裹装入一个大的集包袋里），否则流转到其他环节进行分拣。

条码扫描区有一个龙门架，一般在龙门架的上方有一个摄像头用于扫描包裹上的条形码，识别包裹的目的流向。小件环线传送带用于传送包裹，传送带有若干节，每一节只可放置一个包裹。格口滑槽区也被称为逻辑区，两个导入台的环形交叉带分拣机一般会有两个滑槽区，每个滑槽区两侧有若干格口，格口有开放和封闭两种状态，开放状态下的包裹可以落到格口下方的集包袋中，封闭状态下则不能。

环形交叉带分拣机的软件部分包括数据中心、管理系统和分拣控制系统。其中，数据中心用来存储和分析分拣数据，提供数据支撑和决策依据。管理系统用来管理分拣作业，对分拣作业进行监控和调度。分拣控制系统是整个自动化分拣系统的核心，它负责控制自动化分拣设备的运行，而智能分拣计划算法又是分拣控制系统的核心，它可以帮助物流企业制定合理的分拣计划（包裹目的流向和设备格口的绑定关系，一个目的流向可以对应一个或多个格口，多个目的流向也可以合并到一个格口），优化分拣路径，提高分拣效率和准确性。

为了帮助读者理解分拣计划的重要性，下面介绍包裹在环形交叉带分拣机上的流转过程。

首先，作业员将待分拣的包裹放置在设备传送带上，并检验包裹上的面单信息是否完整无破损，若包裹面单不完整，则扫描设备无法正确识别，也就无法执行该包裹的分拣流程。一般而言，扫描设备在传送带的正上方，作业员需要将包裹翻转，确保面单朝上放置能够被正常扫描识别，也有特殊设备在多个方向上都配备了扫描摄像头，可以节省作业员翻转包裹的耗时，提高作业效率。

传送带上的包裹经过摄像头的扫描和识别后，软件系统就可以获取包裹的目的流向，并根据目的流向和设备格口的映射关系，规划包裹的分拣路径。包裹随着传送带持续移动，当移动到包裹的目的格口（目的流向对应的设备格口）时，系统会判断格口是否处于开放状态，若处于开放状态，则包裹会通过系统控制落到目的格口下方的集包袋中，若处于封闭状态，则包裹会随着传送带继续流转，直到移动到一个处于开放状态的目的格口并落入相应的集包袋中。

一般而言，当设备开始运转后，所有已经启用的格口都应该处于开放状态。只有当格口下方的集包袋被装满后（普通集包袋大约能装 25 个小件包裹），操作人员需要手动将格口关闭，并将装满的集包袋进行扎包，让整个集包袋通过另一条传送带流转到下一环节进行分拣，然后将新的空集包袋重新安放在格口下方再打开格口。不难想到，如果目的流向和格口匹配不当，就容易造成格口忙闲不均的情况，某些格口非常空闲，长时间也装不满一个集包袋，某些格口又非常繁忙，集包袋时常被装满，格口时常处于封闭状态，导致传送带上的包裹无法落袋，只能随着传送带周而复始地移动，占用传送带的位置，从而导致供包操作员无法继续供包，影响设备的使用，降低产能利用率。

所以，对于小件环形分拣机而言，分拣计划的优劣影响设备产能的发挥，制定高效的分拣计划可以提升分拣设备效率。每套分拣设备可制定多个分拣计划，但同一时间只能运行一个分拣计划，在不同时间段切换使用不同的分拣计划被称为动态分拣计划，这会使得分拣算法更加复杂，我们不在这里讨论。接下来主要介绍如何制定一个静态的分拣计划来有效提高小件环形分拣机的产能。

15.2　问题描述

要提高小件环形分拣机的产能，首先需要明确其产能的定义和计算方法。在此，我们定义小件环形分拣机的产能为：理论情况下，一小时内该设备分拣的包裹数量。该数值与分拣机参数如运行速度、设备利用率、小车节距，以及环形分拣机两侧逻辑区（滑槽区）落格的各导入区包裹比例相关。通过明确产能计算的具体逻辑，我们便可以找到影响小件环形分拣机产能的瓶颈环节，有针对性地对瓶颈环节进行优化，在提高分拣效率的同时降低物流企业的运营成本。

15.2.1　小件环形分拣机产能计算

在计算小件环形分拣机的产能之前，我们首先需要了解两个衡量分拣机效率的重要指标：落格系数与复用系数。

落格系数指的是导入设备后仅扫描一次就分拣落格的包裹与设备总导入包裹数的比值。落格系数越高，说明当前分拣机的效率越高。值得注意的是，在实践中计算落格系数时，需要对导入区货量结构一致与不一致两种情况分别进行处理。如图 15-6 所示，我们定义导入区 A 的落格系数为 a，导入区 B 的落格系数为 b。当两个导入区货量结构一致时，即导入的包裹属于同一来源且无粗分拣，我们可以看作两个导入区与对应格口滑槽完全镜像对称，此时无须对导入区进行区分，a、b 取值相等且等于设备落格系数。而当两个导入区货量结构不一致时，如一个导入区的包裹来自仓库，另一个导入区的包裹来自其他分拣中心，就需要分别计算两个导入区对应逻辑区的落格系数。

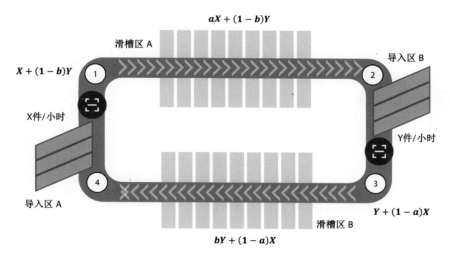

图15-6 小件环形交叉带分拣机作业示意图

在得到落格系数a、b后，假设导入区 A 每小时导入的包裹量为X，导入区 B 每小时导入的包裹量为Y，则该设备一小时的最大分拣包裹量为$X + Y$。同时，容易知道逻辑区 A 对应的小车环线上的最大包裹量为$X + (1 - b)Y$，逻辑区 B 对应的小车环线上的最大包裹量为$Y + (1 - a)X$，在两者中取最大值即为该环形分拣机的小车环线上运输的最大包裹量。我们定义复用系数为设备的最大分拣包裹量与小车环线上的最大包裹量之比，用字符 α 表示，则有：

$$\alpha = \frac{X + Y}{\max(X + (1 - b)Y, Y + (1 - a)X)}$$

复用系数同样表征了分拣机的分拣效率。由上式分析得知，当导入区导入的全部包裹都在对应逻辑区格口滑槽分拣落格时，复用系数取得最大值；反之复用系数取得最小值。复用系数越大，分拣机效率越高。

了解落格系数与复用系数后，我们便可以对小件环形分拣机的产能进行计算。定义小件环形分拣机的环形运行速度为V，单位为 m/s；设备利用率（实际分拣能力与理论分拣能力之比）为β；环线小车节距为L，单位为 m；设备理论小时产能为p，则可以有如下表达式：

$$p = \frac{3600V}{L}\alpha\beta$$

给定小件环形分拣机的设备参数、双端导入区导入包裹量，以及两侧逻辑区落格系数，即可求得该设备的产能。

15.2.2 小件环形分拣机产能影响因素分析

我们已经得到了小件环形分拣机产能的计算公式，当分拣机的参数确定后，复用系数便成了决定分拣机产能的关键因素。复用系数的计算依赖于逻辑区落格系数，而分拣计划的制订则会直接对落格系数产生影响，这也就意味着我们可以通过制定分拣计划的方式对小件环形分拣机的产能进行提升。

在制定分拣计划时，需要考虑两个关键因素，即建包规则与格口使用标准。建包规则规定了哪些末分拣直发，哪些末分拣混包及怎么混。表 15-1 为一个建包规则的示例，可以看出从 A 分拣中心发出，末分拣为 C、E、F 分拣中心的货物在该分拣中心可以流向同一个分拣格口。

表15-1   建包规则示例

区域	分拣中心	格口流向	末分拣
西南	A 分拣中心	B 分拣中心	B 分拣中心
西南	A 分拣中心	C 分拣中心	C 分拣中心
西南	A 分拣中心	C 分拣中心	E 分拣中心
西南	A 分拣中心	C 分拣中心	F 分拣中心
西南	A 分拣中心	D 分拣中心	D 分拣中心

格口使用标准规定了独立格口阈值和分裂格口阈值。如图15-7 所示，当一个流向的小时货量低于独立格口阈值时，需要与其他流向的货物合并在一个格口中；当其小时货量在独立格口阈值与分裂格口阈值之间时，为其分配一个独立格口；当其小时货量大于分裂格口阈值时，为其分配多个格口。

图15-7   格口使用标准

总的来说，在设备格口数量的限制下，结合建包规则与格口使用标准能够确定各个流向需求格口的数量。在此基础上，我们可以通过建立并求解优化模型的方式得到使分拣机产能达到最大的分拣计划，即具体各个格口与目的分拣包裹的绑定关系。然而，在实际操作中，我们仍需注意，货量不足或导入台导入效率低等原因可能会导致设备无法达到对应分拣计划计算得到的预期设备理论产能，各类因素对分拣机设备能力的影响如图 15-8 所示。因此，我们还需要在实践中结合各个场地的实际情况，对算法策略及优化模型进行不断地优化与改进。

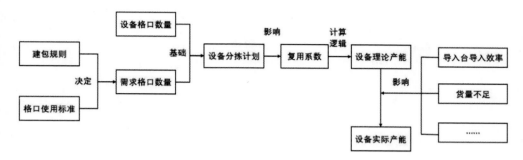

图 15-8　小件环形交叉带分拣机设备能力影响关系

15.2.3　小件环形分拣机产能提升效益分析

正如前面所述，合理的分拣计划对提升小件环形分拣机的产能至关重要，而小件环形分拣机产能的提升又有助于物流企业降低成本、提高效率，进而创造一定的经济效益。

首先，产能提升降低了小件分拣成本。提升设备产能和效率可以直接减少物流企业人员与设备的额外投入。传统的分拣方式可能需要大量的人力投入，而且效率并不高，而小件环形分拣机的产能提升可以大大减少这部分成本。

其次，提升产能可以减少回流，降低回流率，从而减少部分进行二次操作的包裹量。在传统的分拣方式中，由于效率低下和人为因素，往往会出现分拣错误或遗漏的情况，导致部分物品需要进行二次分拣或者处理。小件环形分拣机在产能提升后，可以大大减少这种情况的发生，提高分拣的准确性和可靠性，减少了二次操作的包裹数量，从而节约了企业的人力和物力。

此外，产能提升还可以提高物流运输的效率和速度。随着订单量的增加和物流行业的竞争加剧，提高分拣机的产能可以更快速地完成订单处理，缩短物流运输的时间，提高客户的满意度和忠诚度。

总的来说，小件环形分拣机产能提升所带来的效益是多方面的。它不仅可以降低分拣成本，减少回流率，提高物流运输效率，还可以提升企业的整体竞争力和市场地位。因此，制定合理的分拣计划，提升小件环形分拣机的产能是非常值得投入和努力的。长期来看，此举将为物流企业带来稳定的效益和利益。

15.3　问题抽象与建模

分拣计划的核心问题是确定能够使设备达到理论最大产能的格口与目的分拣中心的绑定关系，即各个流向需求格口在小件环形分拣机逻辑区的具体排布。容易想到，其算法方案应包含两个模块：需求格口数量确定与流向需求格口排布。在需求格口数量确定算法模块中，我们需要解决哪些流向需要合并、怎么合并，以及不需要合并的流向该分配几个格口的问题。在流向需求格口排布算法模块中，我们需要基于需求格口数量确定模块的结果，制定能使小件环形分拣机达到理论最大产能的分拣计划方案。

15.3.1   需求格口数量确定

需求格口数量需要根据设备格口数量、流向货量、格口使用标准等综合确定。本节中，我们按照各个输入参数之间的关系制定流向需求格口数量的计算规则。

1. 输入参数

这部分算法模块的输入参数包括设备物理格口总数、设备流向货量、格口使用标准及最多合并流向阈值。

- 设备物理格口总数：当前设备逻辑区的格口数量，用字符 CS 表示。
- 设备流向货量：通过该设备的各个流向的当前货量。取数逻辑为：在不更换格口绑定目的分拣的情况下，取数周期内各个流向的小时货量的最高值，用字符 L 表示。
- 格口使用标准：包括独立格口阈值与分裂格口阈值，需要根据人员操作能力确定。例如，实际运营中，一个人员负责 $10\sim20$ 个格口为佳，人员建包时间为 50s，每个集包袋的包裹数量约为 20 件，可以确定的是，单小时内独立格口阈值至少为 20 件，分裂格口阈值设置为 $3600/50\times20/20=144$ 件。其中独立格口阈值用字符 m 表示，分裂格口阈值用字符 n 表示。
- 最多合并流向阈值：不满足单独格口的流向，一个格口可以合并的最多流向数量，用字符 p 表示。

2. 需求格口数量确定规则

对于任意一个流向 i，我们首先按照取数逻辑获得其单小时货量 L_i。当 L_i 不满足独立格口阈值 m 时，将该流向放入合并候选集，否则进一步判断 L_i 是否满足分裂格口阈值 n。如果 L_i 不满足分裂格口阈值，则为流向 i 分配一个格口，若满足则分配 $\mathrm{ceil}\left(\frac{L_i}{n}\right)$ 个格口。

所有流向均判断结束后，我们还需要对合并候选集中的流向进行处理。首先，我们将合并候选集中的流向按照货量进行排序，依次选取格口进行合并，直至达到最多合并流向阈值p或分裂格口阈值n。我们需要重复此步骤，直至所有流向都处理完成。

最后，统计汇总所需格口数量并将其与设备格口数CS进行比较。当所需格口数量大于设备格口数量时，说明设备无法满足当前的格口分配方案，需要调整独立格口阈值m并重复上述步骤，直至所需格口数量小于等于设备格口数量为止，具体如图 15-9 所示。

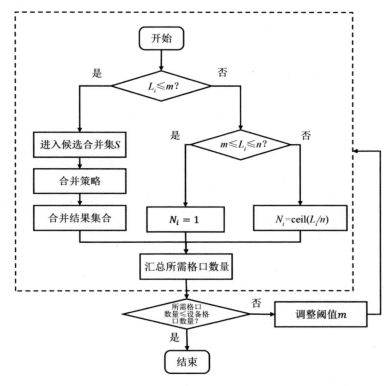

图15-9　需求格口数量确定规则

15.3.2　需求格口排布

根据前面的算法规则，我们确定了各个流向是否需要合并，以及不需要合并的流向所需的格口数量。本节需要对各个流向所需格口的排布进行决策，目的是使设备达到理论最大产能。

我们已经知道，当设备参数固定后，决定设备产能的是复用系数，而复用系数的大小又取决于落格系数，落格系数越大，复用系数也会越大。换句话说，设备上通过一次分拣就落格的包裹比例越大，设备的产能越高。由此自然可以想到，当我们把设备导入的每个流向的货量均匀地分布在两个导入区后，两个导入区对应逻辑区的格口与目的分拣的绑定关系也尽量镜像对应，就能保证在两侧负载均衡的同时，货物无论从哪边导入都能做到一次落格，设备的落格系数取到了最大值，设备也达到了理论最大产能。

将该问题进一步明确：我们选择的分拣方案是使得环形分拣区两侧逻辑区货量最均衡的方案，该方案应该满足以下要求：

（1）两个逻辑区均应满足流向在逻辑区分配的格口数量之和小于或等于该逻辑区的物理格口数量。

（2）对于任意流向来说，两侧逻辑区分配的格口数量之和等于该流向的需求格口数量。

（3）单个流向的需求格口在不同逻辑区尽量均匀分布。

1. 参数定义

为了用数学语言将该分拣方案符合的规则表述出来，我们需要引入一些符号语言。经过梳理，需要表示的概念可以分为三类：一是流向、设备格口这类包含多个具体对象的元素，我们用集合表示；二是需求格口数量、设备格口数量，以及各个流向分配在每个格口的平均流量这类有固定取值的参数；三是需要决策的指标，即决策变量。

（1）数据集合。

- I_m：干线流向集合。
- I_s：传站流向集合。
- I：流向集合，$I = I_m \cup I_s$。
- J_a：逻辑区A的格口集合。
- J_b：逻辑区B的格口集合。

（2）参数。

- N_i：流向i的需求格口数量。
- x_i：流向i在每个格口分配。
- M_a：逻辑区A的物理格口数量。
- M_b：逻辑区B的物理格口数量。

（3）决策变量。

- c_{ij}：流向i是否绑定格口j，如果绑定则取值为1，否则取值为0。

2. 约束条件

本模型应该考虑以下硬性约束条件。首先，两个逻辑区均应满足流向在逻辑区分配的格口数量之和小于或等于该逻辑区的物理格口数量。因此，对逻辑区 A 有：

$$\sum_{i \in I} \sum_{j \in J_a} c_{ij} \leqslant M_a$$

对逻辑区 B 有：

$$\sum_{i \in I} \sum_{j \in J_b} c_{ij} \leqslant M_b$$

同时，对每个格口来说，也只能分配一个流向：

$$\sum_{i \in I} c_{ij} \leqslant 1, \forall j \in J_a \cup J_b$$

此外，该模型还必须满足，对于任意流向，两侧逻辑区分配的格口数量之和等于该流向的需求格口数量：

$$\sum_{j \in J_a} c_{ij} + \sum_{j \in J_b} c_{ij} = N_i, \forall i \in I$$

最后，还需要保证单个流向的需求格口在不同逻辑区尽量均匀分布，即要让分配到两个逻辑区的格口数量尽可能接近，数量差异不能超过 1：

$$|\sum_{j \in J_a} c_{ij} - \sum_{j \in J_b} c_{ij}| \leqslant 1, \forall i \in I$$

3. 目标函数

分拣计划的最终目的是实现分拣机产能利用的最大化，那么在上述限制条件下，我们该如何设置模型的优化目标才能尽可能实现该目的呢？这里，我们选取的优化目标是使两个逻辑区的货量均衡，也就是使两个逻辑区货量差的绝对值最小。用数学语言可以表达为

$$\min \left| \sum_{i \in I} \sum_{j \in J_a} x_i c_{ij} - \sum_{i \in I} \sum_{j \in J_b} x_i c_{ij} \right|$$

由于两个逻辑区的导入台所导入的货量可认为是均匀分布的，我们让两个逻辑区对应流向的总货量尽量均衡，便可以让集包人员在格口集包满时尽可能快地更换集包袋，让格口开放集包，最终实现尽可能多的包裹经过一次扫描就落格，提升设备产能利用率。

4. 数学模型

在完成了目标函数与约束条件的分析后，模型构建基本完成。将分析的过程汇总整理，我们可以得到完整的数学模型。

$$\min \left| \sum_{i \in I} \sum_{j \in J_a} x_i c_{ij} - \sum_{i \in I} \sum_{j \in J_b} x_i c_{ij} \right| \tag{15.1}$$

$$\text{s.t.} \quad \sum_{i \in I} \sum_{j \in J_a} c_{ij} \leqslant M_a \tag{15.2}$$

$$\sum_{i \in I} \sum_{j \in J_b} c_{ij} \leqslant M_b \tag{15.3}$$

$$\sum_{j \in J_a} c_{ij} + \sum_{j \in J_b} c_{ij} = N_i, \forall i \in I \tag{15.4}$$

$$\left| \sum_{j \in J_a} c_{ij} - \sum_{j \in J_b} c_{ij} \right| \leqslant 1, \forall i \in I \tag{15.5}$$

$$\sum_{i \in I} c_{ij} \leqslant 1, \forall j \in J_a \cup J_b \tag{15.6}$$

式（15.1）为目标函数，通过最小化两侧逻辑区货量差的绝对值，使两侧逻辑区的货量尽可能达到均衡；式（15.2）和式（15.3）保证了流向分别在两个逻辑区分配的格口数量之和小于或等于对应逻辑区的物理格口数量；式（15.4）保证了对任意流向都有两侧逻辑区分配的格口数量之和等于该流向的需求格口数量；式（15.5）表示任意流向在不同逻辑区的需求格口数量差值不超过 1，保证了任意流向的需求格口在不同逻辑区尽量均匀分布，式（15.6）表示每个格口只能分配一个流向。

事实上，该模型只是最基本的需求格口排布模型，可以认为是一个变种的资源匹配模型。在一些特殊场景下，该模型还可以进一步拓展延伸，以满足场景的特殊需求。

例如，该模型解决的是具有两个逻辑区的分拣机设备产能利用率优化问题，如果是三个或以上逻辑区的分拣机，那么该模型需要进行适当调整，其中式（15.5）可以调整为

$$\left| \max_{J \in \{J_a, J_b, \cdots\}} \sum_{j \in J} c_{ij} - \min_{J \in \{J_a, J_b, \cdots\}} \sum_{j \in J} c_{ij} \right| \leqslant 1, \forall i \in I$$

该约束限制了单个流向分配格口数量最多和最少的逻辑区之间的数量差异不能超过 1。同理，目标函数也需要做类似的调整。

有时为了提高场地利用率，并且做到方便车辆调度与人员排班，我们还需要考虑许多额外的问题。比如，每个集包人员一般管辖 10 个格口，我们希望每个集包人员的工作量尽可能均衡，那么模型的优化目标可以设置为让每个集包人员管辖的格口货量尽量均匀分布，不要让货量较大的流向过于集中。

有时不同流向之间还有属性的差异，有的流向是发往跨省区域的，有的流向是发往省内区域的，甚至是发往本市区域的。对于大部分物流企业而言，发往同一区域的车辆一般需要在同一个地方进行调度，这就要求同一属性流向分配的格口必须相邻，而不同属性流向分配的格口尽可能分布在不同的逻辑区，以方便包裹装车和车辆调度。

总而言之，上述模型只是针对分拣机设备产能利用率优化的基础模型，该模型考虑了常见的目标和约束，在特殊场景下，我们还可以在该模型基础上做适当调整或添加额外的约束条件以满足该场景的需求。

15.3.3　算法方案

在前面的章节中，我们已经了解了需求格口数量的确定规则和需求格口排布的数学模型两个算法模块。在实践中，我们需要将两个算法模块结合起来。另外，当我们排布好需求格口后，如果还存在空闲格口，则需要将已经合并后的流向中最大流量的流向拆分出来，直至没有空闲格口为止。

最后，我们将所有步骤连接起来即得到了完整的分拣计划算法方案，如图15-10 所示。按照图中步骤进行算法开发，我们便可以得到使小型环形分拣机达到最大产能的分拣计划。

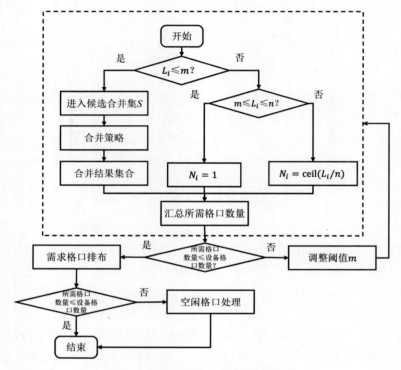

图 15-10   分拣计划算法全流程

15.4   分拣设备调度案例分析

15.4.1   背景描述

某公司当前的分拣中心部署了多台环形分拣机用于执行分拣作业。然而，由于不同流向货物的分拣量存在差异，在目前的分拣计划下，两侧分拣格口的工作负荷分配不均衡，表现为忙闲不均的情况，这种情况可能导致部分分拣格口过度负荷，而其他分拣格口处于空闲状态，影响了整体分拣效率和作业流畅性。因此，需要对分拣计划进行优化，以实现分拣格口工作负荷的均衡分配，提高分拣效率和作业整体效能。

在本案例中，以一个环形分拣机为例。该分拣机共设有 24 个格口，可分为四个区域：滑槽区 A 包括内圈部分（格口编号为 1～6）和外圈部分（格口编号为 13～18）；滑槽区 B 包括内圈部分（格口编号为 7～12）和外圈部分（格口编号为 19～24）。分拣机要处理的格口流向共有 16 个，如图 15-11 所示。

图 15-11　环形分拣机

　　针对该分拣机所处理的流向，统计各个流向目前使用的格口数量及取数周期内的最大货量，结果如表 15-2 所示。经过统计，该分拣机目前在 A 滑槽区的货量为 874.5，在 B 滑槽区的货量为 1339.5，如表 15-3 所示。A、B 滑槽的格口数量相同，但 B 滑槽处理的货量是 A 滑槽的 1.53 倍，两侧货量严重不均衡，导致分拣机无法达到最大产能。因此，根据上述数据，需要重新优化该环形分拣机的分拣计划。优化目标是通过合理调整分拣计划，使得滑槽区 A 和滑槽区 B 两侧的货量的差异最小化，从而实现分拣机两侧货物分拣负荷的均衡分配，并带来分拣机产能的提升。

表15-2　流向数据表

流向名称	货量（件）	使用格口编号
1	132	8
2	252	5，10，19
3	306	2，14，15，16
4	169	24
5	117	9，19
6	194	20，21
7	176	7，13
8	33	18
9	254	22，23
10	58	9
11	46	4
12	101	1
13	64	11

流向名称	货量（件）	使用格口编号
14	14	3
15	107	6
16	191	12，17

表15-3　格口处理货量表

逻辑区	格口编号	货量（件）	逻辑区	格口编号	货量（件）
A	1	101	A	13	88
	2	76.5		14	76.5
	3	14		15	76.5
	4	46		16	76.5
	5	84		17	95.5
	6	107		18	33
B	7	88	B	19	142.5
	8	132		20	97
	9	116.5		21	97
	10	84		22	127
	11	64		23	127
	12	95.5		24	169

15.4.2　结果分析

本节为案例结果分析，相关代码见资源文件中的代码清单 15-1。优化后，将 A、B 两个滑槽区处理的货量同优化前进行对比，结果如图 15-12 所示。从结果中可以看出，优化后滑槽区 A 处理的货量上升，滑槽区 B 处理的货量数下降，两者均处理 1107 件货品，实现了货量均衡。

此外，对比优化前后各个流向使用格口及对应格口数量，如表 15-4 所示。分拣计划根据流向货量合理确定格口使用数量，避免了流量大时格口不足或流量小时格口过多的问题。同时，分拣计划使各个流向在两侧逻辑区均匀分布，无论货物从哪侧导入，都能迅速找到对应格口，从而提高了分拣效率。

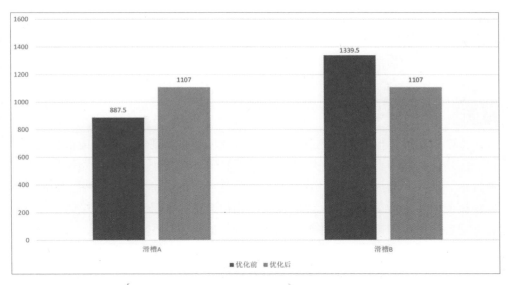

图 15-12　优化前后滑槽区货量对比

表 15-4　分拣计划优化前后对比

流向 名称	货量 （件）	优化前： 使用格口编号	优化前： 格口数量（个）	优化后： 使用格口编号	优化后： 格口数量（个）
1	132	8	1	1	1
2	252	5，10，19	3	16，19	2
3	306	2，14，15，16	4	6，10，20	3
4	169	24	1	18，22	2
5	117	9，19	2	7	1
6	194	20，21	2	4，21	2
7	176	7，13	2	3，23	2
8	33	18	1	5	1
9	254	22，23	2	9，15	2
10	58	9	1	8	1
11	46	4	1	12	1
12	101	1	1	13	1
13	64	11	1	24	1
14	14	3	1	2	1
15	107	6	1	17	1
16	191	12，17	2	11，14	2

通过本案例可以看出，分拣机的分拣计划是影响分拣效率的关键。通过优化

分拣计划，可以实现货物分拣负荷的均衡分配，提高整体分拣效率和作业流畅性。因此，企业应重视分拣计划的制定和调整，精心设计并执行分拣计划，优化作业流程，以实现最大效能。

15.5 本章小结

本章对小件环形分拣机的分拣计划的优化问题进行研究，考虑设备状况、格口分配均衡性等因素，构建了需求格口数量计算算法规则与分拣计划优化模型。通过该算法规则和优化模型，我们解决了分拣计划的关键问题，包括：如何根据各个流向的历史货量确定各个流向需要的格口数量；在已知格口数量的情况下如何确定各个格口的排布；按照规则排布格口，如果还存在空闲格口，那么我们应该怎样处理。

最终，模型优化后，我们可以实现分拣准确率的提高，分拣时间和人力成本的降低，以及客户体验与满意度的提升。

总　结

16.1 本书回顾

　　科技的不断进步和全球化的深入发展，供应链的重要性在现代商业环境中日益凸显，智能供应链数字化转型已经成为企业能力提升、实现可持续发展的关键。它不仅关乎企业的运营效率和成本控制，更直接关系到企业的市场竞争力、客户满意度和长期发展。一个稳定、高效、灵活的供应链系统是企业成功的基石，能够确保企业及时响应市场需求，提供高质量的产品和服务，同时实现成本的最小化。

　　在供应链决策的不同阶段，管理者面临的挑战也不同。在供应链的规划阶段，因为规划决策的影响具有长期性，且建设工作成本高昂，所以必须提前对市场进行预测，使决策具备前瞻性和长远性。我们从"点""线""面"三个维度阐述了仓储网络选址、分拣功能定位、物流网络规划和配送路区划分四个案例。在供应链的计划阶段，旨在平衡需求短缺和过剩，主要涉及生产计划、采销计划、库存计划等环节，此阶段应根据市场的实时变化，灵活做出决策，这一部分我们从电商领域的"品类""库存""包裹"的维度，具体介绍了商品分仓备货、库存管理优化、分拣集包优化三个案例，阐述了如何建立满足实际业务需要的方法模型，从而降低成本，提高服务质量。执行阶段是供应链决策的日常实施阶段，该阶段具备极强的实时性，是商品从企业到客户的最后一环，该阶段的正常运行直接关系着客户满意度、企业形象和物流效率，我们从"人""货""车""场"四个维度，深入探讨了仓内拣货调度、库存分配均衡、城配车辆调度和分拣设备调度四个案例。

在实际的供应链网络建设和优化中，企业可能会面临多种困难，如网络复杂性高、不确定性大、数据收集与分析困难等。综合应用大数据、人工智能、运筹学等方法，对业务问题做出具体分析，能够使解决方案更好地落地到现实场景中。同时，企业需对供应链进行实时调整使其更满足业务需要，对各个环节进行数字化改造，实现信息的实时共享、流程的高效协同和资源的优化配置。同时做好规划阶段的前瞻性和长远性，计划阶段的实时性和灵活性，执行阶段的准确性和可见性，在不断提高客户满意度、保证快速反应及高质量产品品质的同时，通过对物流、信息流、资金流、商流等进行统筹规划，进一步降低供应链运营成本，才能以更加从容的姿态应对不同时间尺度下的各类挑战，在激烈的市场竞争中保持优势，立于不败之地。

16.2　算法工程师工作的 5 大真相

1. 调研：了解为什么做比怎么做更重要

在进入一个新项目时，首先要理解"为什么做"比"怎么做"更为关键，这有助于深入评估需求的必要性和重要性。算法工程师需超越业务人员，深入理解项目背景，准确识别真正的需求，避免无效开发或返工风险，实现事半功倍。

2. 建模：算法真的需要那么多约束吗

在建模过程中，面对实际业务场景的复杂性，设置约束是必要的，但过多的约束可能导致模型无解。因此，关键在于识别并聚焦于主要问题，合理地忽略那些非关键因素。这不仅有助于简化模型，还能提高求解的可行性。

3. 求解：一切准确度和精度都是有代价的

在选择模型求解方法时，运筹算法工程师面临权衡精度与效率的问题。求解器可以提供高精度的解决方案，但计算成本可能较高。启发式算法虽然在精度上可能有所妥协，但它们通常能快速给出可行解。在实际应用中，需要平衡好精度和求解效率。

4. 输出： 为什么你的结果没人看

算法的输出结果往往充满了技术术语和复杂数据，这可能使得非专业用户难以理解。算法工程师需要对结果进行适当的处理，通过将复杂的算法输出转化为简洁明了的图表、报告或摘要，可以显著提升业务团队的接受度和理解力。

5. 迭代：不要想一步到位

在业务需求紧迫的情况下，迅速响应至关重要。面对时间紧迫和任务繁重的挑战，我们可以先提供一个初版解决方案，以满足业务的即时需求。随着对需求的深入理解，通过不断的迭代和校对，可以逐步提升解决方案的质量。

16.3 算法工程师成长的 5 个建议

1. 选择比努力重要

无论身处什么样的时代背景，职业发展的思路，都可以围绕着选行业、选平台和选团队来展开。行业是"天花板"，一方面需要选择宽度、体量和前景好的行业，另一方面需要选择算法能够产生核心价值的行业。平台是"基本盘"，选择一家好的公司，无论在能力成长上，还是在行业资源上，都会得到很多的机会。团队是"催化剂"，选择一个有着正向努力、相互成就氛围的团队，在朝夕相处中，会激发出更多的创造力。

2. 大道至简

算法的本质是解决问题的逻辑、方法和步骤，算法的灵魂在于业务落地并产生价值。因此优秀的算法通常不是最复杂、最炫酷的算法，而是最能解决实际业务痛点、投入产出比最优的算法。在实际工作中，如果真正找到了问题的根源，那么问题解决起来可能就是"四两拨千斤"。

3. 开放心态，合作共赢

算法是持续创新的过程，因此每个人不可能以孤岛的形式存在。学会以开放的心态去分享，以合作的方式去共赢，是职业长期发展的关键。不要过度担心自己因分享而失去竞争力，真正的门槛从不是那些，而是你在行业长久的口碑和影响力。

4. 算法的尽头是认知

算法从简单的计算任务到复杂的决策支持，无不体现对人类认知的模仿和超越，所以算法的"尽头"，正是人的认知，从实践中来，到实践中去。作为一个优秀的算法工程师，除了持续探索新技术，更多的还是要持续提升对业务和世界的认知。

5. 做时间的朋友

职业发展的道路一定是螺旋上升、跌宕起伏的，既不可能一直在低谷，也不可能一直在顶峰。优秀的算法工程师需要在低谷时保持内心的坚定与平静，持续学习和自我提升，在顶峰时保持自我的客观与冷静，努力探索和拓展边界。不要太过于计较一时的得与失，关注自我能力与心力的成长，坚持长期主义，做时间的朋友。

反侵权盗版声明

　　电子工业出版社依法对本作品享有专有出版权。任何未经权利人书面许可，复制、销售或通过信息网络传播本作品的行为；歪曲、篡改、剽窃本作品的行为，均违反《中华人民共和国著作权法》，其行为人应承担相应的民事责任和行政责任，构成犯罪的，将被依法追究刑事责任。

　　为了维护市场秩序，保护权利人的合法权益，我社将依法查处和打击侵权盗版的单位和个人。欢迎社会各界人士积极举报侵权盗版行为，本社将奖励举报有功人员，并保证举报人的信息不被泄露。

举报电话：(010)88254396；(010)88258888

传　　真：(010)88254397

E - mail：dbqq@phei.com.cn

通信地址：北京市万寿路 173 信箱

　　　　　电子工业出版社总编办公室

邮　　编：100036